武志安　著

張序

觀光事業的發展是一個國家國際化與現代化的指標，開發中國家仰賴它賺取需要的外匯，創造就業機會，現代化的先進國家以這個服務業爲主流，帶動其他產業發展，美化提升國家的形象。

觀光活動自第二次世界大戰以來，由於國際政治局勢的穩定、交通運輸工具的進步、休閒時間的增長、可支配所得的提高、人類壽命的延長及觀光事業機構的大力推廣等因素，使觀光事業進入了「大衆觀光」（Mass Tourism）的時代，無論是國際間或國內的觀光客人數正不斷地成長之中，觀光事業亦成爲本世紀成長最快速的世界貿易項目之一。

目前國內觀光事業的發展，隨著國民所得的提高、休閒時間的增長，以及商務旅遊的增加，旅遊事業亦跟著蓬勃發展，並朝向多元化的目標邁進，無論是出國觀光或吸引外籍旅客來華觀光，皆有長足的成長。惟觀光事業之永續經營，除應有完善的硬體建設外，更應賴良好的人力資源之訓練與培育，方可竟其全功。

觀光事業從業人員是發展觀光事業的橋樑，它擔負增進國人與世界各國人民相互瞭解與建立友誼的任務，是國民外交的重要途徑之一，對整個國家的形象影響至鉅，是故發展觀光事業應先培養高素質的服務人才。

揆諸國內觀光之學術研究仍方興未艾，但觀光專業書籍相當缺乏，因此出版一套高水準的觀光叢書，以供培養和造就具有國際水準的觀光事業管理人員和旅遊服務人員實刻不容緩。

今欣聞揚智出版公司所見相同，敦請本校觀光事業研究所李銘輝博士擔任主編，歷經兩年時間的統籌擘劃，網羅國內觀光科系知名的教授以及實際從事實務工作的學者、專家共同參與，研擬出版國內第一套完整系列的「觀光叢書」，相信此叢書之推出將對我國觀光事業管理和服務，具有莫大的提升與貢獻。值此叢書付梓之際，特綴數言予以推薦，是以爲序。

中國文化大學董事長

張鏡湖

李 序

觀光教育的目的在於培育各種專業觀光人才，以爲觀光業界所用。面對日益競爭的觀光市場，若觀光專業人才的培育與養成，僅停留在師徒制的口授心傳或使用一些與國內產業無法完全契合的外文教科書，則難免會事倍功半，不但造成人力資源訓練上的盲點，亦將影響國內觀光人力品質的提升。

盱衡國內觀光事業，隨著生活水準普遍提升，旅遊及相關業務日益發達，國際旅遊、商務考察、文化交流等活動因而迅速擴展，如何積極培養相關專業人才以因應市場需求，乃爲當前最迫切的課題。因此，出版一套高水準的觀光叢書，用以培養和造就具有國際水準的觀光事業管理人才與旅遊服務人員，實乃刻不容緩。

揚智出版公司有鑑於觀光界對觀光用書需求的殷切，而觀光用書卻極爲缺乏，乃敦請本校教授兼學生實習就業輔導室主任李銘輝博士擔任觀光叢書主編，歷經多年籌劃，廣邀全國各大專院校學者、專家乃至相關業者等集思廣益、群策群力、分工合作，陸續完成將近二十本的觀光專著，其編輯內容涵蓋理論、實務、創作、授權翻譯等各方面，誠屬國內目前最有系統的一套觀光系列叢書。

此套叢書不但可引發教授研究與撰書立著，以及學生讀書的風氣，也可作爲社會人士進修及觀光業界同仁參考研閱之用，而且對整個觀光人才的培育與人員素質的提升大有裨益，欣逢該叢書又有新書付梓，吾樂於爲序推薦。

國立高雄餐旅學院校長

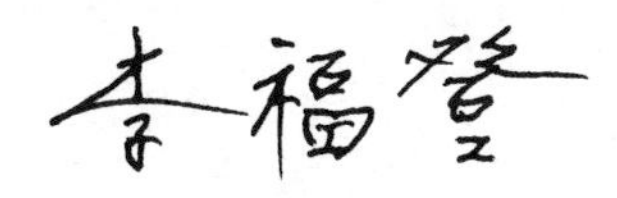

揚智觀光叢書序

觀光事業是一門新興的綜合性服務事業，隨著社會型態的改變，各國國民所得普遍提高，商務交往日益頻繁，以及交通工具快捷舒適，觀光旅行已蔚爲風氣，觀光事業遂成爲國際貿易中最大的產業之一。

觀光事業不僅可以增加一國的「無形輸出」，以平衡國際收支與繁榮社會經濟，更可促進國際文化交流，增進國民外交，促進國際間的瞭解與合作。是以觀光具有政治、經濟、文化教育與社會等各方面爲目標的功能，從政治觀點可以開展國民外交，增進國際友誼；從經濟觀點可以爭取外匯收入，加速經濟繁榮；從社會觀點可以增加就業機會，促進均衡發展；從教育觀點可以增強國民健康，充實學識知能。

觀光事業既是一種服務業，也是一種感官享受的事業，因此觀光設施與人員服務是否能滿足需求，乃成爲推展觀光成敗之重要關鍵。惟觀光事業既是以提供服務爲主的企業，則有賴大量服務人力之投入。但良好的服務應具備良好的人力素質，良好的人力素質則需要良好的教育與訓練。因此觀光事業對於人力的需求非常殷切，對於人才的教育與訓練，尤應予以最大的重視。

觀光事業是一門涉及層面甚爲寬廣的學科，在其廣泛的研究對象中，包括人（如旅客與從業人員）在空間（如自然、人文環境與設施）從事觀光旅遊行爲（如活動類型）所衍生之各種情狀（如產業、交通工具使用與法令）等，其相互爲用與相輔相成之關係（包含衣、食、住、行、育、樂）皆爲本學科之範疇。因此，與觀光直接有關的行業可包括旅館、餐廳、旅行社、導遊、遊覽車業、遊樂業、手工藝品以及金融等相關產業，因此，人才的需求是多方面的，其中除一般性的管理服務人才

（如會計、出納等）可由一般性的教育機構供應外，其他需要具備專門知識與技能的專才，則有賴專業的教育和訓練。

然而，人才的訓練與培育非朝夕可蹴，必須根據需要，作長期而有計畫的培養，方能適應觀光事業的發展；展望國內外觀光事業，由於交通工具的改進、運輸能量的擴大、國際交往的頻繁，無論國際觀光或國民旅遊，都必然會更迅速地成長，因此今後觀光各行業對於人才的需求自然更爲殷切，觀光人才之教育與訓練當愈形重要。

近年來，觀光學中文著作雖日增，但所涉及的範圍卻仍嫌不足，實難以滿足學界、業者及讀者的需要。個人從事觀光學研究與教育者，平常與產業界言及觀光學用書時，均有難以滿足之憾。基於此一體認，遂萌生編輯一套完整觀光叢書的理念。適得揚智出版公司有此共識，積極支持推行此一計畫，最後乃決定長期編輯一系列的觀光學書籍，並定名爲「揚智觀光叢書」。依照編輯構想，這套叢書的編輯方針應走在觀光事業的尖端，作爲觀光界前導的指標，並應能確實反映觀光事業的眞正需求，以作爲國人認識觀光事業的指引，同時要能綜合學術與實際操作的功能，滿足觀光科系學生的學習需要，並可提供業界實務操作及訓練之參考。因此本叢書有以下幾項特點：

1.叢書所涉及的內容範圍儘量廣闊，舉凡觀光行政與法規、自然和人文觀光資源的開發與保育、旅館與餐飲經營管理實務、旅行業經營，以及導遊和領隊的訓練等各種與觀光事業相關課程，都在選輯之列。
2.各書所採取的理論觀點儘量多元化，不論其立論的學說派別，只要是屬於觀光事業學的範疇，都將兼容並蓄。
3.各書所討論的內容，有偏重於理論者，有偏重於實用者，而以後者居多。
4.各書之寫作性質不一，有屬於創作者，有屬於實用者，也有屬於授權翻譯者。

5.各書之難度與深度不同，有的可用作大專院校觀光科系的教科書，有的可作爲相關專業人員的參考書，也有的可供一般社會大衆閱讀。

6.這套叢書的編輯是長期性的，將隨社會上的實際需要，繼續加入新的書籍。

身爲這套叢書的編者，謹在此感謝中國文化大學董事長張鏡湖博士與國立高雄餐旅學院校長李福登博士賜序，產、官、學界所有前輩先進長期以來的支持與愛護，同時更要感謝本叢書中各書的著者，若非各位著者的奉獻與合作，本叢書當難以順利完成，內容也必非如此充實。同時，也要感謝揚智出版公司執事諸君的支持與工作人員的辛勞，才使本叢書能順利地問世。

李銘輝

夏 序

第一次看到武志安，是在法國。那時他魁武的身材，長長的頭髮綁著馬尾，談吐間有著中國固有的思想，但又帶著巴黎的浪漫，讓我印象深刻，當時就提出回國任教的邀請。

吃什麼和如何吃？隨著時空環境、社會國情、經濟貧富的不同，有著顯著的差異。基本上是反映所傳承的風俗習慣，以及當代所流行的價值觀，認眞地說，就是文化的展現。

西餐發展有著相當的歷史，過去在時代背景的限制下，無法全面瞭解，總覺得西餐的烹調過於單調無趣，深度地去瞭解後才知道歷史的演進帶給它豐厚的底蘊。

我從不覺得餐飲只是技術，那是文化傳遞和價値創造的歷程。只有進入飲食文化的脈絡裡面，才能全面的欣賞領會菜餚的神韻。當然，技術的純熟、方法的正確、對食材的認識清楚、懂得衛生安全的重要，才更能落實創意，吃出享受，吃出健康。

西餐能成爲世界餐飲文化的主流之一，有著一定的道理，透過這本書全面深度的介紹，除了可以學習相關的知識技術外，亦能洞察那背後嚴謹製作的系統觀念，不論是否爲餐飲從業人員，都會從這本書中獲益。

透過教育推展人文精神爲志業的我，很高興看到在技術性的著作中，作者能穿越對專業權威的勇氣，用更大的視野去探討屬於人類的文明。

開平高中校長

夏惠汶

自　序

自古以來中、西方的飲食習慣，在發展上本就差異甚多。加上特有的風俗民情與環境氣候的種種不同，便孕育出不同的飲食文化。其實飲食文化就是一部歷史的縮影，它涵蓋人類發展的一切進程，說不定也能循著這個管道洞窺出人類興、亡、勝、衰的眞實面。

西餐烹調是外來的文化，對於擁有悠久傳統飲食文化的我們，無論是在製作的手法上，或是享用時的口味上，都算得上是一種極新的接觸與挑戰。在早期學習西餐烹調時，全靠口耳相傳、師徒教授，要想藉由自行進修，習得烹調技藝實爲不易。除非有濃厚的興趣、不拔的毅力，加上良好的外語研讀能力，以及烹調書籍的來源，才有可能精進廚藝，否則也只能原地踏步。

目前上述的情形雖已大幅的改進，但是要想找到一本適合入門學習者研讀的完整中文教材，卻也並非是件容易的事。因此筆者特別將旅法四年中所習得的餐飲專業知識與技藝，加上回到台灣後跟數位西餐前輩們所學習到的工作技巧與理念，以及筆者達六年的學校教學心得，再參閱中、外的餐飲相關書籍後，才編撰出這本圖片與說明並重的西餐專業烹調書籍，讓想從事西餐烹調的學習者有多一種的選擇機會。

其實編寫這本書的眞正動機，是來自任教於高雄餐旅技術學院林秀薰老師、盧志芬老師的「鞭策與鼓勵」。如果沒有他們多次的「激勵與告誡」，這本書也許還沒開始起筆呢！在本書的編寫過程中受到許許多多的貴人協助，也由於他們的大力支持與指導，提供無數的經驗與圖片，才使得本書的內容得以順利成章。因此，要特別感謝希爾頓飯店公關室、慶亞不鏽鋼廚具工業的林漢屏經理、富華乳酪專賣商的陳世俊先生、雅植歐洲香草園負責人黃崇博先生、東遠進口食品公司的陳先福先生、我的小學同學魚商鄭富吉先生、我的良師益友資深主廚蕭福傳先生及頭城漁會的先進等人提供相關的資料；同時更要感謝開平高中夏校長惠汶、餐飲科賴主任清國的大力支持，楊組長秀分鼎力協助文字與圖片的校稿，以及外語教授余叔謀老師給予的語譯協助。

當然最要謝謝的還是高雄餐旅技術學院研究發展處處長李銘輝教授，在百忙中特別抽空給予本書中的每一個環節適時的指正與協助。以及長期以來給我精神支柱的父親、母親與照顧我飲食起居的內人淑蘭小姐，致上最高的謝意。

本書內容講述烹調基礎的理論，著重在「專業知識」的養成。由衷的希望本書在發行後，能對想要學習西餐的人有所助益。同時更希望能藉由此書的發行，喚起更多的先進前輩，給予批評與指正，並且也能起身投入西餐教材的研發工作，共同肩負起提升台灣西餐教育品質的重責大任。

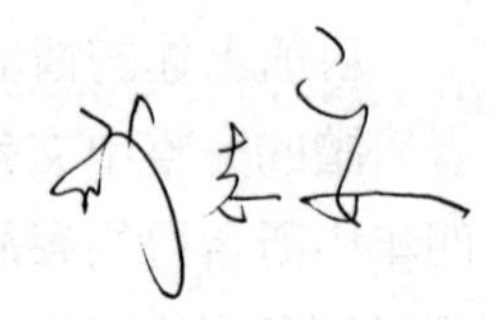

導　讀

本書主要是以烹調學理爲基礎。書中介紹的所有章節，都是針對想要學習西餐的朋友所設計。其中內容又將西餐烹調的領域，歸納成導論篇、食材篇、實務篇等三大篇。內容講述由淺入深，由基礎的烹調理論，到常用的烹調技巧，共計十四章，分門別類的詳細說明，希望能帶給讀者清楚而明確的西餐烹調知識。

在導論篇中主要是介紹烹調前的「先備知識」，讓學習者眞正瞭解到西餐的學習，不單是只有手上的技術要學，還有很多的基礎理論要兼顧。因此在本書一開始首先要介紹的就是「先備知識」，其內容包括：西餐沿革與分類、廚房組織、安全與衛生、基本廚藝認知、食材與庫房、菜單與食譜等六章。

在西餐烹調的技術裡，應包括食材的認識與選擇，否則空有一身精湛的廚藝，卻不會辨別食材的鮮度與選擇，一樣會造成食物中毒的意外事件。因此在食材篇中儘量以圖文對照的方式、分別介紹香料與調味料、蔬菜與水果、肉類、水產類、蛋品、乳製品、油脂類、保存性食品類，讓學習者能正確且快速的認識食材的種類與選擇。

而在實務篇中，所要介紹的是各類食材的「切割」方法及注意事項，同時對於食材的各類「烹調」方式，也作詳盡的分析介紹，讓讀者在操作時能體會及掌握到切割與烹調的要領，減少操作時的意外發生。

最後則是本書之「參考書目」、「生活小點」、「中、英、法語對照應用」三個部分。在「參考書目」的部分，可幫助讀者在閱讀本書後，發覺還需要更多的資料說明時，可藉由參考書目快速引導找到更專精、更深入的書籍來充實自己。在「生活小點」的部分，則是要教導讀者利用簡單的方式，便可以解決在生活中常常遇到的問題。最後的「中、英、法語對照應用」部分，是爲了方便讀者在碰到專業的英文、法文時，能夠藉由生活化的中文字詞解釋，來詮釋出英、法語的原文原義。

目　錄

第一篇　導論

隨著社會脈動的進步與發展，傳統產業密集的勞動方式早已不合時宜。時下的年輕人對於帶有油污、污染源及勞累辛苦的工作方式，都已不再感到興趣，甚至出現排斥的現象。也許是民眾觀念的覺醒、也許是時代潮流的驅使，所以才逼得傳統粗重的產業，不得不出走他鄉，工作內容的轉型也因此成了必然的趨勢。

為了適應大環境的變遷，新興的行業如雨後春筍般地冒出。如行動通訊業、電腦資訊業、網路咖啡業等比比皆是。唯獨傳統的餐飲行業反而逆向操作，竟也成了年輕人最愛的工作之一。探討其原因：不難發現餐飲業也是融合了專業技術與亮麗、光鮮、體面的工作，所以才會有大量的年輕學子，願意投身加入餐飲的行列。為此從事餐飲教學的工作者，更應秉持良心、誠意去扮演傳承的重要角色，不但要教授正確、專業的餐飲知識與技能外，更要以實務的經驗來編寫餐飲相關教材，作為傳承的依據。

餐飲業雖然不會從地球上消失、沒落，但是卻有社會價值與地位高低的輿論壓力。因此除了著重於專業技能的訓練外，對於提升餐飲從業人員的人文素養與道德標準，也是要求的重點項目，這也是本篇中所要講述的重點。例如，文中講述如何引進西方餐飲文化概念中的「標準化與數據化」理念，就是提升國內餐飲教學的正確方向。

在本篇中主要是以西餐沿革與分類、廚房組織、廚房安全與衛生、基本廚藝認知、庫房、菜單與食譜等六章為講述範圍。期盼讀者在閱讀後，能對西餐烹調有更深的認識與助益。

第一章

西餐沿革與分類

- 西餐起源、演進與發展
- 西餐分類
- 附錄：台灣西餐教育現況

雖然西餐在全世界的飲食文化中據於翹楚的地位，但這並非影射其他國家的飲食文化不好，而是基於全球「普及化」的程度，與是否有「數據化」的烹調依據而言。因此本章就針對西餐的起源、演進、發展及爲何能成爲主流地位作一討論，並將西餐的分類及台灣西餐教育的現況分作說明。

第一節　西餐起源、演進與發展

史前時期的人類在還不懂得用火烹煮食物時，所過的生活其實與動物大同小異，充其量只能算得上是食用肉類也食用蔬果類的雜食性動物。對於外在會造成健康及傷害的負面因素是毫無概念，也不知道要從何處去瞭解、防範，只能在不斷地親身嘗試與體驗下，以生命爲賭注慢慢地找尋答案。據考古學家指出，人類最早知道要用火加熱食物，是因爲一場場遭雷擊引發的森林大火，所激發出的靈感。異常多變的天氣，常會無端的引起森林大火，逃竄比較慢的動物，往往便成爲烈火下的犧牲者。

森林大火過後，有些動物會被大火燒得焦黑而無法辨識，但也有些動物被燒得發出濃濃的肉香，火候恰到好處，甚至味美多汁。靠撿食維生的人類發現此一奧妙的現象，因此漸漸的瞭解到「火」的神奇功能。在日積月累的經驗及教訓中，慢慢的就知道要如何來使用火、操控火、利用火、善用火來燒烤食物，烹飪的歷史也就由此開始。人類在其漫長的演進過程中，對於火的使用都有詳細的記錄。也由於這些寶貴經驗的累積及智慧創新的結晶，才能孕育出現今各式各樣不同的烹調法。

在本書的第一章中所要介紹的就是西餐的「起源」、「演進」與「發展」，藉由開宗明義的方式，爲各位讀者拉開西餐的大門，引領各位窺探西餐的世界。

一、西餐的起源

論及西餐的起源，就不得不追溯到西元前一千七百年左右，古羅馬帝國時的外食文化。在當時的人們已有出遠門的商、旅、朝聖的習慣，並藉由頻繁且絡繹不絕的遠距離移動，產生了外食、外宿的現象。因此聰明的商人於是有了想要經營一個能提供「食與宿」並有落腳休息處的概念。這在陸續出土的遺跡當中，不難發現有此現象。尤其是以在七〇年代時所挖出的Herculanecum小鎮廢墟中，更印證了外食文化的雛形與起源。

據西方（羅馬）歷史記載，西餐烹調原來是指麵包的製作。這是因爲當時的人們都是以麥、穀類爲主食，他們發現將麥穀和水混合後，可煮成稀飯來食用。算是一種不錯的進食方式。但是並非每次都能煮成相同的成品，有時煮出的稀飯較乾、水分較少，也有時煮出的稀飯太濕、水分太多，更有時無法全部吃完這些稀飯。因此就有了後續的動作，如丟棄、存留、隔餐食用、餵食牲畜等。

經過無數經驗的累積與錯誤的修正後，終於發現可將乾硬後的稀飯，研磨成粉末狀，在同時間他們也發現這些粉末狀的「乾稀飯」加入水後，就可調製出糊狀的物質，其味道遠勝過於原來稀飯的風味，漸漸地，他們便乾脆直接將麥穀研磨成粉狀物後，經調水、混勻、加熱後食用。這種類似製作烘焙食品的手法，不但可增添食物風味、方便儲存，也可減輕重量便於攜帶。因此，粉末狀的麥穀便成了通商、旅行、征戰、出遠門時的必備糧食，這也就是最初「麵粉」的雛形。

麵粉的作用與變化是一個極高深的學問，當加入不等量的水分時，再摻入不同性質的食材，以及給予不同的溫度，就可以變化出無數種不同種類的食品。古羅馬人從數以千、百次的失敗中得到了經驗與靈感，終於使得所謂的「麵包」問世，奠定了西餐飲食文化中「主食」的地位。因此說最早的西餐烹調師傅，就是製作麵包的師傅也不爲過。

二、西餐的演進

西元前二世紀「麵粉」的誕生，改變了古羅馬人的生活作息。而「河鹽」的發現，也使得國際貿易（地中海四周）因此興起。在當時以物易物的交易模式，更使得古羅馬人有機會由文明古國的希臘，帶回不少新的飲食概念，成就了古羅馬人的財富與多元的飲食文化。但可惜的是古羅馬人對於西餐的研發與貢獻也僅止於此，因爲從這段時期開始，一直到四、五世紀的蠻族入侵，古羅馬人都沒有新的發現。加上蠻族的主政者塗炭生靈，人民無心著墨於吃的要求，古羅馬帝國人民所建立的政、經、文化、藝術等的制度沒落已成定局。從此，西餐烹調的發展也進入了黑暗的冰河時期。

西餐烹調在沉寂長達四、五百年後的黑暗過程，終於有了契機。約在西元八、九世紀時，藉由回教徒的入侵打破了此僵局，隨他們南征而來的「舶來品」，爲南歐的飲食文化注入新血，也爲義大利菜的研發立下新的典範。

在義大利的餐飲史中，有些食品的項目與中國飲食文化還頗有淵源，例如，經由阿拉伯人間接傳入的「冰淇淋」；馬可波羅東遊至中國時所帶回麵條、蔥油餅的製作方法等皆是。這些都是從中國飲食文化中找到的靈感，進而研發出的義式「乾燥麵條與披薩」。當然，十一世紀時，大規模的十字軍東征，也是促使義大利飲食文化能夠蓬勃發展的重要因素之一。

西餐文化的重心，原本仍是以義大利菜餚的製作爲主。會有重大的轉折，主要是在十五世紀時，在國際間爲謀取彼此間的和平之下，所造就出的「政治聯姻」產物。這種因「政治因素」而締結的婚姻，在中國的歷史上也有發生過，「昭君出塞」就是家喻戶曉的歷史典故。其實兩國王親貴族通婚，所帶來的好處不僅僅只有和平共處而已，還包括了經濟的發展、文化的交流、習慣的融合、信仰的包容等，所引發的後續效應及層面是無法預料的。也因此在長達兩百多年（十六至十八世紀）的多元文化交流下，法式料理終於取代了義式料理的地位，成爲西餐菜系中的主流。

而西餐文化的另一次重大轉變，則是發生在十八世紀末期的「法國大革命」。在此次的大革命裡，平民翻身，推翻了地主與佃農間長期不合理的互動，並徹徹底底地瓦解了原有的「封建體制」。王宮貴族的制度應聲解體，所有的「名廚」也因此流落民間。這些名廚爲了求取生存，適應新的粗簡生活，使得原本擅長於奢華排場的烹調手法，不得不轉變爲講求務實、平凡，朝著經濟、實惠，合乎民情的方向演進。這也是爲什麼目前我們極少能見得到，傳統著重奢華排場的宴客模式的緣故。

三、西餐的發展

西餐烹調在經過四、五百年的洗鍊、精進、推廣與交流後，已成爲全世界普及率最高、接受度最廣的菜餚種類，所以目前在世界上仍居於主流的領導地位。相對於台灣西餐的發展，雖然已經擁有三、四十年的時間，但是可以提升、改進的地方還很多。

早期台灣的西餐發展成效不彰，主要是受限於大環境下的政局不穩，有些仰賴進口的食材，根本就不易取得，想要調製出與當地的原味一模一樣，更是難上加難。加上早期台灣的西餐廚師，全都是隨著政府遷台後，才由上海搬遷到台灣。不管是食材的來源、設備的整建、還是人力的訓練，一切都得從零開始、重新建構，其艱難之至不可言喻。

近一、二十年來，經過台灣人民的努力，經濟開始起飛、工商業發展迅速，國民的生產毛額更是大幅躍升，所創造出耀眼的台灣經驗，更是舉世皆知的事。因此直至民國八十九年爲止，上述窘困的情形都得到了相當大的改善，不論是人力、物力及財力都能充分供應，使得西餐的發展有了良好的契機與遠景。

目前台灣已躍上國際的舞台，對於西餐的發展更已訂定明確的目標，因此僅在此提出近程、中程及遠程三階段發展的方向供讀者參考。

(一) 近程

在近程的目標中，應以制度、法規的「建立」爲主。當然相關的訓練模式、考核的內容及評鑑的方式，都應有完整的配套措施，並以文字爲依據詳細記載，建立出一套完整的規範後，才能進入到執行的中程階段。

(二) 中程

在中程的目標中，應以制度、法規的「執行」面爲主。這裡所要執行的工作應包括技藝的訓練、人文的培養、專業學識的充實、國際語言的教授、餐飲法規的落實等。在奠定良好的基礎後，才能培養出優秀的專業人才，具備進軍國際市場的實力。

(三) 遠程

遠程的目標中，應以企業化經營的模式，朝國際化的目標發展爲主要方向。同時由企業機構出資，有計畫的派員至各先進國家觀摩、考察、學習。甚至在必要時，也可邀請傑出專業的國際知名人士，來台親自指導，教授西餐烹調事務。期能在最短的時間內達到世界級的水準，更希望有朝一日能凌駕於國際同儕之上，使台灣也能成爲西餐廚藝大國。

第二節　西餐分類

嚴格來說「西餐」對於台灣的民眾而言，只是一個廣義的代名詞，泛指著一切來自於亞洲以外地區的菜餚。但是若以狹義的解釋來說，它指的是幾個重要拉丁語系國家，所製作出的菜餚之組成。例如，有西餐之母之稱的「義大利菜」、目前現今社會的主流菜系「法國菜」、風行英美兩國的「英國菜」等。這些菜餚所代表的文化背景與地域區分，正是深深影響西方人士生活起居與用餐習性的主要由來。甚至遠在東亞的我們，也被這股遠到的風潮所侵襲、感染，可見得其威力之大、影響甚遠。因此在本節中就僅以具有代表性及象徵意義的「義大利菜」、「法國菜」及「英國菜」等菜餚種類，分作說明介紹。

一、義大利菜

義大利地處歐洲大陸南邊（南歐），狹長如馬靴狀的國土，三面環海——地中海（Mediterran）、愛奧尼亞海（Ionian sea）、亞得里亞海（Adriatic sea）；一面靠山——阿爾卑斯山（Alps mtn.）。所以不論是在海路上的交通，還是陸路上的往來都非常的便利，也因此為義大利菜餚的發展打下了良好的基礎。

義大利繼承了古羅馬帝國文化的奢華，同時也將奢侈華麗、懂得生活的貴族習性，融入到美食菜餚的排場上。因此若將義大利菜稱為「西餐之母」，其實並不為過。因為遠在這個時期的古羅馬人，對於食的重視與研發的精神，就不亞於博大精深的中國傳統文化。

義大利餐飲史的向前躍進，可追溯到中世紀時期所推行的「文藝復興」運動年代。在當時以弗羅倫斯城爲首的王宮貴族們，相繼以烹調技藝的研發，與能擁有高超廚藝的大師，來展現自己的實力與權力，甚至認爲這是榮耀的象徵。所以一般老百姓認爲，只要能成爲所謂的烹調料理大師，就有翻身的機會。 這種觀念因而使得義大利由北到南、由東到西，完全沉醉在研發烹調技藝的樂趣中。加上往後由東方傳入的香料（九層塔、芫荽）、新的烹調技術及新的果菜品種引進，使得義大利的烹調藝術更加精進。而後又有新鮮葡萄的入菜、橄欖油的發現、到後來的醬汁（sauce）製作，在在都說明研發與創新的風氣盛行，將義大利菜的發展推向鼎盛的時期。同時在這個時期所創作出的佳餚美食，也爲餐桌上的文明寫下了新的註解，奠定出「西餐之母」的神聖地位。

風行世界著名的義大利菜有：拿坡里披薩（Pizza napolitaine）、義大利肉醬麵（Spaghetti Bolognaise）、義大利魚湯餃（Ravioli de Poisson）、義大利千層麵（Lasagne a la Bolognaise）、義式小牛膝（Osso bucco）、米蘭豬排（Escalopes a la Milanaise）、米蘭炒飯（Rissoto milanaise）、玉米糕（Polenta）、提拉米蘇（Tiramisu）等。

二、法國菜

法國地處歐洲大陸中心，境內有河流、高山、台地、平原。加上三面環海——英吉利海峽（English Channel）、大西洋（Atlantic Ocean）、地中海（Mediterranean Sea）；兩面依山——阿爾卑斯山、庇里牛斯山（Pyrenees）；所以在氣候上格外的溫和舒適。因此不論是在地形、溫度與溼度上，都非常適合種植各類農產品、經營各類畜牧產業、撈取各類海洋魚類，在這些項目上都有相當的成就。這也使得法國境內的物產豐隆，不論是魚、肉、蔬菜、乳製品、五穀類食材都一應俱全。

衆所皆知的是，法國菜源自於義大利菜，而義大利文化又是傳承於歷史悠久的古羅馬帝國，因此義大利人對於食的文化與烹調技藝，是累積了數千年的經驗，才居於主流的地位。尤其是在文藝復興時期時，烹調的技藝更是達到了鼎盛、尖峰期。因此在西方餐飲史上記載，法國菜的烹調技術會如此精進，甚至取代義大利菜的主流地位，就是因爲擁有了得天獨厚的地理環境外，還有一張好吃的嘴、一個挑剔的胃、一雙靈巧的手、一個聰明的大腦，才能從義大利菜的精髓中創造出自己的風格，使得今日的法國菜享譽世界、遠近馳名。

其實這段歷史是因爲在十六世紀中葉時期（一五三三年），國勢日漸勢微的義大利國（當時稱爲弗羅倫斯城），爲謀求強鄰法國的敦睦，而將精於品嚐美食、講究排場的義皇克里蒙的姪女——凱薩琳公主——下嫁至法國，爲的就是使兩國成爲親家以換取和平。雖然這是法國歷史上有名的因「政治因素」而締結的婚姻，但卻也將義大利的美食文化及精湛的烹調技藝帶入了法國。

十五世紀中葉時期，法國的國勢漸漸強盛，在沒有內憂亦無外患的情形下，王宮貴族（指擁有土地、馬匹的富人）之間，便以炫耀自己的實力能凌駕於同儕之上爲主要樂趣。他們彼此間，除了比管轄領土的範圍、居住城民的多寡外，更以宴客排場的大小，來決定誰的實力最強，誰擁有的廚師手藝最好、名氣最大爲榮。因此紛紛派專人出外找尋名廚（以義大利人爲主），來奠定自己的能力與威望。在這股敦聘名廚的風潮促使下，廚師的地位大幅提升，不僅受到尊重，甚至還有出任高官的例子。如擔任行政主廚的拉法亨尼（La Varenne），受當時亨利四世之命出任國際事務大臣（Ministre d'Etat）就是最好的實例。

這股風潮一直到十八世紀末，才起了急遽性的變化。王宮貴族在法國大革命之後，開始瓦解、沒落，這些所謂的名廚也因此流落民間。爲了生存、延續存在的價值，只好轉換工作模式，紛紛開起餐館自營小生意。當然供餐的模式也不可能再以奢侈的菜色、豪華的排場爲訴求（因爲沒有人吃得起），取而代之的是著重精緻、簡單的菜色。這就是飲食觀念轉折的最大關鍵處。

在法國的餐飲史上出現了幾位重要的人物，如早期的馬尼．安塔尼．卡雷母（Marie Antoine Careme）、其次的喬治．奧駒斯特．艾詩可菲（Georges Auguset Escoffier）、及現今的保羅．包庫斯（Paul Bocuse）等人。他們對於法國菜的貢獻，不僅只限於研發的工作，還包括了記錄、傳承、推廣與宣揚國威等。

馬尼．安塔尼．卡雷姆

馬尼．安塔尼．卡雷姆生於一七八四年，卒於一八三三年，享年四十九歲。其著作有很多，但以《十九世紀法國烹飪藝術全集》（*L'Art de la Cuisine Francaise au Dix-Neuvieme Siecle*）與《巴黎皇宮糕點師》（*Le Patissier Royal Parisien*）兩部鉅著最具代表性。這兩部鉅著對後世的影響，至今都受用無窮。因為在書中詳細記載了基本的烹調原理、烹調技巧、菜餚製作的食譜、食物的裝盤與裝飾、宴會場地的佈置、廚房工作技巧與器材設施的選用等。由於他在烹調的領域裡有卓越、傑出的表現，深獲當時外交大臣夏勒．墨李斯．塔勒宏（Charles Maurice de Talleyrand, 1754-1838）的器重，敦聘為首席廚師，使得他有機會活躍在拿破崙主政時代的政治環境中，長達十多年之久。他的工作主要是負責國際級宴會的策劃與執行，因此對於各式宴會排場的規模，都有豐富的實際經驗。加上卡雷姆的個性嚴謹及務實的處世態度，為了將烹飪提升到藝術的境界，因此對於餐食製作的過程、完成後的呈現方式（presentation）、甚至是會場的佈置，都有高標準的規範與要求。因此卡雷姆會在每次宴會結束後，詳細記錄優缺點作為改進的方針。嚴格說起來，卡雷姆也是一位烘焙大師，因為他發明了將蛋糕疊層架構的方法，為蛋糕創造出3D立體的造型，給予蛋糕新的詮釋手法，也算是一位融合了建築藝術與烘焙實務的大師級人物。

喬治・奧駒斯特・艾詩可菲

喬治・奧駒斯特・艾詩可菲生於一八四六年，卒於一九三五年，享年八十九歲。其著作有《我的烹飪》(*Ma Cuisine*)、《烹飪指南》(*Le Guide Culinaire*)、《菜單書》(*Le livre des Menus*)。這三本書雖然講述的也是有關烹調的事情，但其內容卻有別於馬尼・安塔尼・卡雷姆的著作，追究其原因不難發現喬治・奧駒斯特・艾詩可菲崛起的年代，剛好是在王宮貴族解體沒落的時期，所以他的著作內容便偏向於家庭化的簡餐為主。但是喬治・奧駒斯特・艾詩可菲又不甘於排場式宴會的供餐模式，就此走入歷史，便將著重於奢華的古典菜單內容，與粗俗的坊間菜色相互結合，創造出講求「精緻、簡單」的供餐模式，以及無數的知名菜餚。這也是目前時下流行西餐單點（A La Carte）用餐方式的最早期雛形。由於菜單的內容簡化後，製作的流程也跟著改變，其中影響最大的莫過於廚房內人員編制的精簡。因為專業分工取代了勞力密集，每位員工必須獨立肩負起工作的職責。有鑑於此，喬治・奧駒斯特・艾詩可菲於是規劃出廚房組織的結構，使得廚房內的分工更為明確，同時也利用這種分工合作的方法，設專人執行菜餚的裝飾，大大提升了坊間用餐時的質感。因此，簡單、精緻、高雅的用餐模式，就成了西餐主要的供餐模式。「菜餚的研發」與「廚房的分工」是喬治・奧駒斯特・艾詩可菲對於西餐最大的貢獻，甚至他也為自己贏得了「廚師之父」的美名。

保羅・包庫斯

保羅・包庫斯生於一九二〇年代，目前不但還未退休，反而仍活躍在推廣法式料理的工作中，是法國當代最富盛名的大師級師傅，甚至被媒體尊稱為廚師界的「教皇」、法國的「料理大使」等尊號。保羅・包庫斯從出生起就與餐飲有了不解之緣，出生在餐飲世家的他，畢身以鑽研法式料理為終身職志，並以不到四十歲的年紀，便晉身於法國傑出料理工作者（M.O.F）的行列，他經營的餐廳Paul Bocuse更是連續三十四年獲得米其林美食評鑑協會評鑑為三顆星的餐廳，締造出法國料理史上的紀錄。保羅・包庫斯對於法國料理最主要的貢獻是在於推廣與傳承。他不但親赴世界各地推廣法國菜，甚至還在遊艇上設置美食餐廳，航行於全球的海域上，提供遊客品嚐道地的法式美食；至於傳承的部分保羅・包庫斯窮一身之力，在法國里昂地區創辦了一所餐飲廚藝再進修的管理學院E.A.C.H（Ecole des Arts Culinaires et de L'Hotellerie），專門培育優秀的餐飲管理階層的人才，同時也撰寫《法國菜》（*Cuisine de France*）一書，作為後進學子的學習教材。（圖片來源：*THURIÉS* MAGAZINE）

法國菜的特色基本上與中國菜一樣，都是以地域來區分。包括北部的巴黎地區（Paris）、西部的布列塔尼地區（Bretagne）、東部的阿爾薩斯地區（Alsace）、中部的里昂地區（Lyon）、及南部的普羅旺斯地區（Provencal）。每個地區的風味及菜色都不相同，例如，南部的普羅旺斯地區因靠近義大利，所以口味就與義大利菜較爲接近；東部的阿爾薩斯地區與德國爲鄰，所以不論是菜色、口味甚至房屋建築都帶有濃厚的日耳曼民族的氣息；而靠近英國的巴爾幹半島與諾曼地半島的菜色，就與英國菜的風味有相似之處。不過在此要說明的是，雖然各地區的菜餚風味差異很大，但是法國人對於紅酒、白酒、香檳及數以百種以上的各類乳酪的愛好，卻是相同的。

法國著名的菜餚有：紅酒燴雞（Coq au Vin）、奶油香燉小牛肉（Blanquette de Veau）、香煎鵝肝排（Le Foie Gras Poele）、德式什錦肉類沙鍋（Cassoulet de Bonnac）、馬賽海鮮湯（Bouillabaisse）、普羅旺斯蛋捲（Omelette Provencal）、尼斯沙拉（Salade Nicoise）、培根乳酪派（Quiche Lorraune）。

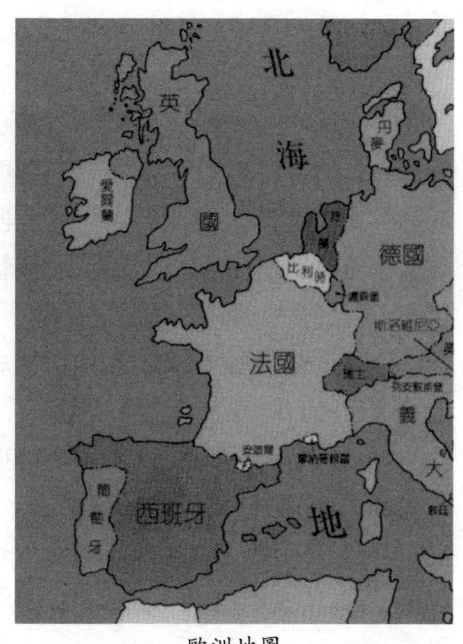

歐洲地圖

三、英國菜

地處歐洲大陸西北方海上的英國，有著獨特於歐陸國家的飲食文化。此處所稱的英國，是泛指一個群島組成的國家，它包含了英格蘭、蘇格蘭、威爾斯、愛爾蘭及北愛爾蘭等島嶼。英國的氣候較濕、較冷，所以英國菜的特色便著重於多脂、高熱量，因此，禽畜類、海鮮、野味等的肉質食物，就成了飲食生活的重心。

英國菜的烹調方式，大多是以燒烤、油煎、酥炸（深油炸）等方法完成，這是因為英國人喜好食物「原味」的因素。對於利用繁複的烹調技巧所製作出的食物，反而不太有興趣。英國人在吃肉類食物時，特別喜好以芥末醬、釉汁（濃縮肉汁）來刺激胃蕾、打開食慾，對於附菜的搭配則無一定的要求，但仍以馬鈴薯為主食。

英國菜的烹調方式雖然歷史悠久，但是約在中世紀時期才有了定位，這是因爲在十七世紀時與印度有了接觸後才有的改變。

印度是一個盛產各式香料的國家，在當時，印度是英國的殖民地，所以大量的香料被無限制輸入到英國，因此改善了肉質腥味無法去除的缺點，尤其是對於野味（雉雞、野鹿、野兔）的烹製最有功效。在不影響肉質特性的情況下，又能保有傳統的習性，提升食的質感，正好符合英國人喜好食用食物原味的民族性。

英國人有飲酒禦寒的習性，所以出產的穀類作物多是用來製酒，因此英國也是一個著名的產酒國家，其中更以蘇格蘭的威士忌享譽全球。

著名的英國菜與餐後點心有：包心菜肉球（Feuille de chou farcies）、咖哩燒羊肉（Curry de mouton）、聖米謝爾烤鵝肉（Oie de la Saint-Michel）、香草燉牛肉（Boeuf aux epices）、雙皮牛肉腰子派（Steak and kidney pie）、蘋果派（Apple pie）、黑聖誕布丁（Le Christmas Pudding）等。

附錄：台灣西餐教育現況

流傳五千年的中餐飲食文化，雖在西方社會上占有一席之地，但在民衆口味多元化的趨勢下，也不再是唯一的選擇。口感上的挑剔與品味上的提升，致使傳統飲食方式的生存空間，遭到了挑戰與打擊。許多業者爲了生存、營利，進而仿效西方飲食文化中講求乾淨、舒適等的優點，來取代舊有紊亂、擁擠的用餐習性，使得中菜西吃的用餐方式，有逐漸取而代之的趨勢。

探討其原由並非是中餐飲食不好，而是傳統的中餐只較注重烹調時的經驗與感覺，對於食物美味與否、用餐品質好壞，全賴師傅個人手藝與老闆心情而定，因而忽視烹調數據化與設備標準化，所帶來好處的重要性，導致許多絕技失傳（留一手及不外傳的觀念）與用餐的品質低落罷了。

自從人們對於用餐環境舒適與否，以及食物製備的過程有了新的認知、新的見解後，得知只要能改變舊有的習慣，便可使烹調後的食物口感一致、用餐環境更加舒適。因此，對於西方標準化與數據化所帶來的成效更加深信不移。

台灣的西餐教育現況正值於青黃、代興的起步階段，既有的西餐教育也正由師徒相傳的制度，逐漸被學校教育所取代。但是目前除了原文的餐飲書籍外，西餐學習者所能接觸到的訊息實在有限。因此，不論是翻譯原文教材，或是撰寫工作經驗，都是資深餐飲工作者所需努力的地方，畢竟唯有開拓新的中文教材，對於西餐生命的延續與發展才有希望。在本節中將以教育改革、教學內容、教學方向三方面分別說明與探討。

一、教育改革

在十多年前（民國七十四年以前），還沒有設立餐飲專業技能學校的時候，傳統餐飲技職教育的傳承，還是得依靠學徒制度來延續生命，在老一輩的餐飲工作者中，幾乎全是學徒出身的，由於當時的制度不健全，沒有勞動基準法的保護，加上現實生活環境的艱苦，所以這些餐飲工作者從很小的時候就必須入行學習，美其名說是學習西餐烹調技能，其實最大的目的還是希望能夠溫飽度日，有地方遮風避雨，其次才是技藝的磨練。

而現今餐飲專業技能學校，如雨後春筍般的成立。由民國七十四年台灣成立的第一所餐飲學校——淡水商工，直至民國八十九年為止，短短的十五年間，全省公私立高中、高職及大專以上院校，開設有餐飲類科的學校已超過一百所以上，使得餐飲技職教育得以普及化的發展，加上勞動基準法的健全保障，使學徒的制度，不再是唯一的選擇，甚至有慢慢式微的趨向。

學徒的人數逐漸減少，取而代之的是各校餐飲科的實習生，以及應屆畢業生的加入。也由於他們的加入，使餐飲工作者的學養、素質普遍提升，對於餐飲衛生的基本認知更有概念，長遠來看是好的開始。現今台灣的西餐專業技能教授，已從早先的學徒起家、師徒相傳的方式，擴展到目前設有餐飲專業技術教授的學校教育，以及全國性的西餐丙級技能檢定規範，不得不令西餐從業人員感到欣慰，台灣的西餐教育終於有了雛形。

根據教育部技職教育司的資料顯示，幾乎在所有設有餐飲相關科系的大學、專科學校和高中高職裡，都開設有西餐的教學課程，甚至還有獨立的「西餐廚藝科」或「西餐廚藝組」的編制。其中更以公私立高中高職組中的台北市開平中學，與大專院校組中的國立高雄餐旅技術學院，創先開設的西餐廚藝科系最具規模。同時這兩所學校爲了將尊師重道的傳統美德精神，融入在餐飲文化的領域裡，特別在每年春暖花開的春季裡，擴大舉辦大型的拜師典禮儀式來教化學子，讓學生除了能在平日的技藝訓練中，能學習到中、西餐飲及烘焙、餐服等技能，並且能領悟餐飲傳統文化中的精髓，來彰顯餐飲工作者對師道的尊重、倫理的注重、篤行職業道德的深厚意義。

二、教學內容

現代西餐教學的方式，應摒棄傳統的教育模式，跳出既有的單向學徒式教學的框架來作思考，才能教導出廚藝超群、理論兼備、思緒靈活的學生。因此，不論是在撰寫、翻譯或規劃教學內容時，都應從「本位與多元」兩個層面來設計，那什麼又是本位與多元呢？僅就以下說明：

（一）本位

其實這裡所指的本位，就是指「本質學能」的意思，它包括技術與理論兩部分。技術的精湛與否，雖然是技巧訓練的成果，但仍需以理論爲基礎方可突破瓶頸。有些事務是可以只知其然便可解決問題，但是對於烹調技能的應用，卻未必行得通。唯有先以烹調理論爲基礎，先知其所以然，才能在操作技術時，避開可能發生的意外。例如，藉由所學的烹調理論，我們可以預先知道蛋白質遇到熱時會有凝固的現象，在操作技術時，就可依所要製作的蛋類（水波蛋或太陽蛋……），預先挑選鍋具、掌控鍋子所需的溫度，這樣烹調出的蛋，外型才會漂亮。

（二）多元

廚藝指的是廚房藝術。因此除了必須擁有「本位」的內涵外，還需融入創作的精神，才是符合藝術的本質，否則技藝如何精湛高超，最多也是只有做得像、做得好，只是一個稱職的「廚匠」罷了。因此，西餐教學的內容，也應朝「多元化」的方向設計。例如，培養學生對於色彩搭配的感觀，可在課程中加入美術，並參觀美術館；爲激發學生對於菜餚的創作靈感，也可以帶學生去看發明大展，甚至科幻電影等，都是可行的方式。唯有多元化情境（音樂、歷史、美術、電腦……）的教學內容，才有機會成就出「大師級」的廚房藝術工作者。

三、教學方向

早期葡萄牙人發現台灣時，稱台灣爲「福爾摩沙」，意指美麗之島。但若因發展重工業，島內過度開發必定造成整體的環境污染，實爲不智的抉擇。台灣地狹人稠，人口超過二千三百萬人，全島面積不過三萬六千平方公里。若不考慮人民素質及政治等因素，單就產業開發的層面而言，台灣並不適合發展具有污染性高的重工業。況且幾乎所有的礦產全仰賴進口，所以台灣根本沒有本錢從事重工業的發展。因此，規劃台灣朝向無煙囪工業中的餐飲觀光事業發展，是未來整體的趨勢。

舉世皆知台灣是一個美麗的寶島，是一個非常適合發展觀光的地區，但是在此居住的人民對於環境的維護與要求，卻仍未達到國際級的標準。因此若能將教學的方向，定位在培育國際級的餐飲從業人員上，甚至訓練每一位國民都能成爲餐飲觀光產業的代言人。待整體的素質提升後，必定能吸引更多的觀光客蒞臨寶島，爲台灣賺取更多的外匯收入。

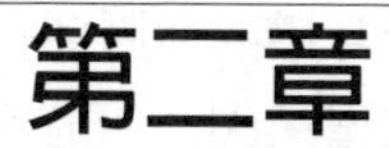

第二章

廚房組織

- 廚房編制與職責
- 廚房規劃
- 廚房操作
- 廚房機器設備
- 烹調器具設備

餐廳中的廚房有如人體的心臟，掌管全身體的血脈運行。廚房不運作就等於心臟不跳動不供血，沒辦法開店營業。因此對於廚房健全的要求，一定要比照對於身體健康的要求，不得便宜行事。在廚房組織的架構下，可分爲人事與事物兩方面，其中廚房編制與職責屬人事的部分，而廚房規劃、廚房操作、廚房機器設備、烹調器具設備則屬事物的部分。以下分述各節說明。

第一節　廚房編制與職責

在廚房編制的前置作業中，會依照營業的走向所需，供應用餐人數的多寡來決定職務及人員的安排。一般來說，在五星級的飯店中，會下設很多個不同的用餐部門，以及提供不同等級的餐飲服務方式。而在所有的餐飲製作部門當中，也會尋找出一個具備專業素養、豐富經驗、協調能力均強及輩份高的人來擔任行政主廚一職，並負責督導所有的餐飲製作部門的工作執行狀況。

若是在一般餐廳的小廚房內，餐廚人員的編制就必須精簡並身兼多職。例如，若以能供應八十人用餐的餐廳廚房而言，爲顧及人事成本的開銷，餐廚人員最多只能編排三至五人，其中工作的分配可以說是「校長兼工友」——上上下下、裡裡外外的事情，都要自行打理。

由於各個五星級飯店或餐廳，會因營業性質的不同、服務對象（階層）的差異、供應人數的多寡，自行調整出適合自己所需的編制，在此無法一一介紹。因此在本節所提到的廚房編制與職責，是依據法國正統、古典的方式，完整編排，僅供讀者參考，自行調整運用。

一、編制

依照規模較大的飯店而言，一般都會將廚房的編制制度化，統一作調度安排及核發薪資。因此會在飯店的總體編制內，下設行政總主廚一人，另由行政總主廚向下延伸分爲行政副主廚、廳主廚、廳副主廚、控菜、領班、副領班、助理廚師、幫廚、學徒、實習生等階層（如圖2-1）。分述如下：

1. 行政總主廚（executive chef）：爲五星級飯店內所有廚房之總負責人，並下設行政副主廚（executive sous chef）一至若干名。
2. 各廳主廚（chef）：爲五星級飯店內各廳廚房之負責人，並下設廳副主廚（sous chef）一人。
3. 控菜（aboyeur）：爲各廳廚房與前廳之聯絡人。
4. 領班（chefs de partie）：爲各類型廚房中實際負責執行工作的人，並下設副領班（demi chef）一人。廚房領班的類型有：
   (1)醬、汁房領班（chefs soucier）。
   (2)冷廚房領班（chefs entremetier）。
   (3)熱廚房領班（chefs grillardin）。
   (4)燒烤房領班（chefs rotisseur）。
   (5)鮮肉房領班（chefs boucher）。
   (6)點心房領班（主廚）（chefs papissier）。
   (7)海鮮房領班（chefs poissonnier）。
   (8)後勤勤務領班（chefs garde manger）：又稱爲員工廚房領班。
   (9)勤務代理（chefs tournant）：又稱爲兼廚或見習領班。
5. 1-5級助理廚師（1er et 5er commis）：爲飯店廚房內實際執行餐食製作的人。

6.幫廚（aide de cuisinnes）。

7.學徒或實習生 （apprentis ou stagiaires）。

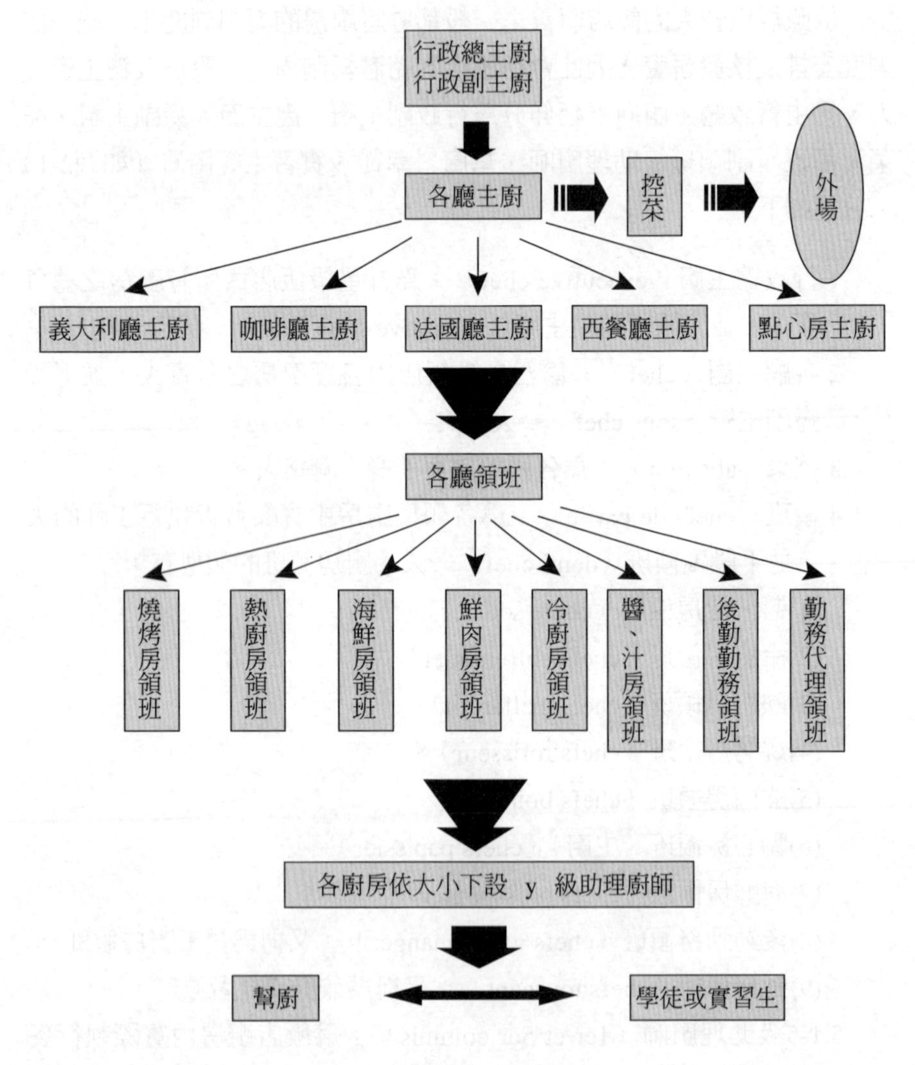

圖2-1 飯店廚房之編制

二、職責

（一）行政主廚

行政主廚顧名思義，必須負責所有廚房的行政與廚事兩方面的工作，是所有廚房的總負責人。在一般大型的飯店中，他的職務相當於外場的餐廳長或督導，必須直接向餐飲部經理或總經理負責。由於行政主廚的工作性質繁重，困難度高，需要相當經歷及學養作為後盾，否則無法從容處理各種既定或突發狀況，所以一般能出任此職務的人，大多已是身經百戰、經驗豐富，達到處事圓滑、待人謙恭的境界。行政主廚的主要工作可分為動態與靜態兩方面：

■靜態

1.定期、不定期參加飯店高層主管之例行性的工作協調會，並向餐飲部經理回報廚房營運狀況。
2.安排廚房內的員工調度、支援、輪休的人事安排。
3.負責規劃員工安全訓練、技術教授、生活輔導、工作考核、任務分配等工作。
4.收集與研讀國外餐飲相關資訊，作為研發、設計新菜單的參考依據。
5.注意市場動態、成本控制、菜單擬訂、食物採購。
6.處理人事事務及餐廳營業走向的工作協調。

■動態

1.負責執行管理訓練安全等實際工作。
2.指導做菜技巧並加以示範解說。
3.每日巡視各廚房的環境衛生、製作流程、出菜要點、存貨情形。

4.參考顧客需求、修改菜單、調整成本、迎合客人及老闆要求。

行政主廚通常會配有秘書一員，負責整理、登打、列印廚房的行政資料，並排定行事曆等事務性工作。

行政副主廚平常主要的工作項目是，協助行政主廚處理動態方面的事物。倘若行政主廚因休假、開會或從缺不在時，則由行政副主廚全權代理其靜態與動態方面的所有事務。

（二）各廳主廚

各廳主廚的主要工作有：

1.掌管該廳廚房一切作業流程。

2.監督該廳廚房烹調製作的流程、出菜要點、環境衛生、盤點存貨情形。

3.回報廚房內的員工調度、支援、輪休、出缺的情形。

4.彙整申領所需食材、器物、消耗性清潔用品。

5.定期、不定期參加例行性的工作協調會，並向行政主廚回報廚房事務狀況。

廳副主廚的主要工作是協助主廚完成以上所列的工作事項。

（三）廳控菜員

廳控菜員的主要工作有：

1.掌控廚房與餐廳間的菜餚出菜順序（流程），可避免發生出錯菜、跑錯桌的窘態。

2.控制並協助餐廳外場同仁調度桌序的安排。

3.定期、不定期參加例行性的工作協調會，並向行政主廚及廳經理回報廚房與餐廳間的工作狀況。

（四）各廚房領班

各廚房領班分別執掌不同的工作事項，其工作內容會隨著飯店經營走向隨時作調整，並非是一成不變的。同時各領班間也會有輪調的情形，讓每一位基層幹部有機會去嘗試、歷練各種不同的職務，執行不同的工作，來培訓出新的行政幹部。以下即是針對各領班所執掌的工作分別說明：

■醬、汁房領班

醬、汁房領班的主要工作有：

1.執行並督導醬、汁、湯品的製作。
2.執行並督導環境衛生清潔、盤點存貨情形。
3.填表申領所需食材、器物、消耗性清潔用品等。
4.定期、不定期參加例行性的廚房工作會議，並向廳主廚回報廚房工作狀況。

■冷廚房領班

冷廚房領班的主要工作有：

1.執行並督導前菜、沙拉、拼盤、開胃菜的製作。
2.執行並督導環境衛生清潔、盤點存貨情形。
3.填表申領所需食材、器物、消耗性清潔用品。
4.定期、不定期參加例行性的廚房工作會議，並向廳主廚回報廚房工作狀況。

■熱廚房領班

熱廚房領班的主要工作有：

1.執行並督導魚、肉類等主食、主菜、配菜的烹調及盤飾製作。

2.執行並督導環境衛生清潔、盤點存貨情形。

3.塡表申領所需食材、器物、消耗性清潔用品。

4.定期、不定期參加例行性的廚房工作會議，並聽向主廚回報廚房工作狀況。

■爐烤房領班

爐烤房領班的主要工作有：

1.執行並督導爐烤各類魚、肉類等大型宴會菜餚的盤飾製作。

2.執行並督導環境衛生清潔、盤點存貨情形。

3.塡表申領所需食材、器物、消耗性清潔用品。

4.定期、不定期參加例行性的廚房工作會議，並向聽主廚回報廚房工作狀況。

■鮮肉房領班

鮮肉房的主要工作是提供各部門所需的各式肉品， 這些肉品通常會依照各單位部門廚師的要求，先行處理、篩選、修清、過磅、整形等工作後，再送至各部門。 這樣不但可以減少各單位部門的工作負擔，更能正確的控制各類肉品存儲數量，妥善地調派運用，有效達到成本控制的經濟效益。鮮肉房領班的主要工作有：

1.執行並督導環境衛生清潔、盤點存貨情形。

2.塡表申領所需食材、器物、消耗性清潔用品。

3.定期、不定期參加例行性的廚房工作會議，並向聽主廚回報廚房工作狀況。

■點心房領班

在較大規模的飯店中，點心房通常是個獨立的部門，它不僅要供應全飯店的烘焙製品，甚至也會有外送、外賣的情形。因此會在點心房內另設主廚的職位，跳脫領班的位階，直接執行所有的相關事務。點心房領班的主要工作有：

1.執行並督導各類點心、蛋糕、麵包等的製作。
2.執行並督導環境衛生清潔、盤點存貨情形。
3.塡表申領所需食材、器物、消耗性清潔用品。
4.定期、不定期參加例行性的廚房工作會議，並向行政主廚（或廳主廚）回報廚房工作狀況。

■海鮮房領班

海鮮房領班的主要工作有：

1.烹調海鮮類食品爲主，此職務通常只會設置在專營海鮮餐廳爲賣點的廚房中。在一般小型的廚房內，大多會將他的工作合併在「醬、汁房領班」的工作項目內。
2.執行並督導環境衛生清潔、盤點存貨情形。
3.塡表申領所需食材、器物、消耗性清潔用品。
4.定期、不定期參加例行性的廚房工作會議，並向廳主廚回報廚房工作狀況。

■後勤勤務領班

後勤勤務領班的主要工作有：

1.執行並督導飯店內所有員工的三餐、消夜、點心等的伙食製作。
2.執行並督導環境衛生清潔、盤點存貨情形。
3.塡表申領所需食材、器物、消耗性清潔用品。
4.定期、不定期參加例行性的廚房工作會議，並向餐飲部經理回報廚房工作狀況。

■代理勤務領班（兼廚）

代理勤務領班的主要工作有：

1.代理執行各單位部門領班因休假、受訓、出缺時的勤務工作。

2.代理執行環境衛生清潔、盤點存貨情形。

3.代理填表申領所需食材、器物、消耗性清潔用品。

4.定期、不定期參加例行性的廚房工作會議，並向廳主廚回報廚房工作狀況。

■1-5級助理廚師

各個單位部門皆有助理廚師這個職務，其主要工作就是協助領班完成該單位各項基本的廚事工作（如烹調、領貨、清洗、遞送）。通常較大的單位還會將助理廚師的職務分爲1-5級不等。

■學徒

傳統的學徒制度往往不講求人道的精神，對於學徒的要求更是採進階、分段式且辛苦的反覆磨練。其目的是在於訓練學徒的基本烹調技能，能由陌生到熟練、由簡單到繁複、由容易到困難所做的基礎訓練。

當然很少會有師傅會平白無故的傾囊相授，所以學徒必須肩負的壓力，除了學習烹調技能外，更重要的是必須先學會如何做人處世（灑、掃、進、退、粗活、雜役）、如何去討好師傅（師母），才有機會窺探烹調之門，進而學得艱深的烹調技巧。

■實習生（見習生）

由於時代及社會的快速變遷，人們的生活環境普遍提升，加上注重學歷、文憑的社會風氣，使得年輕人對於傳統辛苦的「學徒制度」不再感到興趣。起而代之的是，擁有高中或大專學歷的實習生加入。雖然這些實習生已不需要像學徒那麼辛苦才能學到烹調技術，但基本上實習生在廚房內的工作內容與學徒是大同小異，只是一些比較粗重且常態性的工作（粗活、雜役），全轉移到幫廚者的身上。

■幫廚

廚房中幫廚的角色通常是由年紀較大的「阿姨」或「阿伯」來做，這些人可能是由學歷較低又沒有一技之長的人所組成。但是也有些是身體硬朗、覺得閒在家裡不如出來認識新朋友的人。幫廚的工作內容也可分爲「餐務」與「廚務」兩種，其負責的項目分述如下：

1.餐務：餐務的工作是協助領班、廚師，完成烹調前的準備工作。其工作性質與學徒或實習生相近。

2.廚務：廚務的工作項目有菜渣處理、碗盤清洗、器皿打磨、廚房清潔、垃圾清運、傳遞運送等，是比較屬於「粗活」的工作。

三、工作時間

餐飲業是服務業的一種，顧名思義就是要以服務大衆爲目的。因此餐飲從業人員的工作時間，就必須與一般大衆的作息時間相反。大衆越輕鬆的時候（休假、節慶、用餐），就是餐飲業最忙的時候。反之，大衆越忙的時候（上班、洽公），也就是餐飲業最輕鬆的時候，此時也是安排輪休的最好時機。

一般來說餐廳的經營是以營利爲目的，而主要的工作時間就是在別人用餐的時候，所以想從事餐飲工作的人， 就必須要有健全的心理準備， 否則就無法愉快的工作。餐廳的工作時間沒有一定的長短，有時生意好工作時間就會延長；反之，生意較差時也會提早收班。雖說如此，但工作時間仍是以八小時爲主，扣掉中間休息與用餐的時間，一天工作的總時數也維持在八小時三十分至九小時之間。表2-1是飯店的餐廳工作時間表，僅供讀者參考。

表2-1　飯店內餐廳之工作時間表

班別	工作起訖時間	實際工作時數	準備事項	工作內容
晨班	04:30-13:00	八小時三十分	早餐	供應清晨要離開飯店的旅客用餐
早班	08:30-17:00	八小時三十分	午餐、下午茶	供應午餐及下午茶
中班	14:00-23:00	八小時三十分	下午茶、晚餐	供應下午茶及晚餐
兩頭班	10:00-14:30 16:30-20:30	八小時三十分	中餐、晚餐	支援公休同仁所做的勤務調度 PS.一般中餐廳的廚房都是以此作息方式爲主
晚班	16:30-01:00	八小時三十分	晚餐、宵夜	供應晚餐、宵夜
大夜班	22:30-07:00	八小時三十分	麵包、蛋糕製作	點心房各項麵包、蛋糕底點心備製

第二節　廚房規劃

一個專業廚師雖不必懂得廚房建構的計算過程，但卻一定要知道廚房規劃設計的要點。在廚房規劃的要點當中，首先必須考量廚房的面積、營業的性質、空間的利用、分區調理製作、人體工學及動線設計等六大要點，才能營造出好的工作環境，提高廚房的工作效率，供應更多的餐食。以下針對上述要項，分述如下：

一、廚房的面積

廚房的面積大小取決，必須依照供餐人數去換算出使用的坪數，或是利用現有廚房的面積去換算可容納的最高人數。若以每人每餐所需使用的空間爲0.3平方公尺、0.08平方公尺來計算（此數據差距是以用餐人數、場地大小、供餐方式、每日供餐數爲考量），其廚房應有面積如下：

①供應用餐人數二十人之廚房應有面積為：
0.3（平方公尺）×20（人）×0.3025（坪）＝1.185（坪）
②供應用餐人數為五千人之廚房應有面積為：
0.08（平方公尺）×5,000（人）×0.3025（坪）＝121（坪）

（資料來源：慶亞不鏽鋼廚具）

以上廚房的面積計算標準，包括了機具與廚具所占用的面積，以及流程通道、庫房面積、辦公室等，當然這裡是以正規標準計算所得到的面積。如果要以克難的方式，或是擺路邊的方式來供應用餐。那用五十坪的廚房面積來供應五千人的用餐也是可以的。若只爲求得量產、快速而忽略衛生及其他因素，只能說這樣的觀念，永遠是積非成是的製造者。

二、營業的性質

餐廳的開設除了營利的因素外，主要還是爲了滿足大衆對食的欲望。因此餐廳的經營業者，在未開設餐廳之前，就應該先充分瞭解該地區的市場供需情形，以及自己現有的硬體空間大小，和想要經營餐廳的類型（單點、套餐、自助餐、速食快餐等）及其風格走向，並在第一次籌備會議當中，就應將構想告訴設計人員，因爲不同類型的餐廳，所需購買的廚具功能都會有所不同。例如，在法式的廚房裡，就一定要有烤箱、食物研磨機（robot-coupe）；在義式的廚房中，就一定要有明火烤爐（salamanders）的設置。只有事先告知設計規劃的人員，設計者才能依經營者的理念，規劃設計出餐廳的雛形。

三、空間的利用

有了餐廳初步的規劃雛形後，接下來的就是必須親赴現場，經由實際的丈量，記錄出眞正可使用的空間、面積有多少，再依照交通部觀光局所公告的「廚房面積管理規定」，規劃出廚房的使用面積。概略來說，廚房面積與外場用餐面積的比例是1：3，也就是廚房面積應占總面積的四分之一以上。接下來的，就是如何有效應用這四分之一廚房的空間。

四、分區調理製作

西餐用膳的內容包括冷盤、前菜、熱菜、主食、甜點及飲品的製作。但這些食品在製作的過程中，所需要的溫度都不同，爲避免相互受到影響和污染，分區調理製作就有其必要性。

在規模較小的廚房裡，因空間、設備、人力有所限制，無法樣樣兼顧，最多只能規劃出兩個部分，一爲烹調區、一爲洗滌區。因此除了供應固定的簡餐外，其餘餐食的項目，都會採取向外購買的方式供應。

但在規模較大的五星級飯店的廚房中，反而會充分運用較大的空間，與充沛人力的優勢，設置驗貨區、儲存區、調理準備區、鮮肉房、冷熱烹調區、點心坊、蘇打房及專業洗滌區等工作空間，來減少向外購買的機會，減少成本開銷。

五、人體工學

廚房廚具及各項設施，除需考量營業性質、營業面積、營業收入等經濟效益外，更需要考量是否符合人體工學。因此在餐廳廚房內所有的廚具、器物，都必須符合人體工學的規範。因爲唯有研發出適合國人身高、體型及工作習性的工作環境，才能避免因長期、長時間工作，使用不當的姿勢所造成的職業傷害。

其中要注意的包括廚檯的高度、水槽的深度、操作的空間大小、材質的選用等，這些都是引發職業傷害的主因。分述如下：

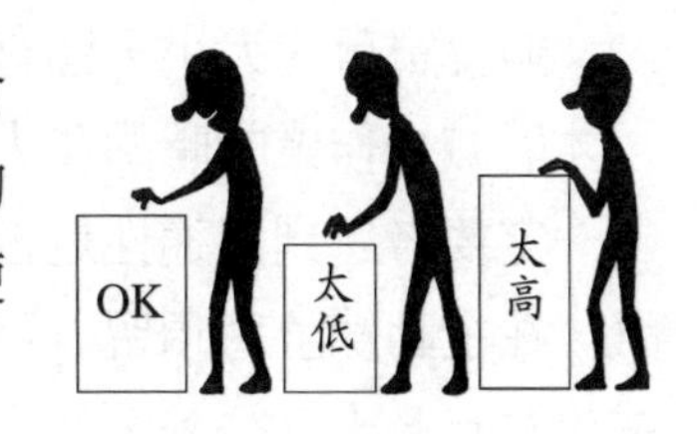

1.廚檯高度：過高或太低的廚檯，都會讓手部的施展受到拘束，無法正常的施力。因此長時間、長期的工作，便會引起肩膀與手臂的酸痛。

2.水槽深度：太深或太低的水槽，都會使人產生不自然的彎腰動作。但是若長時間的彎腰工作，也會造成肌肉張力過度伸張及神經的壓迫，導致拉傷所產生腰酸背痛的酸痛現象，嚴重時甚至有癱瘓的疑慮。

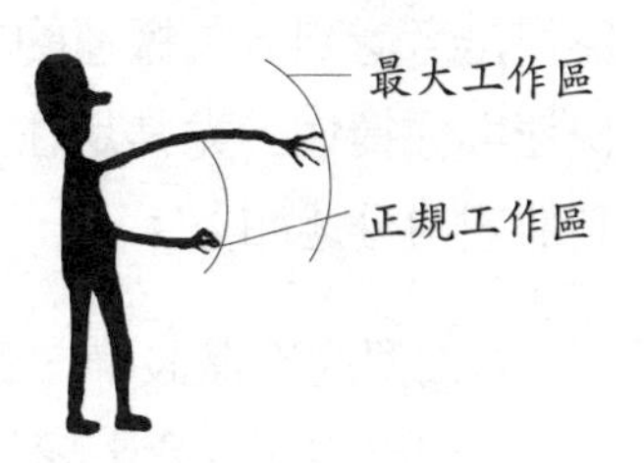

3.操作空間：太小的操作空間，會讓工作者有壓迫的感覺。因爲操作時無法得到伸展、迴旋等動作的要求，極容易發生碰撞的危險。

4.材質選用：縱使因價格便宜，也應避免選用會因加熱因素而產生有毒氣體的材質爲鍋具（器具）。若因此導致員工或食客中毒，所需賠償的金額更遠甚於此，得不償失。

因此爲防止員工發生操作性的職業傷害，就必須排除上述可能發生的潛在危機，營造出一個安全無慮的工作環境。

六、動線設計

餐廳廚房的動線設計非常重要，因爲不良的設計，容易造成意外傷害。

無論廚房的大小，皆有一定的流程秩序，而每個環節必須緊緊相扣，才能減少作業的時間及人力的浪費。而這些區間的主動線與附屬走道，一定要考慮到流通性是否順暢，以及作業中固定的走動空間。在此建議，在主動線上應預留一百五十公分到一百八十公分的寬度，而附屬走道也要有七十五公分至九十公分。因爲這是考慮到一般的手推車寬度皆爲六十公分左右，加上若以個人正面的平均寬度爲六十公分，來搬拿貨物，肩膀的跨距也在七十五公分之間。

因此爲了在主動線上的迴旋及交叉無礙，在這裡建議至少能有一百五十公分以上的迴旋空間，而附走道也要有七十五公分以上的標準，因爲這是考慮到貨物搬運的方便性。除此之外也應配合消防法則中的疏散快速與便捷性，尤其是在主動線的前後疏散門，更應清楚的標示說明。其他細項分述如下：

1.大型的冷藏設備、廚具設備，最好都能採用鑲入式的施工，避免突出的部分會影響行進的狀況。
2.進出廚房的通道，最好能夠分開，倘若受空間限制而無法分開，應該在通道處明顯標示行進路線，避免發生相撞的意外事件。
3.在進行搬運、進貨、倉儲、堆砌的動作時，不可以直接或間接影響廚房的正常操作，最好的方法是設有獨立的作業空間。

在設計動線時除了要兼顧到行的安全外，並儘可能縮短跑菜的距離，這樣可減少體力的消耗及負荷，也可縮短跑菜時間，即客人候餐的時間。

第三節　廚房操作

眾人皆知居家環境的品質不佳，會影響人的身體健康與情緒反應。相對的，若餐廳廚房設計及規劃不當，更會影響廚房操作、食物的保鮮、烹飪調理與人身安全等。因為不佳的工作環境會造成身體傷害，以及低落的工作效率。例如，低落的情緒易於使人疲累、效率不彰；不潔的環境，食物易遭污染、腐敗，並加速細菌繁殖違害身體健康。因此本節僅就會影響廚房操作、食物保鮮等因素作說明。

一、廚房操作

影響廚房操作的因素有溫度、溼度、氣流、換氣、落塵、照明、蟲蟻等。分述如下：

(一) 溫度因素

一般而言廚房平均溫度均超過人體溫度甚多，長時間在高溫環境下工作對人體會造成的傷害越大，因此對於降低廚房溫度有絕對的必要。以下僅就降溫的方式分述說明：

■自然降溫法

自然降溫法係將廚房高度拉高使烹調產生的熱氣上升至屋頂，再由屋頂上端之氣窗排出，同時在廚房的側邊導入冷空氣，填補熱氣上升後的空間，周而復始的運行，便可

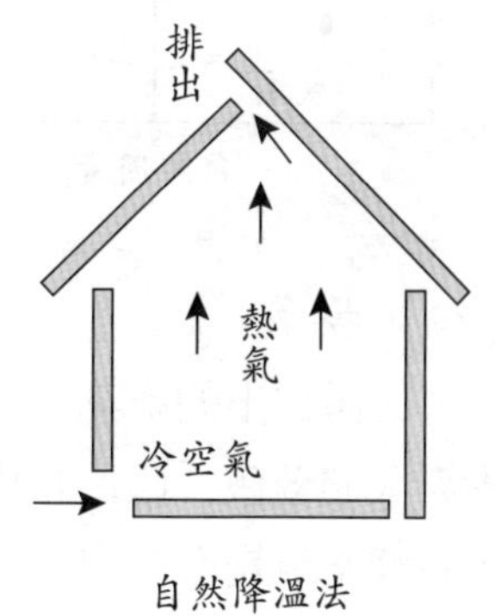

自然降溫法

使廚房內的空氣產生對流而達到降溫的目的，此法只適用於人口疏鬆之鄉村。

■機械降溫法

裝置中央空調、冷風扇、排油煙機、抽風機等機器設備，使室內空氣由外場流向廚房產生對流達到降溫的目的，此法適用於人口密集之都市。

（二）濕度因素

對人體而言，相對濕度在55%時最感到舒適，濕度越高人體越會感到溼黏，容易心煩疲倦，因此廚房儘可能保持乾燥、避免積水。而濕度過低會有呼吸困難、喉嚨乾燥等不適的現象。

（三）氣流因素

良好的用餐環境可以給人舒適清新的感覺。因此氣體流動的方向格外重要，否則當客人一進到餐廳時，就會聞到廚房傳來的味道。不管傳出的是陣陣菜香還是生腥的肉味，都是不雅、不衛生的，應儘量避免。

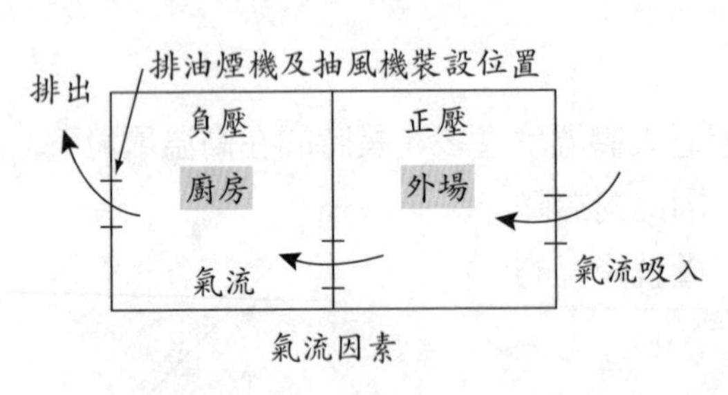

氣流因素

為使廚房的溫度儘量降低，應時常注意排油煙機、抽風機、冷氣機的功能都要保持正常，餐廳外場的空氣才會往廚房流動（外場餐廳為正壓，內場廚房為負壓；正壓流向負壓）。

（四）換氣

人體排出的廢氣、二氧化碳、汗臭，烹調產生的油氣、水氣，都會影響人體健康。因此藉由抽風機、冷氣機的運轉來更換污濁的氣體，導入新鮮空氣是必要的。

（五）落塵

廚房落塵的原因主要來自於烹調、清掃、走動、地面設計不良及室外施工等因素。落塵過多除了會造成食物本身的污染外，也會使機械故障、使人感到不適，甚至引起皮膚過敏等現象。

（六）照明

廚房內之照明應保持平均亮度一百燭光以上，若屬於檢查、檢驗作業區則應保持在兩百燭光以上。燈具裝設的位置以不在作業線上為佳，否則應加裝護罩避免燈管破裂，這樣也可防止油煙沾黏、積沉、加速死角藏污納垢。

（七）蟲蟻

蟲蟻侵入廚房，不僅會影響環境及食物的衛生，同時，對於操作中的員工也會產生相當大的困擾。例如，蟑螂或老鼠的突然竄出、蒼蠅蚊子的四處飛舞，都會影響工作的情緒。

二、食物保鮮

食物不管是在整理、製備或烹調的作業流程中，都有所謂的「新鮮期」階段。在每一個階段中，如果未按照保鮮的作業方式，食物一樣會變質腐敗。因此在接觸食物的過程中，最重要的就是要注意到食物保鮮的工作，因為只要食物不潔，不論你的烹調技術如何高明都是無用武之地。因此，在本段落中要說明的便是食物由到貨前、到貨後、烹調前、烹調中、烹調後、顧客用餐，一直到包括殘菜處理的餐務工作為止所要注意的事項。

（一）到貨前

到貨前應先注意市場動態，因此必須注意訪價、訂購、採買等事項。

1.訪價：若對食品供應商不夠瞭解，應廣泛查訪相同等級的食品市價及批發價格，瞭解貨源的供應情形，秉持貨比三家不吃虧的精神，否則爲了省錢而買進不新鮮的食物將得不償失。
2.訂購：採購的對象若是品管優良、信譽卓越的績優廠商，只需要用電話下訂單訂購自己所需的食材即可。
3.採買：遇到天災過後食物單價往往過高、物價波動也大或是其他特殊情形的時候，親自到市場選購採買，可以隨時掌控成本支出的幅度及食物品質的新鮮程度。

（二）到貨後

到貨後的驗收動作是絕對有其必要的，因爲廠商送來的食物不是自己下訂單所簽定的項目或品質時，就可以立即做退貨處理。若相同情形多次發生就可考慮更換購買廠商。以下爲到貨時注意事項：

1.核對購買食品內容是否正確。
2.檢視食物是否新鮮或過期。
3.核對重量、數量是否不足。
4.通知各單位部門的人員到採購部，點取所訂購的食材種類及數量。
5.材料領回後需做初步的清潔整理，並將溼貨分類，分開儲存於冷藏庫或冷凍庫內，另將乾貨移至乾貨庫房內存放。

（三）烹調前

烹調前的準備動作應注意清洗、切割、整形、定型、醃浸、盛器、殘菜等七項，分述如下：

1.清洗：去除蔬果菜類上的殘留土壤、農藥，去除禽、肉、海鮮、魚類的血渣內臟及附著物。
2.切割：切割成適當大小、形狀，有助於烹調後的咀嚼及增加口感與質感。
3.整形：藉由修邊、塑形的動作來增加食物的質感與美觀。
4.定型：藉由綁線的方法可加強肉類食物本身的結構，使肉類食物的口感更加結實有咬勁。
5.醃浸：醃浸的方法可賦予食物擁有更香的氣味並去除原有的生腥味及改善肉質。
6.盛器：湯杯、餐盤等盛器必須預先洗淨、烘乾（擦拭）、上架、溫盤，以便隨時取用。
7.殘菜：在上述項目中處理後的食物殘渣，皆屬於容易腐敗發酸發臭的物品，應包妥封口移至室外帶蓋的垃圾桶內棄放。

（四）烹調中

在烹調製作中應注意取量、控溫及盛器保溫三項：

■取量

按照成人一餐的標準食量（約500公克），來精準正確的取量可有效控制成本，並且可避免客人吃不完造成食物浪費。

■控溫

1.燉、煮類的食物是無法在短時間內完成烹調動作的，必須提前半天或甚至前一天以上就應先做處理，待用餐時間到時，再加熱沸煮片刻後，即可放入保溫槽內保溫（保溫時的溫度應在60℃以上）。

2.煎、炒、油炸的食物可在短時間內完成烹調動作，這類食材只需事先做整形或醃泡的處理，待客人點餐時再烹調即可。

■盛器保溫（湯杯、餐盤）

由於溫度也有對流的現象，所以盛器應保持適當的溫度，才有助於延長或拖住盤中菜餚溫度。尤其是在天冷時，沒有預先做溫盤的動作，不但無法維持盤中食物的溫度，還可能會加速食物本身的溫度流向盛器、導致客人用餐時，食物的溫度早已下降，喪失用餐的質感。反之，冷沙拉、冰品類產品，也需要放置冷藏庫內冰鎮，否則也會影響到成品的外觀、質感與口感。

（五）烹調後

烹調後就等著裝盤出菜，爲使客人能有色、香、味的多重享受及溫馨的服務，就必須注意盤菜的擺盤、裝飾、口味，同時，在客人用完餐後，最好能詢問客人的滿意度等。

（六）顧客用餐

顧客用餐前及用餐後所提供的意見應當告知餐廳所有員工，無論是嘉許或批評的意見都應作爲檢討改進的方向。

（七）餐務

餐廳營業後的復原工作（如殘菜處理、盛器清洗、桌椅歸位）及隔日的準備（食物備製）等事項，應確實在下班前執行，並於離開前做最後檢查認證。

第四節　廚房機器設備

廚房機器設備選購首重持久耐用、方便清理、線條簡單、抗腐蝕性材質、無毒無味、抗磨損等要素。因爲不當選用機器設備，極容易影響食物品質與使用者（食用者）的健康及工作情緒。因此本節將就設備選購要點、溫度調節設備種類、烘烤及烹調爐具設備、食物調理設備、洗滌設備等要項分別說明之。

一、設備選購要點

選購設備時要注意器具設備是否具有持久耐用、方便清理、線條簡單、抗腐蝕性材質、無毒無味、抗磨損等功能。

1.持久耐用：廚房廚具設備，皆應注意材質堅固、抗壓、不變形等優點。

2.方便清理：廚房廚具設備，無論有無固定，皆應符合清洗快速、維修容易。

3.線條簡單：廚房廚具設備若爲線條簡單則易於空間的運用，並可提高動線的流暢、方便清洗整理，以及減少意外發生。

4.抗腐蝕性材質：廚房廚具設備應該採用不鏽鋼廚具，可避免廚具生鏽導致食物的污染、廚檯塌陷進而影響操作 。

5.無毒無味：廚房廚具設備嚴格禁止使用鎘金屬、鉛金屬或塑膠材質的有毒物品製造，因爲這些金屬遇熱後會產生毒素，不但會改變食物本身氣味更會污染食物造成食物中毒。

6.抗磨損：接觸食品的桌面必須選用材質堅硬平滑、抗壓耐磨損無空隙的材質，這樣可以防止藏污納垢及操作傷害。

二、溫度調節設備種類

廚房中的溫度調節設備有室溫調節設備、冷藏冷凍調節設備等，其內容及其功能分別說明如下：

(一) 室溫調節設備

室溫調節設備的主要功能是為了調節室內的溫度、溼度（除濕）及淨化空氣（除塵、除臭）等，讓員工、客人有舒適的工作及用餐環境。這類的機器包括冷氣機、中央空調、抽風機等。

■冷氣機

冷氣機的開啓可降低室內的平均溫度並淨化空氣的品質，但是傳統的冷氣機，都是屬於單機運轉的設備，不過也有加裝風管的型式，將冷氣導入各個不同的角落；當然風管接得越長，冷氣的效果就越差。

■中央空調

中央空調也是為降低室內溫度、淨化空氣所設置。與冷氣機不同的是，中央空調擁有超大型的冷卻機組，可以供應整棟樓層的冷氣。藉由統一的操作、控溫，也可降低維修、保養及管理的費用。

■抽風機

藉由抽風機的高速旋轉，可使室內空氣產生對流並排出熱氣，達到降低室內溫度的目的。不過假設室外的溫度高於室內的溫度時，抽風機可發揮的功效就會大大的降低。溫度調節設備之檢視與保養須注意以下幾點：

1.每日檢查設備溫度：每天工作前先檢查各調節設備溫度是否正常，下班前巡視冰箱電源有無遭切斷，若遭切斷應立即察明原因，並重新開啓電源。

2.定期拆卸保養：只要是溫度調節設備就一定會有濾網，因此，定期拆卸清洗保養才能提供適當的溫度。

3.除霜：除霜時應先拔下插頭，採自然降溫的方式除霜，忌用利器刮除以免導致控溫管損壞。

4.箱內溫度：減少冰箱開啓次數，使櫃內的溫度儘量保持恆溫。溫熱的菜餚禁止直接放入冰櫃中，否則不但會增加冰櫃的負荷，更會影響周邊食物的保存。

（二）冷藏、冷凍調節設備

冷藏、冷凍調節設備的功能在能恆溫控制溫度（-22℃～8℃）使食物有效保持新鮮，並延長保存時間。其功能是能藉由吹出的冷風產生的循環，使冰箱內的空氣產生對流，使各項食物均勻感溫保持鮮度。冷藏與冷凍設備的種類很多，主要會依照被冷凍物的大小來設計，其中有推入式冷藏、冷凍櫃；走入式冷藏、冷凍室；開啓式冷藏、冷凍櫃；展式型冷藏、冷凍櫃；桌檯式冷藏、冷凍櫃；上開式冷凍櫃；沙拉吧檯式冷藏櫃；製冰機等。

■推入式冷藏櫃、冷凍櫃

推入式冷藏櫃、冷凍櫃的設計，主要是爲方便大批的冷藏食物進出。此類冷藏櫃內另設置有活動的「層架車」，此層架車可以隨時推入與推出。尤其是在製作「外燴」活動時，廚師可以先將層架車放滿食物的成品，再推入冷藏櫃內保鮮，直到要出菜時才將層架車拉出，彰顯出它的方便性與機動性。

走入式冷藏、冷凍室

■走入式冷藏、冷凍室

若依照規模大小而言，走入式冷藏、冷凍室是所有冷藏設備中，空間最大的冷藏機器。它可以提供足夠的空間來存放食物，甚至可以容納人員在裡面工作，因為它的空間大小完全是依照使用者的要求來設計的。不過基於衛生的要求，此類冷藏機器仍應按照食物的分類來儲存食物。

開啓式冷藏、冷凍櫃

■開啓式冷藏、冷凍櫃

開啓式冷藏、冷凍櫃，為廚房內最常見且使用率最高的冷藏設備。它有單門型、雙門型、四門型及六門型的款式，可配合廚房的需求選用。

展式型冷藏、冷凍櫃

■展式型冷藏、冷凍櫃

帶有透明玻璃門的展式型冷藏、冷凍櫃，一般多為存放食物的成品，可直接供應客人的選購，因此並不適合擺放於廚房內使用。

桌檯式冷藏、冷凍櫃

■桌檯式冷藏、冷凍櫃

桌檯式冷藏、冷凍櫃為節省空間的浪費及操作便利，會將冷藏設備直接安置於工作檯下方。這種桌檯式冷藏、冷凍櫃的誕生，不但改善了廚師的工作環境，同時也增加了廚房的產能。對於勞資雙方而言，可說是雙贏的結果。

■上開式冷凍櫃

一般來說，上開式冷凍櫃都是用來存放冷凍類食品，其中又以冰品類中的冰淇淋使用率最高。這種上開式的冷藏設備，提供了寬敞的視野，能讓顧客一目瞭然，看清楚食物擺放的位置。不必打開冰箱，就能清楚看見。

上開式冷凍櫃

■沙拉吧檯式冷藏櫃

此類冷藏櫃的上方有一個掀開式的門蓋，門內有許多的方型盒子，可放置不同種類的單色沙拉。

沙拉吧檯式冷藏櫃

■製冰機

「製冰機」顧名思義是用來製造冰塊的機器。但是製冰機的產能及製冰的速度都有一定的限制，並非可以無限量供應。因此若需要大量的使用冰塊，就必須提前一天的時間準備冰塊。

製冰機

三、烘烤及烹調爐具設備

烘烤及烹調爐具設備，是一種會發出高熱的機具，其危險性遠高於冷藏的設備。因此，剛進入新的環境工作時，如果對於這些設備的操作程序不明白，應先詳讀操作說明書，或請資深的員工教導講解，將廚房內的意外事故發生機率減至最低。

（一）烘烤爐具設備

■瓦斯烤箱

傳統的瓦斯烤箱雖具有升溫快速、經濟實惠的優點，而廣爲大衆喜好，但是其危險性高卻是不爭的事實，所以使用時應格外注意空氣是否流通、瓦斯有無外洩。

■旋風式烤箱

旋風式烤箱是近十年來才有的烤箱，它是在傳統的電烤箱內加裝電風扇，使烤箱內的溫度能夠均勻地流向四周，烤出的成品色澤也較均勻漂亮。

■推入型旋風式蒸烤兩用箱

旋風式烤箱

旋風式蒸、烤兩用箱是廚房設備中最有智慧的科技產物。它不單是具有蒸與烤的通用功能外，它還能依照廚師的烹調習慣設定蒸烤時的溫度狀態。例如，烤雞前二十分鐘，可先設定溫度爲210℃，後三十分鐘則降爲140℃，啓動開關後，就可放心交給烤箱處理，直到時間終了，香噴噴的烤雞就可以出爐了。

■電烤箱

電烤箱

傳統的電烤箱種類很多，大小不一，雖然使用上安全性很高，但是由於其升溫緩慢且不經濟實惠，所以除了一般家庭較爲接受外，在中大型的廚房中仍以瓦斯烤箱爲主。不過隨著時代的進步，瓦斯烤箱已有式微的趨向。

■切片吐司烤箱

切片吐司烤箱是家庭中最常見的烤箱。體積小、構造簡單、故障率低、操作方便，是它受歡迎的主因。吐司烤箱設有自動跳脫開關，只要設定的時間一到就會自動切斷電源，並將烤好的吐司彈出。

切片吐司烤箱

■焗烤爐

焗烤爐又稱明火烤箱，它的熱源是來自烤爐上端的導熱管，主要的功能是將食物表面燒上均勻的金黃顏色。在義式及法式的廚房中，它是不可或缺的設備。焗烤爐的能源供應也有電能與瓦斯兩種。

焗烤爐

■燒烤爐

雖然名爲燒烤爐（grill），但是目前早已不再使用煤炭，取而代之的是瓦斯碳烤爐及新式的電能碳烤爐。碳烤爐的熱源是來自下方，經由鐵柵般的爐檯，可將食物烙上數條燒焦的直條紋，轉動直條紋的方向，重新烙上另一直條紋，則可呈現網狀的外觀。

燒烤爐

1.瓦斯燒烤爐：瓦斯碳烤爐是將瓦斯導管所發出的火焰，直接燒在火山岩上（避免瓦斯的火焰直接與食物接觸），待火山岩石聚集足夠的熱量後，就可將爐檯鐵柵上的食物烤熟。瓦斯碳烤爐有個缺點，就是碳烤中的食物油脂會直接滴入爐檯內，引起衛生上的顧慮。因此，爲防止此情形繼續惡化，每天收工前一定要做到清潔保養的工作，並且每星期一次徹底將火山岩刷洗乾淨。

2.電能燒烤爐：電能碳烤爐的構造有別於傳統的瓦斯碳烤爐，它是由一塊完整的齒溝狀鐵板及電熱盤所組成，安裝時它的角度略帶傾斜，這是爲方便排除油脂所設計，擁有乾淨清潔的優點是瓦斯碳烤爐所沒有的。

■微波爐

微波爐具有食物解凍、加熱、烹調等多重的功能。由於其操作簡單、便利、省時省工，所以目前在一般家廳中都有購買。餐廳廚房使用的情形也很普遍，是一項很好的廚房幫手。

（二）烹調廚具設備

■平檯式瓦斯、電熱爐附烤箱

平檯式瓦斯、電熱爐附烤箱

平檯式瓦斯、電熱爐附烤箱，是西式廚房中必備的爐具，它依照餐食製作的量，可分爲雙口爐、三口爐及四口爐等型式。但是平檯式瓦斯爐在廚房中的占有率，卻遠高於平檯式電熱爐附烤箱，因爲瓦斯爐最大的優點就是經濟實惠、能源成本較低。

■專業油炸機

專業油炸機

專業油炸機是由油炸槽、油炸網、加熱器、油溫調節器、洩油管等部分所組成，其最大的優點就是採自動控溫，溫度設定後只要油溫下降，加熱燈就會自動亮起，隨即進行加熱動作。

■平面煎板檯

平面煎板檯是利用熱能（瓦斯、電能）直接加熱鑄鐵鐵板，使之聚集高熱後煎熟食物。它的優點是可以大量煎、炒備製食材；缺點是每天都需要確實清潔保養，否則鑄鐵做的鐵板將會生鏽。日式料理的鐵板燒就是一種典型的平面煎板檯。

平面煎板檯

■蒸氣鍋爐

蒸氣鍋爐的體積龐大，除非是供應三百人以上用餐的餐廳，一般是不會設置此種大型鍋爐。蒸氣鍋爐主要是以瓦斯爲熱源（也有電能的），它的缸壁是中空的，目的是爲了讓蒸氣流過，因此升溫快速、產量大、失敗率低，用來煮湯或蒸飯是最好不過的。

蒸氣鍋爐

■單口瓦斯快速爐

一般在針對西餐爐檯做設計時，都未考量到大火快炒的動作，因此爐檯的火焰都很溫和，但是在情況多變的廚房內，常常需要應付臨時的狀況，如果廚房設有快速爐，就能從容解決上述的困擾。單口瓦斯快速爐的火焰強大，相對的危險性也較高，一般多用來煮麵及製作高湯。

■保溫櫃

保溫櫃的主要用途，就是將餐盤的溫度提高。它的熱源來自於電能，並且有一個溫度調節開關。

■紅外線電磁爐

雖然紅外線電磁爐升溫快、安全性高、操作便利，絕不輸給傳統的電磁爐，但是由於其價格昂貴，所以至目前爲止仍無法廣泛地爲民眾所接受。

■保溫水槽

保溫水槽是用來保持湯品或sauce的溫度，水槽內的水溫也是由電能來加熱，相同的它也有一個水溫調節開關，來控制水溫的高低。

■排油煙機

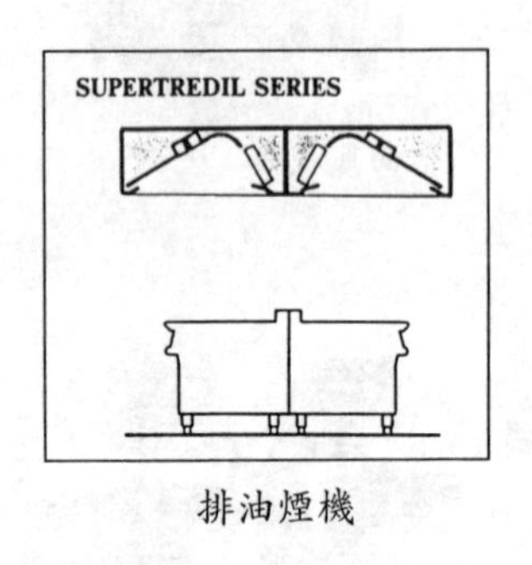

排油煙機

不論廚房是大還是小，排油煙機都是不可或缺的機器之一。如果廚房沒有排油煙機，油膩與髒亂必將環顧在側，就算是員工可以忍受，但是時間久了，環境及食物衛生的品質與機器的運轉，一樣會出問題。拜科技之賜，目前所生產的專業排油煙機，也已具備有自動滅火及自動清洗油垢的功用。

四、食物調理設備

食物調理機雖非廚房設備中必備的機器，沒有它，烹調的工作仍可進行，但是如果有它的存在，不但製作出的品質較齊，更可以為廚師省下不少的時間，相對的也能提高廚房的產量，可說是一舉數得。

食物調理設備的種類有濃湯研磨機、萬用食物研磨機、電動榨汁機、自動切片機、果汁機等，茲分述如下：

■濃湯研磨機

濃湯研磨機

製作濃湯時常會選用各類的食材做湯料，但是想要保有食材的原味，又想要有柔順無顆粒的喝湯感覺時，就可用濃湯研磨機將湯中的食材打碎。它的優點是可以直接伸入鍋內作業，使用上極為方便。

■萬用食物研磨機

萬用食物研磨機可藉由高速的旋轉，將食物原料切割成條狀、絲狀、片狀及糜狀，是廚房操作的好幫手，尤其是在製作冷肉派（terrin）時，更是不可或缺的機器。

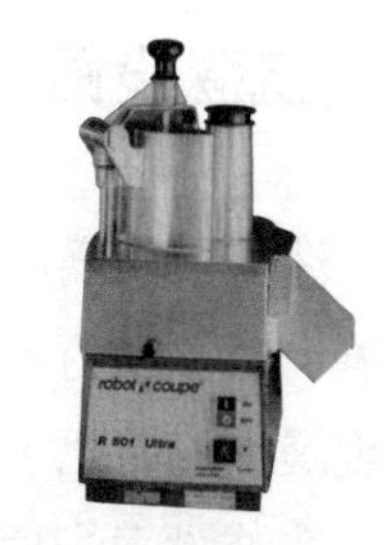

萬用食物研磨機

■電動榨汁機

榨汁機的功能主要是在榨取水果的原汁，它是藉由一個會高速旋轉的鑽頭，將球型水果（如柳橙、檸檬、葡萄柚）的汁液榨出。

電動榨汁機

■自動切片機

切片機的誕生解決了大部分切菜的困擾，因爲有些食材切割的精準度要高、刀工要細、形體要一，光靠廚師的刀工技巧，也許量少還能應付，但是如果量多，那就會弄得人仰馬翻，不符合經濟效益。使用切片機時應注意安全，切勿在機器運轉時調整食物的位置。若切割的對象爲肉類時，最好能將肉品先放置冰櫃內冰凍後，會比較好切。

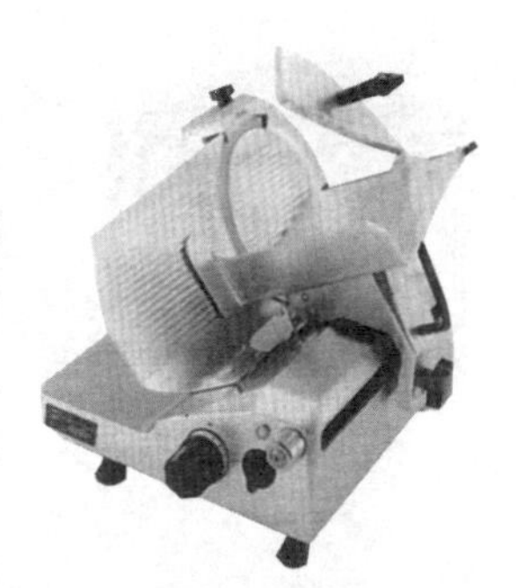

自動切片機

■果汁機

果汁機是用來榨取果汁的機器，不過通常得先將果肉切成小塊狀，再混以適量的液體（開水、牛奶）才能驅動果汁機運轉。

五、洗滌設備

洗滌設備爲廚房設施中最基礎的一環，缺少了它，所有的廚事都將停擺，無法進行，就算勉強的進行烹調製作，環境衛生也將亮起紅燈，出現嚴重的警訊，故不得不審愼處理。

洗滌設備的種類如櫥櫃式工作檯、水槽、水槽式工作檯、全自動專業碗盤清洗機等，茲分述如下：

櫥櫃式工作檯

■櫥櫃式工作檯

櫥櫃式工作檯的設置，通常是爲了存放清洗好的備用餐具，但是也有用來作爲擺放清潔用品。

水槽

■水槽

分爲單槽、雙槽、三槽等型式，一般多爲清洗量多的蔬菜所設置。

水槽式工作檯

■水槽式工作檯

水槽式工作檯一般多爲手工清洗碗盤所設置，基本上也有單水槽工作檯及雙水槽工作檯兩種。

■全自動專業碗盤清洗機

全自動專業碗盤清洗機，是一套整組的機器。它的組成包括噴水槍、廚餘槽、輸送履帶、高溫清洗機、烘乾機及杯盤存放架等，工作人員只需將菜渣、油漬先沖刷掉，其餘的動作就可全部交由機器處理。全自動專業碗盤清洗機雖然帶來很大的方便性，但是由於其體積龐大，並不適合一般中小型廚房使用，業者可依自己的需求選購。

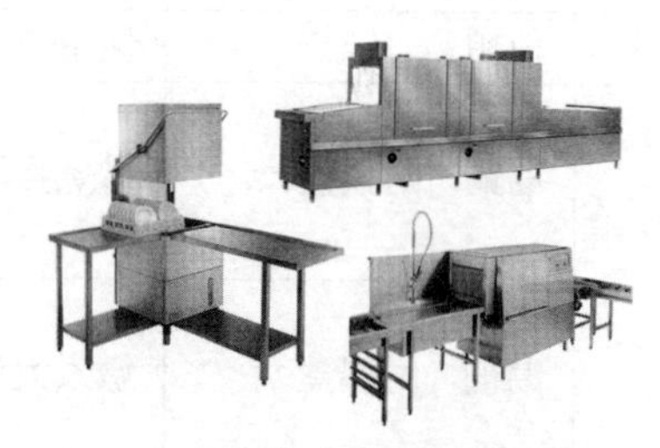
全自動專業碗盤清洗機

第五節　烹調器具設備

「工欲善其事，必先利其器」，這是衆所皆知的千古名言，因此要想烹調出味美的佳餚，就一定要先備妥烹調用的鍋具與器皿。本節中將廚房用的器具分爲鍋具設備與盛盤器皿兩大類，分述如下：

一、鍋具設備

原則上鍋具設備又可分爲烹調用鍋具、輔助器具、備菜及儲存用器具、度量器具、製備點心用器具等五種。

■烹調用鍋具

烹調用鍋具之種類與使用方式如表2-2。

表2-2　烹調用鍋具

	種類	使用方式	圖式
雙耳鍋	湯鍋（附鍋蓋）	燉煮食物用	
	湯桶（附鍋蓋）	燉煮大量食物用	
	燉鍋	燉煮食物用	
	雙層蒸鍋（附鍋蓋）	蒸熟食物用	
	高湯鍋	燉煮高湯用（不帶蓋）	
	長橢圓形魚鍋	烹調大型魚類用	
單柄鍋	sauce保溫桶	保溫sauce用	
	平底鍋	煎炒食物用	
	sauce鍋	調製sauce用	
	蛋捲專用鍋	製作蛋捲薄餅	

（續）表2-2　烹調用鍋具

	種類	使用方式	圖式
單柄鍋	煎鍋	煎蛋或煎肉排用	
	淺sauce鍋	製作sauce用	
	燉炒兩用鍋	燉炒食物用	
烘烤器具	一般烘焙用烤盤	其標準尺寸爲60cm×40cm×8cm	
	燒烤肉盤調理盤	烤肉專用盤	
	肉派烤模	製作肉派（帶有麵皮）的長方體烤模	
	冷肉派瓷模	製作冷肉派（不帶麵皮）的長方體瓷模	
	焗烤盤	焗烤千層麵（lasagna）用	
	舒芙里烤缸（Souffle Dish）	烘烤舒芙里用	
	特殊烤模（Special Mold）	烘烤特殊圖型用	

■輔助器具

輔助器具之種類與使用方式如表2-3。

表2-3　輔助器具

種類	使用方式	圖式
品嚐匙	嚐食味道用	
木鏟	拌炒食物用	
木杓	撈取液態類食物用	
長柄湯杓	撈取液態類食物用	
平鏟	翻轉油煎食物用	
油渣濾網	過濾油渣	
漏油杓	撈取被炸物、滴乾油脂用	
錐形濾網	過濾湯汁用，其縫隙較篩網大	
錐形篩網	過濾sauce用，其縫隙較濾網小	

（續）表2-3　輔助器具

種類	使用方式	圖式
輾磨泥器	輾磨馬鈴薯成泥狀用	
過濾盆	過濾高湯用	
過濾用紗布	過濾清湯用	※
石綿手套	隔絕熱源、防止燙傷用	

■備菜及儲存用器具

備菜及儲存用器具之種類與使用方式如表2-4。

表2-4　備菜及儲存用器具

種類	使用方式	圖式
長方形配菜盤	備菜用	
圓形配菜盤	備菜用	
4吋馬口碗	秤取材料或備菜用	
長方形醃泡保鮮盒	隔絕氣味保存食物用	

（續）表2-4　備菜及儲存用器具

種類	使用方式	圖式
透明壓克力保鮮醃泡盒	隔絕氣味保存食物用	
鋼盆	盛裝、浸泡備製食物用	
漏盆	瀝乾食物上的多餘水分用	

■度量器具

度量器具之種類與使用方式如表2-5。

表2-5　度量器具

種類	使用方式	圖式
溫度計	測量食物內部溫度用	
公制秤	秤取食物重量用	
量杯	量取液態類食物用	
錐形量杯	量取液態類食物用	
量匙	量取少量調味料用	

■製備點心用器具

製備點心用器具之種類與使用方式如表2-6。

表2-6　**製備點心用器具**

種類	使用方式	圖式
打蛋盆	蛋白打發專用盆	
極細目篩網	打散並過濾粉質材料用	※
壓麵機（noodle machine）	製作麵條或派皮用	
橡皮刮刀	清理鍋內（盆內）的液態濃稠狀物質用	
塑膠刮板	清除黏附桌面上的粉渣、硬塊。也可用做和麵時的輔助器或製作出線條造型的紋路	

二、盛盤器皿

器皿指的是盛裝熟食類食品用的器具，它不僅是用來裝盛食物，也可用來提升菜餚的質感。以下即將器皿分為單點用器皿及自助餐用器皿，分述如下：

■單點用器皿

單點用器皿種類如表2-7。

表2-7　單點用器皿

種類	圖式
①底盤（展示盤）	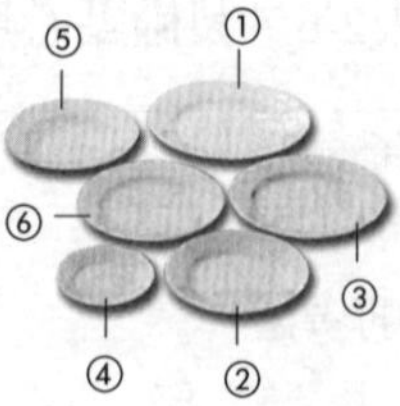
②沙拉盤（8吋）	
③主菜盤（10吋）	
④麵包盤（味碟）	
⑤湯碟、湯盤	
⑥點心盤（6-8吋）	
雙耳湯碗	※
雙耳獅子盅	※

■自助餐用器皿

自助餐用器皿種類如表2-8。

表2-8　自助餐用器皿

種類	圖式
木製鮭魚盤	※
16吋大圓盤	
橢圓田螺盤	
長方形銀盤（雙耳）	
橢圓形銀盤（雙耳）	

（續）表2-8　自助餐用器皿

種類	圖式
圓形銀盤（雙耳）	
長方形保溫鍋組	
圓形保溫鍋組	
圓形保溫湯桶鍋組	

三、廚房器皿材質比較

廚房器皿的材質可分為玻璃瓷器、陶土砂鍋、鑄鐵（生鐵）、不鏽鋼、銀器、鋁鍋、銅鍋等七類。其中它們的導熱性、抗氧化性、抗酸性、硬度、破裂、變形、聚溫等的情形也都不一樣。所以在烹調時，務必選用適合的器皿，否則會有事半功倍的遺憾，輕則損毀器具，耗去能源，但嚴重時也可能引起食物中毒的事件（如表2-9）。

四、特殊材質的器皿清潔方式

■鍍銀器具

鍍銀的刀、叉器具外表亮麗且具有抗腐蝕性的效果，但久經使用後會導致光澤黯淡發黑，最好的處理方式就是先將器具上的菜渣清洗乾淨

表2-9　廚房器皿的材質比較表

	導熱性	抗氧化性	抗酸性	硬度	破裂	變形	聚溫
玻璃瓷器	×	◎	◎	◎	×	×	○
陶土砂鍋	×	◎	◎	◎	×	×	◎
鑄鐵	○	○	○	◎	◎	○	○
不鏽鋼	○	○	○	◎	◎	○	○
銀器	◎	×	×	○	○	○	×
鋁鍋	◎	×	×	○	○	×	×
銅鍋	◎	×	×	○	○	×	×

圖例：×差　○可　◎佳

後，再浸泡於牛奶當中一小時以上，待取出後用乾淨的棉布擦拭便可以恢復原有的光澤。

■純銀器具

純銀的器具外型華麗、價格昂貴，但卻極易發黑，加上保養不便，所以並不適合用來盛裝食物，通常只是用做提升整體情境的質感。純銀的器具還可以用來檢測食物有無毒性。保養時必須使用專門的洗銀水，才可常保華麗光澤，若發黑的情形嚴重時，我們可藉由打磨機做拋光處理。

■銅質器具

銅質器具暴露在空氣中會引起氧化作用產生銅綠，也就是所謂的銅鏽。因此必須每日以銅器清潔劑來保養擦拭，一般來說銅器比較不適合用來盛裝熱食。

■鋁質鍋具

鋁鍋的材質輕盈、導熱性佳、價格低廉且容易清洗是其優點。但由於它的質地較軟且性質不穩定，所以容易變形或經氧化發黑，因此在烹調使用鋁鍋時，應儘量避免撞擊、持堅硬器物操作刮洗，否則將會損壞鍋體或改變食物本身的顏色（變黑）。 鋁鍋的抗酸性差，也不宜用來烹煮酸性食物，若要去除鋁鍋變黑的痕跡，可將鋁鍋內注滿清水，並加入清水容量約十分之一的白醋，滾煮四十分鐘以上，便可輕易地去除鋁鍋發黑的現象。

■陶、瓷、玻璃器皿

一般來說，陶、瓷、玻璃器皿的外表多爲光滑多變的造型，價格上也較傳統的低廉許多，所以使用比較廣泛。在清洗陶、瓷、玻璃器皿時，可先用洗碗精浸泡二十分鐘左右，再用清水洗淨烘乾存放即可。若無烘乾的機器設備時可先讓上述器皿瀝去水漬後，再取兩塊乾淨的乾布擦拭即可（左右手各執一塊，不得與器皿接觸）。由於陶、瓷、玻璃器皿的缺點就是容易碎裂，因此在清洗、搬運或使用上，應格外小心避免碰撞。另外要注意的是，避免將滾燙的液體直接倒入陶、瓷、玻璃器皿內，因爲任何物質瞬間接觸到過大的溫差時都會無法承受，材質不佳的器皿也會隨即破裂。

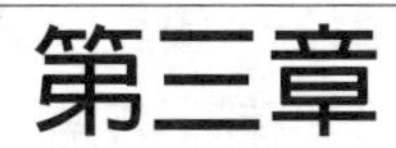

第三章

廚房安全與衛生

- 廚房安全
- 廚房衛生
- 食品安全與衛生
- 垃圾處理

由於早期（六〇年代以前）的生活艱辛困苦，國民所得並不高，人民生活的品質普遍低落，當然外食用餐的情形也就不普遍，所以一般人對於食的要求並不高，甚至只求溫飽即可，更遑論講究食的安全與衛生，因此要他們去注意餐廳廚房的安全與衛生更是不可能的。

但是時空轉換，今非昔比，三十年後的今天，生活富庶的現代人，對於「食」的基本養生之道，不但講求要色、香、味俱全，更要求要吃得健康、吃得安心，因此當面對安全與衛生時的態度，不僅在家用餐如此，在外面餐廳用餐的要求更是嚴格，一旦有所糾紛，甚至不惜對簿公堂，因此本章中所要討論的就是廚房安全、廚房衛生、食品安全與衛生及垃圾處理等問題。

第一節　廚房安全

有高達90%以上的廚房意外，是因人爲疏失所造成的。因此廚房工作首要達成的目標，就是要落實廚房工作者對廚房安全認知的訓練。例如，如何引導新進同仁儘快瞭解陌生環境、照明設備的光線是否足夠、進出動線有無障礙物堆放、消防設施是否定期檢測、老舊機械的維修更新等，都是職場安全要求及訓練的重點。僅就上述要點分述說明如下：

1.對環境陌生的新進同仁，常會因工作生疏而發生事故，爲防止此情況發生，就應指定某資深員工個別指導操作。
2.廚房照明設備不足或有閃爍現象，都會影響視線及操作進行順暢，爲避免發生操作性傷害，就應立即加裝或更換不良燈管。
3.人員進出動線本就禁止堆放任何物品，爲避免發生行進間的刮傷、絆倒摔傷，就應立刻要求徹底清除或移開。

4.消防設施及逃生梯的位置應明確標示。

5.廚具設備若有損壞、鬆動應立即維修固定。

若將廚房喻爲產品製造工廠，其實一點也不爲過，因爲廚房裡包含生產所需的機械設備及手操作之刀、器具等。加上工作人員必須處在高溫、高溼的廚房裡，往往一不留神或操作不慎，便成爲操作性傷害或意外傷害的受害者。因此不論職務高低，只要進入廚房就應遵守廚房安全規定，避免意外傷害發生。廚房常見的操作性傷害包括刀傷、燙傷、摔傷、扭（拉）傷、機械傷害、瓦斯氣爆；意外傷害則包括電線走火引起的火災及其他天災等。

一、操作性傷害

操作性傷害通常是因個人疏忽所造成。這類的傷害包括刀傷、燙傷、摔傷、扭傷、機械傷害等。

（一）刀傷

刀傷的引起不外乎是因人爲因素所造成的意外，因此在操作時應格外小心留意自身及他人的安全。在本段中將就刀傷的防治及刀傷的急救作說明：

■刀傷防治

1.持刀工作時應秉持專心、細心、耐心之精神，禁止無謂的閒談聊天。

2.刀器使用完畢後歸至定位，並以刀套、刀具箱妥善保管。

3.嚴禁持刀具嬉鬧、玩笑。

4.持刀行走時應將刀刃朝後，刀身緊貼大腿外側的褲縫。

5.嚴禁將刀器置放於水槽內或閒置於工作檯上。

6.刀器掉落地面時，禁止用手抄接以免發生意外。

7.刀具清洗過後應用乾的乾淨抹布拭乾。

8.刀具若需要帶離開廚房，應放置於有鎖鑰之刀具箱內。

■刀傷急救

遭刀器割傷時，應立即靜坐舒適處，取乾淨紗布或衛生紙輕壓傷口上方，並將受傷部位放置略高於心臟處，待血止後稍做消毒、包紮，並視狀況送醫院縫合，若爲嚴重割傷，傷口大量出血，應令傷患平躺，立即取下領巾繫於傷口上方，另取乾淨紗布或衛生紙重壓傷口處，並將受傷部位放置高於心臟位置，口中含糖塊，緊急送醫院處理（送醫時一定要將被切下的部位一併帶至醫院縫合）。

（二）燙傷

燙傷的引起多爲疏忽所造成，因此在操作時應格外小心留意爐檯上的鍋具及烤箱旁的器具。以下將就燙傷的防治及急救分述說明。

■燙傷防制

1.高溫爐檯旁，應在固定的位置放置乾燥的墊布數條或器具挾，以備接近高溫爐具，取物取鍋接觸熱源時可隨手取得，避免燙傷。

2.由高溫烤箱內取出之鍋具，應立即將手提握把處撒上麵粉或做上記號，避免自己或他人因誤觸而遭燙傷。

3.烹煮中之鍋具，應將手提握把處轉移至爐檯內，避免自己或他人因誤觸、撞擊打翻鍋具而遭燙傷。

4.圍裙上的綁繩應繞過腰脊，綁在腰左前側或右前側位置，並將繩結處塞於摺縫內，避免轉身時誤勾拉到湯鍋，打翻鍋具而遭燙傷。

■燙傷急救

遭遇燙傷意外時，應立即沖冷水再退去或剪開衣褲，將燙傷部位浸泡在冰、冷水中，待稍感舒適後，拭乾患部、擦抹燙傷藥。若遭嚴重燙傷意外時，應立即取一乾淨（無菌）紗布，以生理食鹽水或冷開水浸溼，輕敷燙傷部位，以避免體液散失及細菌感染，然後緊急送醫處理。此「沖」、「脫」、「泡」、「蓋」、「送」即是燙傷急救的五字口訣，應牢記在心。

（三）摔傷

摔傷的造成大多是因地板潮濕或是走道堆放雜物所引起，因此在行進間應格外注意地板上的情形，必要時應立即改善狀況。以下將就摔傷的防治及急救分述說明。

■摔傷防治

1.廚房內嚴格禁止嬉戲奔跑。
2.廚房地板應採用止滑地磚。
3.廚房工作人員應穿著止滑工作鞋。
4.廚房地板應隨時保持乾燥，若有積水立即清除，並可灑上粗鹽增加磨擦係數，防止滑倒。
5.廚房進出動線上禁止堆放任何鍋具、食材及物品。

■摔傷急救

1.疑是骨折性摔傷，應令傷患平躺，立即取下領巾，並找尋身旁可得長三十公分之硬物，固定傷處，緊急送醫處理。
2.因摔倒致使頭部撞傷，若有暈眩、嘔吐等現象，應立即送醫檢查。

（四）扭傷

扭傷的引起不外乎是使用錯誤的操作動作，在本段中將就扭傷的防治及扭傷的急救作說明。

■扭傷防治

1.應避免超負荷搬運重物。
2.搬運重物時應先屈膝蹲下，再抬起重物，避免直接彎腰取物，造成腰部過度負荷，導致扭傷。
3.在爐灶前長時間工作，應儘量避免使用翻鍋的動作，這樣極易造成手腕扭傷。

■扭傷急救

腰部或手腕感到不適時，且有紅腫發熱現象，應停止工作，冰敷就醫處理。

（五）機械傷害

機械造成的傷害最爲嚴重，且全都是人爲的因素所造成，因此在操作時應格外注意操作程序，切忌在不明或無人指導的狀況下使用生疏的機具。在本段中將就機械傷害的種類、防治及急救作說明。

■機械傷害種類

1.截傷：截傷爲廚房中發生頻率最高的機械傷害，此種傷害復原的機會很少，通常醫療治癒後仍會改變原來形體的外貌。
2.挫傷：挫傷所造成的傷害比較輕微，通常復原的機會很大，只要留意於復原時避免遭受細菌感染即可。
3.壓傷：壓傷所造成的傷害，只要不傷及骨頭與神經，基本上適度的休息後都會復原。

■機械傷害防治

1.對機械操作不明時切勿擅自啓動機械。
2.機械發生故障無法運轉時，非維修人員切勿擅自拆卸機械檢視，應立即切斷電源報請送修。
3.操作人員必須按照規定程序操作機械，切勿擅自更改操作流程。
4.機械操作完畢務必切斷電源總開關，防止誤觸電源按鈕造成傷害。

■機械傷害急救

若遭機械傷害時，應立即取下領巾繫於傷口上方減緩血流，另取乾淨紗布或衛生紙重壓傷口處，並將受傷部位放置高於心臟位置，口中含糖塊緊急送醫院處理。切記若有被截斷的部位，不論其大小均應以冰敷包裹一併送醫處理。

二、意外傷害

意外傷害的種類不外乎因人爲疏失所造成的意外，以及不可預期的天災意外兩類。其中發生機率最大的，便是以火災意外爲首位，其次的水災、風災、震災、雷擊也都發生過，在此僅就這幾項意外作說明。

(一) 火災的防制與處理

■火災防制

1.廚房設計應採用具有耐高溫、高熱功能的材質。
2.廚房明顯位置處，應配置合適且足量的消防設備，如二氧化碳滅火器。
3.廚房應裝設自動偵煙警報器及自動灑水裝置，並於廚房出口處裝設手動警報器。

4.對廚房員工實施消防知識測驗，並定期舉辦消防演練訓練。

5.定期檢視廚房電路及瓦斯等管線，並立即汰換已破損老舊線路。

6.廚房內之污物油漬應立即清除。

7.最後離開廚房之員工，應檢查所有電路及瓦斯等管線是否關閉，再行離開。

8.一旦發生火災，防火門的設置除能增加安全性外，更可降低財物損失。

■火災緊急處理

倘若上述防制項目仍無法控制火勢時，應立即執行以下幾點：

1.立即關閉電源及瓦斯開關。

2.協助同僚立即離開火場，並將防火門關上，截斷火源。

3.打電話通知消防隊滅火。

（二）水災、風災、震災、雷擊

水災、風災、震災、雷擊都是屬於無可抗拒之災難，若發生此類天災時，首先應鎮定處理周遭事故，並使自己或同伴能移至安全無慮的地方後，再以任何可能的方式與外界聯絡，保持最佳狀態，隨時等待救援。

除了以上防止意外發生的措施之外，廚房內還應該設置簡易的急救箱，以便因應急需。急救箱內的物品應包括手術手套、手扒雞手套、綿花、紗布、繃帶、剪刀、酒精、碘酒、OK繃、止血帶、消炎藥、燙傷藥膏、綠油精、止痛藥、鎮定劑、雙氧水、紫藥水等。

第二節　廚房衛生

廚房的衛生、清潔與否，乃爲餐食製作的第一要事。無論烹調得如何精緻味美、如何聲名遠播，如果沒有乾淨衛生的環境作爲後盾，一切都是枉然。因爲只要稍有不注意，便極容易引發食物中毒的事件。若鬧出人命，更是得不償失，後悔莫及。因此對於廚房的衛生，因隨時隨地保持在最佳的狀態。首先我們就從清洗鍋具及器具時所要調製的消毒藥水說起，至於「砧板的清潔與保養」、「環境的清潔與保養」分述如後。

一、消毒藥水調製

依照食品衛生管理法規定，食物容器、餐具、切割器、砧板、抹布、地板、廚具均需每日定時消毒清洗，方能有效控制黴菌的滋生。因此每位廚房的工作人員，最好都要會調製消毒藥水。其實調製消毒藥水並不是一件難事，因爲它只是由漂白水（氯）混以清水調製而成。至於漂白水的濃度則是依照生產製造工廠的不同，而製造出不同濃度的漂白水。表3-1是以五公升水量爲基準所調製出不同濃度的消毒藥水。

二、砧板的清潔與保養

食物的分解與切割雖然和刀器有孟不離焦、形影不離的關係，但這兩項物品若缺少砧板當介質居中潤滑，就如同一輛高級汽車加滿了98無鉛汽油，卻只能在泥濘地奔跑，苦不堪言可想而知。愼重選擇砧板的材

表3-1　消毒藥水調製表

消毒項目	基本水量	購買漂白水（氯）之濃度若為	漂白水使用量	備註
手部 食物容器 餐具 鍋具 刀器具 砧板 抹布 地板	五公升	5%	20c.c.	1.不論水量多寡，所調出之消毒藥水（洗滌水）的氯含量，均不得超過200ppm。 2.消毒藥水（洗滌水）的濃度過高，有黏、滑手的現象時，只要再適度加入清水稀釋即可。 3.利用左述項目的消毒液消毒完後，仍需使用清水清洗。
		6%	16.7c.c.	
		7%	14.3c.c.	
		8%	12.5c.c.	
		9%	11.2c.c.	
		10%	10c.c.	

質，除了有助於切割的進行，更能有效防止食物中的細菌直接或間接污染，當然砧板的使用方式正確與否也是關鍵之一。

砧板的材質基本上可分為木質和合成塑膠兩種，習慣上，傳統木質砧板厚重易切是不爭的事實，但單就衛生觀點而言，膠質砧板雖然沒有木質砧板厚重易切的優點，可是卻有木質砧板無法取代的容易清洗、消毒方便、乾燥快速的好處。所以在此仍建議，廚房內儘可能還是採用膠質砧板，倘若無法克服舊有的習慣束縛，最好能夠併行採用，特別是處理肉類的時候，一定要使用膠質砧板較佳。以下是使用砧板時應注意事項：

1.砧板分類：砧板應有生食與熟食之分並清楚以顏色或文字標示區分，如情況許可，除了能生食與熟食分開外，最好還能細分為生食海鮮、生食肉類、生食蔬菜、熟食成品等四類。

2.砧板固定：切割食材時首先要穩定砧板的位置，這樣還可以避免連續切割時，因施力不均導致砧板滑動影響操作進行，甚至因疏忽造成意外傷害，無論是木質砧板或膠質砧板，可以在切割前於砧板下墊上一塊潮濕的棉質抹布，就可以防止砧板滑動。

3.砧板清潔：在每次及每項的切割動作完畢時，都必須以清水（熱水較佳）清洗砧板並擦拭乾淨後再進行下一項使用。

4.砧板消毒：在當天工作結束時，所有的砧板一定要徹底的清洗消毒後上架備用。

5.砧板漂白：每星期之中最少能夠固定做三次砧板漂白的動作。

6.砧板使用：使用砧板時，應以操作的方便性爲優先考量，例如，在切割進行時，砧板上除了被切物品外皆不得放置任何其他物品。切完後的食材應立刻移置盛器內擺放（瓷盤、瓷碗除外），砧板四周圍的殘渣、菜屑、水漬應隨時去除。

此外，使用新的木質砧板前，須浸泡在鹽水中一至三小時（視砧板大小而定），這樣可使木頭產生收縮效應，使木質砧板更爲堅硬耐用。平常在使用砧板時，最好也能定期（一星期一次）將砧板泡入水中，保持砧板的濕潤，可避免砧板因過於乾燥而產生龜裂的現象減短砧板的使用壽命。

三、環境清潔與保養

廚房內所生產的物品是供人食用，因此爲避免引發食物中毒事件，應隨時保持廚房內所有軟、硬體設備及設施之清潔。以下僅就廚房內之硬體空間、空調機具、器具設備、廢棄物、污水、排水溝等六項分述說明。

1.硬體空間：牆壁、通道、工作間應保持乾淨清潔，地下管路應維持暢通不積水，定期檢視有無蟲、蟻侵入或人爲破壞。

2.空調機具：無論自然換氣（空氣對流）或器械換氣（抽風機、冷氣機）之管道，皆應定期清洗、保養，檢視其功能是否正常及避免積留油漬、污垢而影響空氣流通。

3.器具設備：器具用畢應立即清洗並確實做好每日清潔、保養、擦拭、歸還定位。

4.廢棄物：廢棄物處理桶應固定放置相同處，不得任意更換地點，並保持周邊乾淨清潔及定點、分類、加蓋、除臭、定時傾倒。

5.污水：必須先將菜餚殘渣過濾後，再排放至污水槽內進行污水除臭、污水分流過程，最後再將污水導入下水道內。

6.排水溝：排水溝應具有防老鼠和其他生物入侵的設施，活動的溝板應選擇不生鏽、不光滑爲佳。排水溝底部要有適當的弧度及傾斜度，不可讓廢水回流，溝內不可有各式的配管，如水管、電纜、瓦斯管等，並且定期刷洗、疏通及消毒。

第三節　食品安全與衛生

「禍從口出，病從口入」是衆人皆知、耳熟能詳的標語。我們可以姑且不談「禍」是如何從口出，但卻不能不知道病是如何從口入。因爲我們每天都要吃，如果吃得不營養也許只是瘦弱些，但如果吃得不安全、不衛生，那可是會有立即性的危險。因此，食品安全與食品衛生是本節將要討論的重點。

一、食品安全

食品是否具有安全性，應從產品的處理過程、產品的標示日期、產品的包裝完整、產品的儲存方式等處去瞭解。倘若有任何一項未達標準，都應避免購買。以下分述說明：

■產品處理

1.處理生鮮食品時，應注意室內溫度的控制，最好能在低溫、恆溫（約18℃）的環境下工作，以確保食物品質。
2.生鮮食品應徹底清洗、瀝乾妥善處理，爲保持新鮮應更換原包裝袋後，再存放至冷藏室或冷凍庫內保存。
3.製作完成後的熟食，應有不落地、不閒置、不隔夜的三不觀念。餐後剩餘的食物，若有需要保存至隔天使用，必先將其再加熱煮沸，待殺菌後重新降溫，並保存至低溫處（5～7℃）。

■產品標示

取用罐裝或包裝的食品時，應注意是否有清楚標示品名、成分、添加物、淨重、製造日期、保存期限及製造廠商等要項，若標示不清、即將到期或已過期之物品切勿購買。

■產品包裝

產品包裝可分爲一般包裝、眞空包裝、盒裝、瓶裝、罐裝等。所以選購食品時，應檢查各類產品的包裝是否已遭拆封、破損、變形、生鏽、蟲害等現象發生，對於不清楚來源及無法判定鮮度的食品，切勿貿然食用。

■產品儲存

產品儲存的條件，會依其類型的不同而有所差異。除了必須注意控溫、控濕、產品分類、搬運動線、存領貨記錄外，還需防止蟲害、陽光直射、食品遭竊等現象發生。

二、食品衛生

不當的食物處理流程（運送途徑、處理方法、溫濕度掌控、烹調過程、環境髒亂……），都會造成食物中毒現象的發生。那麼要如何防止此現象（食物中毒）的發生呢？分述如下：

1.隔夜熟食未經加熱過程不得使用，剩菜、剩飯存放前應先加熱殺菌後再行儲存。

2.處理生食、熟食的器具與刀器應避免混合使用，尤其是砧板應做好生食、熟食的區分使用以免相互污染。

3.工作環境應保持涼爽、乾燥、通風、明亮、清潔，防範蟑螂、老鼠及蟲蟻的侵入。

4.防止誤食發霉變質的食物或購買變形之罐裝食品。

5.對於來路不明、標示不清、無製造日期、保存期限的食品，不得貿然烹煮食用。

6.對於不新鮮、與原色差異過大且有怪異味道的食品不宜選購。

7.保持個人良好的衛生習性，以及無傳染疾病或帶原者。

8.徹底清洗擦拭器皿並保持周邊環境清潔。

9.對於食品應秉持「快速加熱、急速冷卻」的食物處理原則，切忌使食品暴露在室溫環境下過久。

10.食物運送過程應採用密閉式且可控溫的設備裝運。

至於會造成食物中毒的因素，除了食用不潔的食物外，還可經由細菌、毒素、化學、過敏、黴菌等媒介感染（如表3-2）。

表3-2 食物中毒分類表

類別	中毒原由	類型	毒素名稱	感染媒介	感染途徑
食物中毒	細菌性	感染型	沙門氏桿菌	牛、老鼠、雞蛋	雙手觸及生鮮的雞蛋、雞肉、豬肉、牛肉後，未立即清洗乾淨，又經由口、鼻等處感染至體內
			腸炎弧菌（嗜鹽菌）	海鮮、海產類	生食不潔的海產食物，或食用加熱不完全的食物
		毒素型	葡萄球菌	膿瘡、鼻炎、傷口感染、衛生不佳	使用的器皿、餐巾、用具未經高溫（100℃以上）殺菌
			肉毒桿菌	土壤、動物糞便	肉類罐頭、臘肉
		未定型	魏氏梭菌	人及動物的腸道、糞便	※
			病源性大腸桿菌	人及動物的腸道	※
	天然神經毒素	動物性	※	河豚毒素、有毒的魚蚧類	※
		植物性	※	毒菇、發芽的馬鈴薯、有毒澱粉類植物	※
	化學性	化學物質	※	過量使用殺蟲劑、農藥、非法添加物、多氯聯苯等	蔬果殘留的農藥清洗不乾淨
		有害金屬	※	砷、鉛、銅、汞、鎘等金屬	盛裝酸性液體或食品
	食物過敏	※	黃麴毒素、麥角毒素	不新鮮或腐敗穀類、蒜頭、花生	發芽、發霉的食品不得食用
	黴菌毒素	※	黴菌	組織胺、味精、不新鮮或腐敗的植物	※

資料來源：行政院衛生署公布之《餐飲衛生手冊》，郭鴻均著。

第四節　垃圾處理

很多事情的發生可以用沒看見、不知道等推托的理由遠遠避開。但是有關垃圾處理的問題，一向都是社會大衆擔憂懼怕，卻又無法逃避的問題。尤其是在餐廳廚房內所製造出來的垃圾，不但需要定點集中管理，更要注意其時效性，否則會引起食物殘渣腐敗、酸臭，對於環境影響的後果是難以估計的。

畢竟垃圾與人之間的距離是密不可分、無法區隔的，因此與其一味逃避，倒不如正視它的存在及其嚴重性，多去瞭解它、知道它，只要稍加用心，垃圾處理的問題就不難解決。

首先單就廚房垃圾的種類來說，就可分爲殘湯菜汁的液態垃圾與菜肉殘渣、制式廢棄物的固態垃圾兩大類。

一、液態垃圾

液態垃圾中的殘渣菜屑必須先過濾清除後再排放至下水道內，殘油脂類（油炸後之廢油）也不可以直接排入水溝，因爲當油脂冷卻後會凝結成固體附著在水溝的溝壁內造成堵塞，所以要設置截油槽（污水處理槽）攔截油脂。液態垃圾包括洗滌廢水、烹調廢水、殘油脂類三項。

■洗滌廢水

1.清洗器物：清洗鍋具、盤器、器皿所產生的廢水。

2.清洗食物：蔬果葉菜類食物常有殘留土壤，清洗時也會產生廢水；而魚類、肉類之糞便血渣，清洗時也會產生廢水。

3.清洗設備：清洗廚具油污、地板時也會產生廢水。

■烹調廢水

經烹調過程所產生的廢水、汆燙食材的廢水、未食用完的殘湯菜汁。

■殘油脂類

炸過食物的廢油及食物本身所帶的油脂，是無法靠水來分解稀釋的。若直接排放至水溝內，除了會污染水溝外，更會造成水溝的堵塞，因此必須藉由化學藥劑，先行分解稀釋後再排放至下水道內。

二、固態垃圾

經餐廳營業製造出的垃圾不可以隨同一般垃圾丟棄至垃圾車內，需交由環保局、處或承包垃圾處理的公司另行處理。處理垃圾之費用通常是以垃圾的體積、重量計算，一般是按月結算收費或是論件計價收費。固態垃圾可分爲制式廢棄物、食物殘渣兩種：

■制式廢棄物

制式廢棄物包括下列四種：

1.廢棄的產品包裝紙、塑膠袋、竹筷子、免洗餐具。
2.酒瓶、醬漬瓶（回收處理）。
3.鐵罐（回收處理）。
4.塑膠瓶（回收處理）。

■食物殘渣

食物殘渣必須先做好脫水、輾碎的處理後，再行丟棄。這樣不但可以減輕垃圾的重量，也可以減少所占的空間。食物殘渣丟棄時，必須注意封口處一定要密封，這樣可避免惡臭的氣味四處飄散，引起環境污染。

此外，目前也有專門在回收食物殘渣的廠商，通常此類廚餘也可回收再利用，製成肥料銷售。

第四章

基本廚藝認知

- 個人專業素養
- 實務技能
- 衛生習性與服儀
- 廚房常用器具
- 度量衡的種類與使用

身爲一位專業的廚藝工作者，不僅要有優異的廚藝技能外，更需要具備專業的學識素養及高尚的品德修養爲背景，方可成爲一位優秀的大廚師。其實大廚師的工作並非只有擔任烹調的工作，他必須兼顧廚房內的一切人、事、物的順利進行，還須顧及用餐客人的情緒反映。因此若無具備基本的廚藝認知與人文素養，要想擔任一位傑出的大廚師，是不太可能的。

在本章中即針對如何成爲一位專業的廚房工作者，進而晉身爲大廚師，所應具備的基本廚藝認知作一說明。以下就依照個人應具備的專業素養、實務技能、衛生習性與服儀、廚房常用器具、度量衡的種類與使用，分述說明之。

第一節　個人專業素養

個人專業素養的養成，並非一朝一夕即可達成，這是需要靠時間、毅力及努力去累積，還要研讀相關專業書籍才能達成。而這裡所指的專業素養則是包括對人的管理、對事的處理、對食物營養的認知三方面。

一、對人的管理

當一位專業大廚師接下餐廳廚房的領導工作時，首先要面對的就是如何去評估員工的需要量、應具備專業技術的層級與餐食流程規劃等三大問題。

爲了使廚房工作能夠進行順利，就必須先從人員的聘用開始。並且要讓廚房的工作者，能夠充分瞭解餐廳的經營走向、訴求重點及格調要求。同時對於員工的待遇與福利，都能有明確的規範。讓員工不必擔心當突發狀況發生時，如工作量暴增、超時工作、意外傷害、人員裁撤等，會遭受到權益的損失或無補救的措施。

所以訂定合理化、制度化的規範，不僅對員工是工作保障，對經營者更是賺錢的利器。以下就針對提升員工的專業素養、工作性質的要求、灌輸團隊精神的要義、加強烹調技能的訓練、作適當的人員調度及注重員工的福利等分別說明。

(一) 強化專業素養

員工的專業素養應包括「人文的培養、技能的訓練」兩方面。

■人文培養

藉由九年國民教育的普及化，使我們的生活水準普遍提升，加上餐飲專業學校紛紛的成立，讓早先傳統廚子不潔的工作習性、髒亂落伍的烹煮概念得以改善。

其實餐飲專業的領域並非侷限在廚房內，它包括了美學的訓練、外語閱讀的訓練、人事管理、餐飲管理、食品營養的訓練及獨立思考創作能力等的訓練工作。因此一定先要教育廚房工作者，對於餐飲專業知識的重視，並能開拓自己視野的領域，對自己的工作內容感到自信與榮譽，這樣才能整體改變衆人對餐飲行業的社會價值觀，進而提高廚房工作者的社會地位，否則就算是如何再精進自己的廚藝技能，最後仍是世人眼光中的廚子或廚匠。

■技能訓練

要讓員工明瞭，烹調技術的訓練是融合了知識、技能、經驗、體力、耐力、創造力與藝術美學的價值觀，因爲沒有具備上述的條件，很可能就會造成食物調理不當引發種種的問題。例如，食物清洗不確實、完整的肉塊被胡亂切割、食物儲存不當、烹調過度或食物未熟等的情形，都有可能引發食物中毒的現象。

倘若這些事情的發生不是很嚴重，最多只是導致成本過高，經由口頭警告或行政處分（扣薪、免職）即可了事；但若因疏忽所引發的情況是嚴重的「食物中毒」事件，且已危害到生命的安全，那將是無法挽回、彌補的憾事。所以烹調技術的訓練不得不慎重嚴謹。

（二）解說工作性質

廚房工作的性質極爲特殊，生活作息完全與一般社會工作者不同，有時甚至要通宵整夜的工作。因此在未跨入餐飲業界前，就要先深思熟慮，否則不但會一事無成，也會浪費許多寶貴的時間。以下即針對廚房工作的環境所必須先瞭解的事項作說明：

1. 工作環境：一般來說，並非所有餐廳的廚房設備都能合乎人性化及人體工學的要求。倘若碰到的廚房環境是又潮濕、又悶熱、工作量又大的時候（常有的事），非常容易引起情緒的浮躁。因此若無事先的心理準備及擁有高度的餐飲熱誠，要想從事廚房工作是不太可能的。
2. 工作時間：廚房工作的時間剛好與其他上班族群的作息相反，別人越輕鬆的時候，就是廚房工作者最忙碌的時候。當然別人休假、團聚、過節時（情人節、母親節、聖誕節……），也就是餐飲業開市上班的好日子。因此想要正常過節休假的人，並不適合從事廚房的工作。
3. 工作價值：廚房工作者應具備的首要理念，就是要以客人的滿意度作爲自我要求的方向。因爲唯有如此的要求，才能提升烹調的技能與用餐的水準，進而達到開設餐廳最基本的目的──「營利」。
4. 工作理念：「營利」只是經營餐廳的最基本要求，唯有以服務的精神爲導向，在賺取財富後又能努力回饋社會、傳承技藝、敦親睦鄰，才是永續經營之道。

（三）灌輸團隊精神

廚房工作並非是一人之力所能完成的，應此對於工作的團隊要有認同感、使命感與榮譽感，方可完成每一次的艱難任務。

（四）加強烹調技能

烹調技能的訓練，是永無止境的，也是吸引廚房員工奮發向上的主要因素，因爲唯有靠大師傅精湛的技藝及經驗的傳承，才能激起小徒弟反覆練習的欲望。倘若小徒弟又能花下更多的時間，去研讀餐飲相關書籍、自我研發開創，才能有晉身大師傅之林的一天。

（五）適當人員調度

餐廳經營是以營利爲目的，唯有靠所有員工全心的投入，才有盈餘及福利可言。因此員工絕對有義務完成自己的份內職責，並接受臨時交付的工作安排。因此要想當一個成功的主廚，就必須熟悉員工的生活背景，並作出適當的勤務安排。同時對於固定的勤務、職務的輪調、勤務的支援、緊急的調度，都要有效的掌握。

（六）注重員工福利

員工對餐廳的辛勞、勤奮與否，是餐廳能否生財、興隆的關鍵所在。因此要如何使員工無後顧之憂的投入餐廳工作，就要看餐廳的老闆如何去照顧員工的福利。以下提出幾點供讀者參考：

1. 員工享有合理休假：依照勞基法規定（90年元月實施），員工每週基本工作的時數爲四十二小時，推算出員工每月應休假6.5天。
2. 員工享有健全保險：勞工保險與全民健保，是勞工應享有的基本權利，雇主不得以任何理由剝奪勞工權益。
3. 員工享有團康旅遊：在健全的機構體制下，雇主應定期舉辦團康旅遊，以紓解勞工精神壓力及情緒舒展，這樣可增加勞工的生產力。

4.員工享有培訓保障：「人往高處爬，水往低處流」，員工在相同的職位上做久了，若無適當的激勵（如培訓、升遷），很快就會有怠惰的現象發生。因此爲保有員工的在職意願，培訓與升遷的管道必須合理、順暢。

5.員工享有薪資調整：調整工作薪資，對於員工而言是一種肯定、獎勵，也是種激勵向心力的做法。因此，雇主每年依員工表現，適度地去調整員工所得是有其必要的。

6.員工享有三節獎金：端午節、中秋節及春節是中國傳統文化中的三大節日，因此團圓、慶祝就成了佳節慶賀的方式。通常雇主在每年的此時也會依習俗發放工作獎金，犒賞員工對公司所付出的辛勞。

7.員工享有退休給付：有健全體制的機構，通常會爲公司的員工規劃退休給付（退休金）的事宜，因爲員工爲公司辛勤工作賺錢一輩子（十年、十五年或二十年以上，每家公司皆有不同的規定），最需要的就是在退休後能得到應有的照顧，因此雇主爲吸引員工對公司終身奉獻，設置退休金的福利制度，是有其必要性的。

二、對事的處理

餐廳廚房就像是一個原料加工廠，除了工作者的個人問題必須特別處理外，其餘的事項，都須以營利爲目的、盈餘爲目標、技術爲導向。爲達成共同的理念，分工合作就成了必要的手段。因此對於經營責任的歸屬，僅以餐務、廚務、庶務、總務等四項分述之。

1.餐務：餐務的工作主要是指供應餐食前的準備工作，例如，菜單設計、盛器選用、食材備製、菜餚製作、出菜流程等。

2.廚務：廚務的工作包括餐具清洗、鍋具清洗、銀器拋光、廚房清潔、垃圾傾倒等工作。

3.庶務：庶務的工作包括訪價批價、採購訂貨、驗收分類、倉儲發貨等工作。

4.總務：總務的工作包括廚房安全（消防安全）、廚房衛生（定期消毒）、機器維修、房舍整修、水電管制，以及桌布、檯布、口布的送洗等工作。

事情的處理，比起處理人的問題要簡單得多。只要定下明確的方向，結合理念相同的人，朝著一致的目標，要達到營利與盈餘的結果，並不是一件困難的事。因此同心協力、分工合作，是致勝的主要關鍵。

三、對食物營養的認知

在維繫人類基本生存的四大要素陽光、空氣、水與食物中，雖然缺少其中的哪一項人類都不可能生存，但是唯有食物的情形較爲特殊，因爲它與陽光、空氣、水的性質完全不同。人類只要一脫離陽光、空氣和水其中的一項，便有立即性的危機，但食物對人體所代表的意義，卻是長時間供給身體成長與發育所需的養分。

不管人類吃下何種食物、喝下何種飲料，其最基本的要求，就是希望能維持體內營養素的供需平衡，使人體享有健康與愉快。爲了達到均衡的營養吸收，對於供應人體所需的營養素，身爲一個廚房工作者，就必須有所瞭解。基本上營養素可分爲醣類、脂肪、蛋白質、維生素、礦物質與水等六大類。

倘若營養供需失調，不論是過份吸收與嚴重不足都會造成身體不適。因爲過份吸收會引起心臟病、高血壓、糖尿病、腎臟病、動脈硬化等疾病產生。若嚴重不足也會導致貧血、甲狀腺腫大、軟骨症等現象，因此不得不慎。以下就是對於食物營養所作的說明。

(一) 醣類

醣又可稱爲碳水化合物，它可分爲單醣、雙醣、多醣三種。

■單醣

單醣可溶於水，能直接被身體吸收利用，其中有葡萄糖與果糖兩種。

1.葡萄糖：主要來源爲水果、蜂蜜、蔬菜（血糖），供應各組織細胞氧化產生熱能。

2.果糖：主要來源爲水果、蜂蜜、蔬菜，通常用做各種飲料製作。

■雙醣

雙醣可溶於水，能直接被身體吸收利用，其中又有蔗糖、乳糖、麥芽糖等。

1.蔗糖：主要來源爲甘蔗、甜菜。

2.乳糖：主要來源爲動物乳汁（甜度很低）。

3.麥芽糖：主要來源爲五穀類的幼芽。

■多醣

多醣不溶於水，需轉化爲單醣後再行吸收，其中有肝醣、果膠、澱粉、維生素等四種。

1.肝醣：肝醣是用來分解葡萄糖供應熱量。

2.果膠：果膠可製作果醬、果凍、慕斯等凝結物。

3.澱粉：澱粉可被酵素消化轉爲葡萄糖並產生能量。

4.維生素：幫助腸道的蠕動。

醣類的功用有：

1.產生熱能。
2.促進油脂正常代謝。
3.降低蛋白質耗損。
4.幫助腸道蠕動。
5.身體組織重要成分。

（二）脂肪

脂肪的功能與醣類幾近相同，除了可以維修、保護體內各器官的組織與功能，加速脂溶性維生素的吸收外，更可以滿足食欲使人不易產生飢餓的現象，對人類的生長與新陳代謝都有極大的影響作用。其實脂肪的來源就是由動植物中所提煉出來的油脂，例如，由動物體內提煉的豬油、牛油與植物內提煉的沙拉油、花生油、橄欖油等皆是。

（三）蛋白質

蛋白質可分爲植物性蛋白質與動物性蛋白質兩種，它們是由多種胺基酸所組成。其主要來源有蛋類、魚類、瘦肉、家禽、黃豆與乳製品類。蛋白質最大功能是提供能量、調節生理功能、作爲抵抗細菌及傳染病侵入時的抗體。若身體缺少蛋白質時，會引起人體水腫的現象就是最明顯的例子。蛋白質同時也是構成體內各組織的主要成分。

（四）維生素

維生素可分爲水溶性維生素與脂溶性維生素兩大類。

■水溶性維生素

水溶性維生素主要有維生素C、維生素B1、維生素B2、維生素B6、維生素B12、菸鹼酸等六種。

1.維生素C：缺少維生素C會造成軟骨症、壞血病，進而導致身體虛弱。

2.維生素B1：可促進腸子蠕動、幫助消化、預防神經炎等功效。

3.維生素B2：維生素B2又稱爲核糖黃素，其主要功效有幫助眼、口、鼻、喉正常代謝，並防止口角炎及脂溢性皮膚炎的發生。

4.維生素B6：缺乏維生素B6會造成貧血、抽筋的現象發生。

5.維生素B12：維生素B12可幫助一般組織生長機能及防止惡性貧血的現象發生。

6.菸鹼酸：菸鹼酸的特性可氧化能源物質產生熱能，可防止皮膚潰爛的發生。

■**脂溶性維生素**

脂溶性維生素主要有維生素A、維生素D、維生素E、維生素K等四種。

1.維生素A：維生素A也就是所謂的胡蘿蔔素，它可促進骨骼正常發育、防止細菌感染、保固視力、強化表皮組織機能健康，並可防止夜盲症的發生。

2.維生素D：可加速牙齒、骨骼鈣化所需的鈣、磷吸收，並可有效防止軟骨症、骨骼疏鬆症的發生。

3.維生素E：維生素E也就是所謂的脂質類之抗氧化劑，其主要功能是防止體內器官所需之維生素遭氧化破壞及強化肌肉組織的功能。

4.維生素K：維生素K的主要功能是控制、調節肝臟進行凝血酶元合成的速度與數量。肝臟所製造出的凝血酶元可凝結血液，並防止意外發生時會有出血不止的現象。

藉由表4-1說明，我們可以清楚瞭解各類維生素的主要獲取來源。

表4-1　各類維生素的主要獲取來源

類別	維生素種類	獲取來源
水溶性維生素	維生素C	檸檬、橘子、柳橙
	維生素B1	瘦肉、蛋黃、綠葉菜、五穀類
	維生素B2	瘦肉、蛋黃、綠葉菜、五穀類
	維生素B6	※
	維生素B12	肝臟、瘦肉、生蠔
	菸鹼酸	瘦肉、五穀類、綠葉菜、內臟、豆類
脂溶性維生素	維生素A	有色蔬果、乳製品、蛋類、肝臟、魚肝油
	維生素D	魚肝油、乳製品、肝臟、瘦肉
	維生素E	胡蘿蔔素、亞麻油酸（不飽和脂肪酸）
	維生素K	綠色蔬菜、豬肝

（五）礦物質

人體內之礦物質約占人體的4%，它是主要維持軀體結構及功能是否正常運作的關鍵因素，它們包含了構成骨骼、牙齒堅硬的鈣、鎂、磷；使肌肉收縮、神經柔軟的鉀、鎂、鈣，以及調節生理機能、神經傳遞、活化效素的鈣等。

1.鈣：缺少鈣質常會引起骨質疏鬆及牙齒易碎的現象，尤其是當人隨著年紀的增加，鈣質流失的情形也會加速，因此持續的補充鈣質是有其必要的。鈣的主要來源有乳製品、綠色蔬菜、瘦肉、內臟、黃豆、蛋與鈣片。

2.磷：磷的功用與鈣的作用部分相同，但它主要是構成遺傳基因的重要物資，也是調節血液酸鹼度的大功臣。

3.鈉：鈉的最主要功能是維持細胞對水的正常滲透性、控制肌肉及神經反射的柔軟性，其主要來源是鹽、芹菜、菠菜、芥菜、蛋、奶、肉、蝦、生蠔、蟹等。缺少鈉會導致身體軟弱無力、精神不濟、時而昏睡等現象。

4.鉀：鉀是構成細胞的重要成分，它可調節體內水分及酸鹼的平衡，也可平衡身體各機能的正常運作。

（六）水

水對於人體的需要極爲迫切，若將人類體內及細胞的水分完全脫去，體重大約只剩下原來重量的35%。因此當水分散失而未繼續補充時，從口乾的現象到情緒恐慌、焦慮乃至休克、死亡，不需三日。因此水的供需平衡與否，是人體內各器官能否正常運作的最基本因素。

基本上水的功能有以下三點：

1.調節體溫：藉由水分的補充（喝水）及排汗、排尿，可調節人體的溫度。
2.潤滑機能：水可以潤滑體內各系統機能、關節的運作，並可藉此減少相互磨擦的功效。例如，食物的吞嚥、腸道蠕動消化等皆是。
3.促進代謝：水可以溶解營養素及細胞廢物，並稀釋體內代謝的產物排出體外。水是所有體液的介質，無論是物理還是化學作用都需要水的參與。例如，消化過程就是經過水解的作用而完成的。

第二節　實務技能

傳統的餐廚從業人員，絕大多數都是以單純的「技術操作」來謀取工作的報酬。這種賺取薪資的行爲，往往缺乏工作上的「多變色彩」與「創意研發」。一層不變的工作態度，是傳統餐飲文化發展停滯不前的主因。

但這種現象在近十年來的社會遽變下，已有所突破。因爲傳統餐飲文化產業的陋習，已遭受到西方餐飲文化的衝擊與激勵，讓人有「不得不改」的危機意識感。這是一種好的現象，更是一次徹底改善的好機會。唯有如此，才能激勵餐廚工作者投入研發創新的行列。從歷屆的中華美食展，廚師們優異、創新的表現即是最好的例證。

在本節中我們將依照個人本身的專業素養與實務技能，把廚房工作者的等級分爲廚子、廚匠與廚師三種類型，而他們所代表的社會價值與社會地位也不相同。以下分別說明：

■廚子

簡單來說，廚子指的是只會做簡單的家常菜餚，供應餐食的人數也侷限在一、二十人左右。這類的人欠缺中、大型規模餐廚運作的實務經驗。有時他們對於陌生（進口）食物的來源、特性、生產季節、處理方式及烹調法則都沒有興趣，甚至對食物的認知也是一知半解。其共通的特性就是缺乏求知的欲望，致使廚藝無法精進、停滯不前。

■廚匠

廚匠則是指擁有豐富餐廳廚房烹調經驗的人，經由經驗的累積，常常能變化出比原先更味美、更有價值的美食。「知其然也知其所以然」是這些廚匠們共同的特色，但卻常因一己之私或其他因素，他們只會做、不會說，或者根本就不願意說的心態，導致許許多多的絕技因而失傳。因此唯有藉由人文素養的訓練，才能提升廚匠們無私的心境，否則餐廚工作難以突破原有框架。

■廚師

廚師的工作多元且繁複，從廚房的烹調、菜色的研發，到人事的管理，無不需要耐心與毅力方可勝任。因此他們不但需具備廚匠的特質，更要擁有師者的學識涵養與氣度風範，才能夠開先啓後，傳承給後進之人。「師者，所以傳道、授業、解惑也」，相形之下，「廚師」的工作

表4-2　廚子、廚匠與廚師三者之比較

具備之條件	廚子		廚匠	廚師
安全、衛生觀念	A		A	A
認識材料	A		A	A
選擇材料	A		A	A
處理材料—— 辨識、洗滌、配菜、儲存	一般	A	A	A
	特殊	C	B	A
器具設備操作、保養	A		A	A
基本刀工技能	A		A	A
基本烹調實務	A		A	A
食譜搭配設計	B		A	A
高級食材辨識運用	C		A	A
閱讀原文菜單	D		B	A
高級烹調變化	D		B	A
人事行政管理	D		D	A
創新研發製作	D		D	A
人文學識涵養	D		D	A
公開授受指導	D		D	A

說明：D無法達成　C困難度高　B好像可以　A勝任愉快

更爲重要。

藉由表4-2，可以讓讀者更清楚明白廚子、廚匠與廚師所必須具備的條件。

第三節　衛生習性與服儀

廚房工作者的個人衛生習性及工作習慣，往往是決定工作環境乾淨與否及食物中毒機率高低的主要因素。因爲不良的工作習性，不但會影響其他人的工作情緒，更會因雜亂無章的工作順序，造成食物交替污染，導致嚴重的後果。因此在本節中將以個人衛生、服儀要求兩個部分分述說明。

一、個人衛生

衛生習慣的養成是餐飲工作首要學會的課題，也唯有如此，才能保障客人生命安全的權益，因此對於餐飲工作者的個人衛生要求，應格外的落實，以下幾點便是基本的規範。

1.不蓄髮、不抹油、不染髮、不蓄鬢、不留鬍鬚、不留指甲。

2.勤用香皂勤洗手，尤其是手指指縫、指甲縫，應特別清洗並以擦手紙拭乾，同時每日應潔身沐浴，一至二次。

3.工作時應穿著全套廚師服裝（廚師帽、領巾、廚師服、廚師褲、專用圍裙、擦手布、工作鞋）。

4.工作時手部不得配戴任何飾物，如手錶、佛珠、戒指、手鐲、幸運繩等。

5.廚師服應隨時保持乾淨清潔，若遭污染，應立即更換清洗。

6.每年定期作健康檢查，不得患有任何傳染疾病（如B型、A型肝炎、結核病）或帶原者。

7.操作時，雙手避免直接觸碰熟食及餐盤表面。試嚐食物時應取湯匙、小碗，剩餘的湯汁不得再倒回原鍋內。

8.禁止在廚房內吸菸、嚼檳榔、吃口香糖，以防污染食物。

9.禁止坐於工作檯或冰箱上聊天、休息。

10.日常生活中，養成良好的衛生習慣。例如，咳嗽、打噴嚏時應避開食物。

11.工作時不得藉故或蓄意長時間接聽電話及聊天。

二、服儀要求

就如同醫生執事時需穿著白色醫師服一樣，這不僅代表身分、專業與自信，更是對這份職業的基本尊重。所以當進入廚房時，就應本著此自信、專業及對這份工作既有的使命感，穿著廚師服工作。整套廚師服裝的穿戴，注重的是乾淨、潔白、舒適、平整四原則。爲貫徹此一精神，唯有平時的宣導及嚴格管理，持續要求，才能促使廚房工作人員改掉舊有的惡習。

傳統上廚師服裝及配件均以白色爲主，因爲白色就是潔淨與衛生的同義詞。但現今廚師的服裝，變得比以前更爲亮眼（滾色邊）、有精神，其目的是爲突顯餐廳形象，秀出餐廳商標及區別身分、辨識身分等。其次，在材質方面，則應選擇較厚（單層0.2公分，雙層0.3公分）的斜紋布（尼龍混綿布料），因爲斜紋布料具有耐熱、吸汗、易洗、好整理的優點。

一般而言，廚師須長時間待在高溫、高溼的環境裡辛苦工作，因此選購廚師服時，質材的好壞更顯得格外重要。選定後，在試穿廚師服時，應將所有鈕釦扣上，並以合身略微寬鬆爲原則，兩臂平伸，上下左右活動伸展，若無不適之處即可選購。

廚房工作者的個人服裝

廚房工作者的個人服裝包括廚師帽、領巾、廚師服、圍裙、長褲、擦手布、安全鞋。分述以下各點說明：

■領巾

領巾原是指擦汗的毛巾，其早先的作用是拭去汗水防止汗水滴落，演變至今此一功用卻因爲時空、環境、觀瞻、衛生因素而改變，取而代之的新作用則是爲了美觀、辨識身分、區別職務、緊急救護等。

■圍裙

圍裙有隔熱、吸汗、防止油漬及污點直接附著於長褲等優點。但圍裙的油污程度並非代表工作的賣力認眞與否，而是跟個人的良好衛生習慣是否養成有關。因此廚房工作者應避免使用圍裙擦手及擦拭任何器物。

■廚師帽

戴上廚師帽，可防止工作時頭髮、頭皮屑等雜物掉落於食物內，也可防止頭髮沾染到因熱被激起的油煙、水汽。重要的還是廚師帽本身的高矮，也可作爲辨識身分或職務高低的依據。

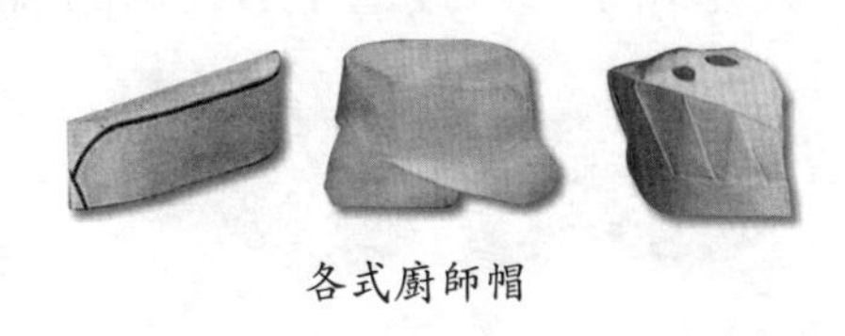

各式廚師帽

■長褲

傳統的廚師長褲外觀是以白底小藍格狀的混綿布樣式爲主，其功能可與圍裙本身的厚度來構成雙層的防護功能，對於腿部的保護可說極爲重要。尤其是在烹調時可避免被濺出的高溫油、水燙傷，行走時也可避免被尖硬物或菜籃刮傷。同時，長褲的顏色（黑色）也可作爲辨識身分或職務高低的依據。

■擦手布

燙傷意外的發生往往是因爲不良的工作習性及人爲的疏忽所造成，只要能改變固有的習慣，在腰間配置一條隨時可取得具有隔熱效果，且具吸水功能的混綿布料的擦手布，就可因此降低被炙熱鍋具燙傷的意外發生。此外，乾淨、乾燥的擦手布，也可隨時用來保持手部的乾燥便於烹調時的操作，但是不可爲方便而用做擦拭器皿的布料，因爲若直接擦拭消毒過後的器皿也會造成污染。

■安全鞋

在高溫多濕的廚房內常會發生許多工作上的意外，如滑倒所造成的摔傷、撞傷；重物掉落的砸傷、壓傷等最爲嚴重。因此爲改善此現象，無不努力研發出各式各樣的鞋子來因應，而安全鞋的誕生就是經過無數改良後的產品。安全鞋也稱爲麵包鞋或工作鞋，其設計理念就是針對上述情形來防範。首先將鞋底改良成與輪胎材質相同的橡膠底，用來強化其防滑的特性及增加抓地力的效果，可減少滑倒的機率。接著將鋼片裝入鞋頭內，以防止重物掉落時的砸傷與壓傷。最後再將「鞋後擋」降低，可使腳部在遇到緊急狀況時，例如，傾倒的熱油、重物或刀具掉落時，能夠迅速脫（抽）離鞋子，立即處理意外狀況。

安全鞋

廚師服裝之設計及其功用請參考表4-3。

表4-3　廚師服裝之設計及其功用

名稱	質地	尺吋	外型	設計要求	功用
廚師帽	混綿尼龍	高帽	款式多樣 半罩式 全罩式	質地輕盈 透氣 吸汗	1.區別職務：中、西餐、日本料理、點心房款式均不同 2.辨識身分：主廚戴高帽一般廚師戴工作帽 3.防塵：防頭皮屑掉落 4.防油煙：防油煙附著於頭髮上 5.美觀、專業、衛生
		低帽11公分			
	紙質	高帽26公分	款式簡單	質地輕盈 透氣	
		低帽9公分			
領巾	混綿	長203公分 寬8公分	有白、藍、紅等鮮豔色彩	美觀	1.美觀、專業 2.辨識身分 3.區別職務 4.緊急救護（止血帶、繃帶）

（續）表4-3　廚師服裝之設計及其功用

名稱	質地	尺寸	外型	設計要求	功用
廚師服	混綿	同一般衣服尺寸分爲：SS、S、M、L、XL、3L等	1.短袖 2.長袖	1.吸汗、透氣 2.胸前開雙襟 3.改裝安全鈕釦 4.滾色邊或黑、白色釦	1.耐熱、吸汗、易洗、好整理 2.雙襟設計，除增加耐熱度外，若有需要，可暫時遮蓋隱藏油漬、污點 3.當遭到燙傷或中暑等緊急事故時，可迅速扯開安全鈕釦 4.區別職務、辨識身分
圍裙	混綿	長：85公分或82公分 寬：70公分或100公分 繩長：左右各80公分	見方型	1.隔熱、吸汗、易洗、好整理 2.阻隔油漬、污點	1.耐熱、吸汗、易洗、好整理 2.防止油漬、污點直接附著於長褲
長褲	混綿	同一般長褲尺寸	1.全黑色 2.白底小藍格	1.吸水性佳 2.隔熱	1.區別職務、辨識身分 2.防止濺、燙傷
擦手布	混綿	長75公分 寬52公分	見方型	1.吸水性佳 2.耐熱	1.隨時保持手部清潔、乾燥 2.取熱鍋、熱烤盤時，避免燙傷
安全鞋	眞皮製品包覆鋼片	同一般皮鞋尺寸	鞋頭圓大	1.鋼頭鞋 2.防滑 3.鞋後無拖跟	1.防止重物、尖銳物掉落時砸傷 2.防止滑倒 3.雙腳若遭燙傷時，能迅速脫離鞋內

第四節　廚房常用器具

廚房的所有器具都是老闆生財的必要工具，但數量的多寡與器具的種類要如何取決或採購，則是要視餐廳經營的走向（如義式、法式或美式的銷售）及營業規模而定。基於廚房空間的大小及烹製菜餚的精細程度，器具買多或是不足都不妥，倘若是買了不用或是買了不會用，不但是一種浪費，也會因占據太多有限的空間而造成工作的不便。以下將廚房常用的刀具分爲專業刀具種類、刀體材質結構與刀器使用三部分。

一、專業刀具種類

西餐刀具種類繁多，價格也因材質不同、使用類別不同，差異極大。選購刀器時應視個人習性、個人需要及工作性質等方向去考慮。並非名氣越大、價格越貴的品牌就越好用。反之，只要能符合個人習性、操作方便、順手就是好的刀器。

在設計刀器時，會考量各使用族群的習性（如肉商、菜商、中餐、西餐廚師）、被切割物的外形、食材結構及切割方法，去製造出不同的造型、尺寸與鋼質的刀具，有時各廠牌也會爲申請專利，而設計、製造出特別的刀器。其實不管目的爲何？只要是能讓使用者感到更方便、順手、著重人體工學，就是一把好的刀具，這也正好印證中國的一句古語「工欲善其事，必先利其器」的要義。以下將刀器分爲個人專業刀具、輔助器具類、點心類輔助常備器具。

（一）個人專業刀具

■廚師刀

廚師刀

廚師刀（chef knife）又稱爲西餐刀、法國刀，是所有刀器中使用最頻繁的刀型，主要是用來切絲、切片、切丁、切塊、剁碎等用途。刀型的設計，會依照廠牌或使用者的習慣稍有不同（有、無刀跟，或木柄、膠柄），但是刀身的長度（不含刀柄）都在10-12吋之間。是西餐廚房中不可或缺的刀具之一。

■小廚師刀

小廚師刀的刀型、功能都與廚師刀相同，也可用來切絲、切片、切丁、切塊、剁碎。縮小的刀型，主要是配合使用者的需要來設計（如手掌太小）。刀身的長度（不含刀柄）約8吋。

■小刀

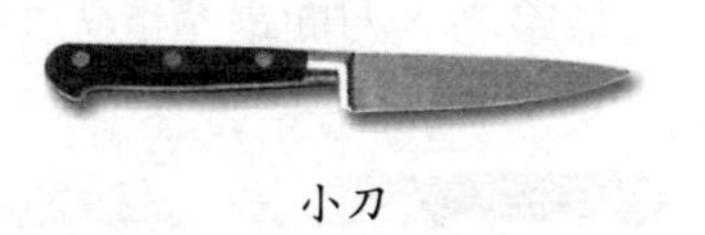
小刀

小刀（utility knife）也稱爲削刀（paring knife），是所有刀器中最小的刀型，主要是用來去膜、撿菜、削皮、雕花、去梗、去蒂等。刀型的設計，也會依照廠牌或使用者的習慣有所差異。刀身的長度（不含刀柄）則在3吋之間。

■麵包刀

麵包刀

麵包刀（slicer）也稱爲鋸齒刀，是所有刀器中最利最快的刀型，主要是用來切麵包、蛋糕、派皮等。刀型的設計，也會依照廠牌或使用者的習慣稍有不同（有、無刀跟，或木柄、膠柄）。刀身的長度（不含刀柄）則在10吋之間。

■菲力刀

菲力刀（filleting knife）又稱爲魚刀，是所有刀器中最細長、柔軟的刀型，主要是用來切取魚肉（魚菲力）、去除魚皮及切（分）里肌肉等用。刀型的設計，也會依照廠牌或使用者的習慣稍有不同（有、無刀跟，或木柄、膠柄）。刀身的長度（不含刀柄）則在8-10吋之間。

菲力刀

■剔骨刀

剔骨刀（ boning knife）是所有刀器中最堅硬、最尖薄的刀型，主要是用來刮去黏在骨頭上的肉渣及分割肉塊等用。刀型也有刀跟與無刀跟或木柄、膠柄之分。刀身的長度（不含刀柄）則在6-8吋之間。

剔骨刀

■魚、肉片刀

魚、肉片刀（couteau a jombon）又稱爲片刀，是所有刀器中最細長、最柔韌、刀面最窄的刀型，主要是用來片取魚肉或片取里肌肉、火腿肉等用。刀型的設計，也會依照廠牌或使用者的習慣稍有不同（木柄、膠柄）。刀身的長度（不含刀柄）則在14吋之間。

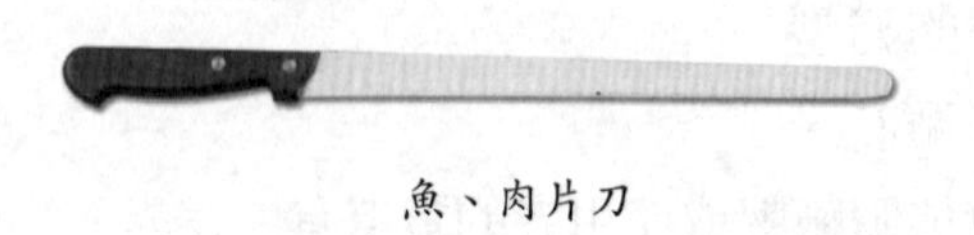

魚、肉片刀

■抹刀

抹刀（metal spatula）雖稱爲刀，但卻不是用來切割食物。其扁長、平直的刀身設計，主要用途是將泥狀（馬鈴薯泥）、膏狀（奶油霜）、濃漿狀（巧克力）的食物抹平。有時也可以用來移取易變形的食物。刀身的長度、寬度（不含刀柄）有大有小，較常使用的尺寸在10-12吋之間。

抹刀

■削皮刀

削皮刀

削皮刀（peeler），顧名思義此刀是用來削去食物的外皮，其造型繁多，主要分爲固定式及旋轉式兩種，值得一提的是，有專門爲左撇子設計的刀型。刀身的長度（不含刀柄）約在1.5吋左右。

■小彎刀

小彎刀

小彎刀（tourne knife）爲削橄欖專用刀，其刀刃部分有如弦月般的彎角造型，刀身長度（不含刀柄）約在1.5吋左右。

■砍骨刀

砍骨刀

砍骨刀（cleaver）又稱爲剁刀，是所有刀器中最堅硬、最厚重、刀面最寬的刀型，主要是用來剁肉、砍雞骨、軟骨、肋骨等用。刀型也有木柄、膠柄之分。刀身的長度（不含刀柄）則在12吋之間。

■齒溝刀

齒溝刀

齒溝刀（channel knife）的造型特殊主要用途是將檸檬或小黃瓜等圓體狀的食物，挖出多條等距離的深溝後，再切成圓片狀，使切下的圓片像機械般的齒輪狀。

■奶油取用刀

奶油取用刀

奶油取用刀（coquilleur a beurre）雖稱爲刀，但卻不是用來切割食物。此刀造型特殊採彎勾狀，主要用途是方便取用膏狀奶油。刀身的長度（不含刀柄）在1.5吋左右。

■牡蠣刀

牡蠣刀（clam knife）又稱蛤刀，刀身短韌、刀刃粗鈍、刀面寬薄的刀型，主要是用來開取牡蠣的殼用。牡蠣刀的造型很多。刀身的長度（不含刀柄）在1-2吋之間。

■生蠔刀

生蠔刀

生蠔刀（oyster knife）之造型、材質、用途與牡蠣刀大同小異，刀身短硬、刀刃粗鈍、刀面寬薄是其特色，主要是用來開取蠔殼用。刀的造型很多。刀身的長度（不含刀柄）則在1-2吋之間。

■公事包型刀具箱

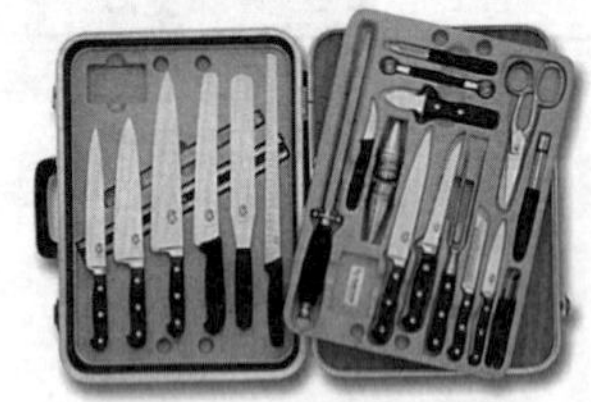
公事包型刀具箱

公事包型刀具箱（cage for equipment）不但收納容易、攜帶方便，同時也可以妥善保護刀具，避免因碰撞、擠壓而縮短刀具的使用壽命。

（二）輔助器具類

■打鱗器

專業用打鱗器（ecailleur）造型有如粗硬的刷子，主要是用來方便、快速刮除魚類的魚鱗用。要說明的是，一般廚房內使用的機會較少，因爲在廚房的有限空間內，刮除魚鱗時容易污染到其他食物，所以通常都會要求廠商先行處理過（專營海鮮類的餐廳除外，因爲客人要求吃的是活魚）。

打鱗器

■切蛋器

切蛋器（coupe oeufs）可將已完全煮熟且已冷卻的蛋，切成等距離的圓片（橫切）或等距離的橢圓片（直切），多用在沙拉的製作上。

切蛋器

■家禽縫針

將待爐烤的家禽類食品（如雞、鴨）用家禽縫針（aiquille a brider）（狀似放大的縫衣針）縫緊固定，再送入烤爐內爐烤。

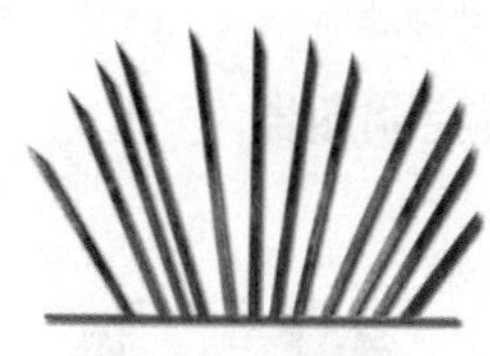
家禽縫針

■蒜頭壓泥器

蒜頭壓泥器（presse ail）可將已去除皮膜的大蒜壓成泥狀，省去切割的動作。

蒜頭壓泥器

■馬鈴薯壓泥器

馬鈴薯壓泥器（presse-pomme de terre）可將煮或烤熟的馬鈴薯、胡蘿蔔壓成泥狀。它有擠壓型壓泥器與研磨型壓泥器兩種。

馬鈴薯壓泥器

■感溫探針

傳統的感溫探針（brochette），只是一根導熱性佳的金屬性材料。主要是用來插入大的肉塊或巧克力液內，來感應被測物的中心溫度，並藉由長期累積的經驗，來判定肉的熟度。但現今科技發達，已研發出較精準，且不需經驗就可直接讀取數據的指針式探針與電子式探針。對於初學者而言，助益良多。

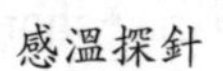
感溫探針

■烤肉叉

烤肉叉

烤肉叉（fourchette baionnette）主要是用來翻轉禽、肉類時使用。叉型的設計，也會依照廠牌或使用者的習慣稍有不同（木柄或膠柄）。叉身的長度（不含叉柄）則在5吋之間。

■螺旋開瓶器

螺旋開瓶器

以旋轉的方式，將螺旋開瓶器（tire-bouchan a cloche）旋入瓶口的軟木塞內，再以槓桿原理的方法，將軟木塞拔出，螺旋開瓶器的造型繁多，主要是依照價格高低或使用者的習慣選用，但通常以中上價位的開瓶器，較易拔起瓶塞。

■磨刀棒

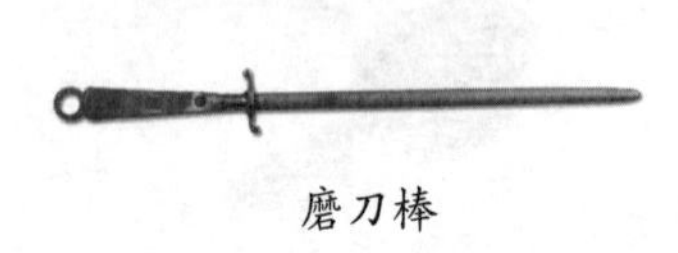

磨刀棒

磨刀棒（steel）又稱作操刀，主要的功能就是用來磨利其他刀器，保護刀刃用，所以也有粗牙與細牙之分，棒身有圓體及扁平橢圓體兩種。其長度（不含刀柄）則在12-14吋之間。

■磨刀石

磨刀石（sharpening stone）主要的功能，就是用來磨利其他的刀器，使刀器鋒利、保護刀刃用，所以也有粗牙與細牙兩面。

■鋼鋸

鋼鋸（scie de boucher）是用來處理一般無法用砍骨刀切斷的骨頭，如分割豬、牛、羊等的大骨頭時用。

■肉鎚

肉鎚的主要用途是將肉類食物隔著保鮮膜拍打、拍鬆成較薄的形狀後，包覆（捲）其他食物，再行烹調動作。著名的藍帶豬排即是一例。

■挖球器

雙（單）頭挖球器（parisienne scoop）主要的功能是將塊狀根、莖類的蔬果（胡蘿蔔、白蘿蔔、哈密瓜、蘋果……）、挖出球狀型來，這些球狀型的蔬果可用來烹調、裝飾、增添菜餚的趣味性與質感。

挖球器

■開罐器

為開啓鐵罐裝食品而設計出的開罐器（ouvre-boites），其外表造型極為繁多，從簡單樣式的槓桿型單刀片開罐器到全自動電動開罐器均有，主要是依照價格高低或使用者的需要來選用。這裡所指的開罐器是以攜帶方便的槓桿型單刀片開罐器為主。

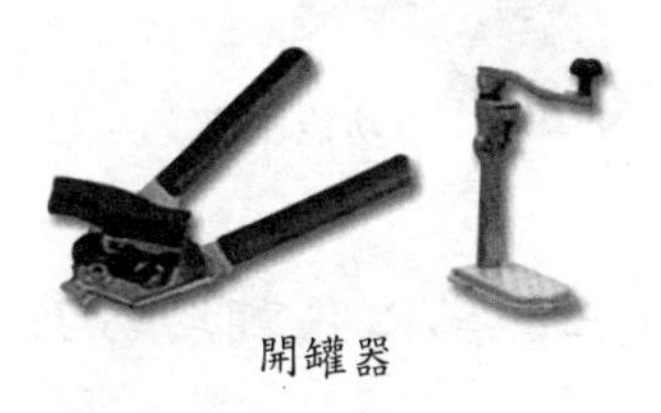
開罐器

■油脂導引器（lardoire）

1.可將豬的板油切成長條狀，放入導脂槽內，穿過無油脂或少油脂的瘦肉中後（如菲力），再拔出油脂導引器，並將板油留在肉中，這樣不僅可保留菲力的特質，也可增加原肉質的口感與風味。

油脂導引器

2.可將各色的甜椒切成長條狀，放入導脂槽內，穿過魚肉後（可自由排列組合），再拔出油脂導引器，並將各色甜椒留在魚肉中，待魚肉熟後片開，這樣可增加肉質的可看性與口感。

■胡椒研磨器

胡椒研磨器

旋轉胡椒研磨器（poivriere）的頭部，可將胡椒粒研磨成粉狀後由底部的篩孔拋出。胡椒研磨器的材質有壓克力及木頭兩種材質。

■多功能刨刀

多功能刨刀

多功能刨刀（mandoline）可將馬鈴薯、胡蘿蔔等塊根狀的蔬菜，刨成絲狀、片狀、蜂巢狀。有固定型與活動型兩種。

（三）點心類輔助器具

■擠花袋

擠花袋（pastry bag）爲三角造型的袋形物，上下端均有開口，可裝入打發的鮮奶油、麵糊或膏狀的物質，並裝上擠花嘴就可以在蛋糕體的表面上，擠出各式各樣不同的造型。

■擠花嘴

擠花嘴（pastry tubes）的材質有壓克力與鐵質兩種，花嘴的造型則略分爲星形、圓形、斜角形、木紋形等類型。

■桿麵棍

桿麵棍（rouleau）的材質要以實心紮實的木頭來製作爲佳，要求的重點是表面光滑、平整的爲上選。

■塑膠刮板

塑膠刮板（racloirs）爲拌劀麵粉成麵團時用，有時也可以用來清除沾有粉漬的桌面。

■橡皮刮刀

橡皮刮刀（rubber spatula）藉由橡皮柔軟的特性，可輕易地將鍋、盆內，泥狀（馬鈴薯泥）、膏狀（奶油霜）、濃漿狀（巧克力）的食物清理或集中乾淨，是烹調中的好幫手。

■羊毛刷

羊毛刷（pastry brush）可將蛋液（漿）、油、水刷在烘焙食品類的表面，再送入烤箱內烘烤，這樣可增加烤後產品的色澤與風味。要注意的是，不可選用材質較差、容易脫毛的產品。

■抹刀鏟

抹刀鏟（Offset Spatula）其扁長、平直成L型的刀身設計，主要是用來翻炒、煎食物（鐵板燒）。次要用途就如同抹刀一樣，也可將泥狀（馬鈴薯泥）、膏狀（奶油霜）、濃漿狀（巧克力）的食物抹平或清除爐檯表面的黏渣。利用寬扁的刀身，也可以用來移取易變形的食物。刀身的長度、寬度（不含刀柄）有大有小，較常使用的尺寸在10-12吋之間。

抹刀鏟

■打蛋器

打蛋器（whips）有鋼絲狀及螺旋狀兩種，主要用途是利用來回的撞擊方式，將空氣打入蛋白細胞內，使蛋白膨脹。其中鋼絲狀打蛋器還有打散食物的功能，尤其是在製作濃湯時，可有效將湯的濃稠度調勻，是不可缺少的工具之一。

■麵刀

麵刀（bench server）是用來切割麵團或固體油脂時使用，但也可用來清除桌面刮去黏著物。

■蘋果去核器

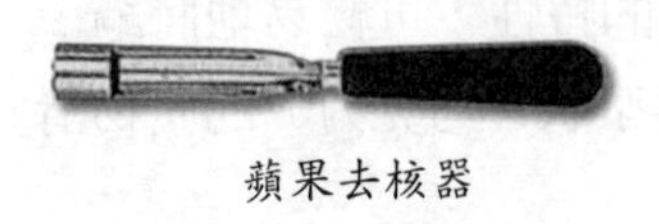

蘋果去核器

蘋果去核器（vide-pomme）其圓形的刀刃加上中空圓柱體的刀身設計，可輕易地去除蘋果果核，使得去皮、去核後的蘋果，所切出的圓片更為平整漂亮。

■鳳梨去心器

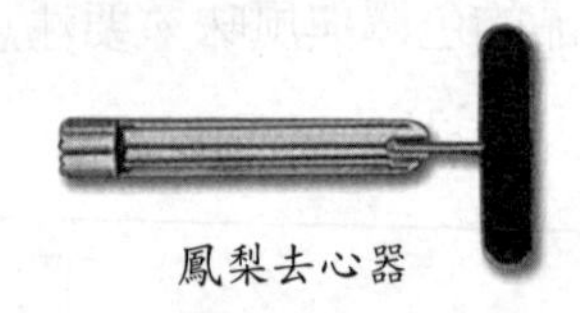

鳳梨去心器

鳳梨去心器（vide-ananas）其圓形的刀刃加上中空圓柱體的刀身設計，可輕易地去除鳳梨梗，使得去皮、去梗後的鳳梨，所切出的圓片更為平整漂亮。

二、刀體材質與結構

刀體的材質與結構，往往與其價格成正比，材質越好，價格越貴結構越完整（如一體成型），其壽命越長。

（一）刀體材質

■高碳不鏽鋼刀

眞正影響刀器價格的因素，是決定在製造材質的選用。一般來說，最好的材質是使用高碳不鏽鋼製成的刀器，高碳不鏽鋼刀（high carbon stainless）的優點是不變形、不生鏽、不腐蝕、刀刃極為鋼硬銳利，惟其價格昂貴，是其缺點。

■不鏽鋼刀

不鏽鋼刀（stainless steel）使用人數最多，價格合理的材質應算是不鏽鋼刀了。不鏽鋼刀使用前，必須先用磨刀棒打磨刀刃，使刀刃銳利好切，刀刃易鈍、易損耗是其唯一缺點。

■碳鋼刀

碳鋼刀（carbon steel）又稱生鐵刀，其材質堅硬、價格便宜，好拿易切是生鐵刀的優點，雖然使用的人數很多，但因碳鋼刀刀體容易生鏽且不耐磨損，故不易保養，所以耗損率也高。加上生鏽的刀具，若未清潔乾淨，切割肉類時還會留下刀器的味道。所以，對於每天要處理大量肉類製品的專業肉房，反倒是不實用。

（二）刀體結構

1.刀尖。
2.刀刃。
3.刀面。
4.刀背。
5.刀跟。
6.錨釘。
7.刀尾根。
8.握柄夾板。

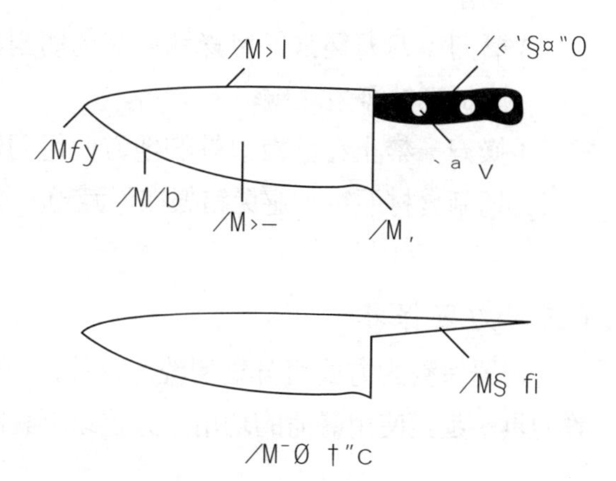

三、刀器使用

（一）用刀要訣

用刀要訣有：切得穩、切得準、切得狠。

1.切得穩：握刀切割食材第一要點是講求舒適、順手，故選擇刀具時格外重要的是應合乎自己習性，刀要拿得穩後才能切得準確。

2.切得準：初學者下刀時只要求切割精準無誤，速度快慢並非重點，待反覆熟練後速度自然而然就會加快。

3.切得狠：下刀時心無旁鶩專心切割，力求被切物之線條完整完美。

（二）用刀要領

1.握刀：虎口朝前輕握刀柄、氣力適中並保持彈性，應避免緊握刀柄使手臂過於僵硬造成扭傷、抽筋、疲累等不適現象。

2.用刀：秉持專心、細心、耐心三心一體之精神，專注於被切物之切割。

3.磨刀：刀刃經常保持鋒利可減少切割次數且較易切斷食物，並可降低意外發生之機率。

4.操刀：禁止在砧板以外的地方使用刀器切割食物，刀具選用應視切割食材而定，避免錯誤取用減短刀器壽命。

（三）刀器保養

刀器保養的方式可分爲清洗、存放及打磨三部分。每一項都具有保護刀具、延長使用壽命的功用。分述以下說明：

■清洗

刀器使用完畢後應徹底清洗（清除刀面上之菜漬殘垢），並以醋水擦拭去味再用乾淨的抹布拭乾。

■存放

刀具的存放應確實分類，依序收入刀套或刀具箱內。切忌不可讓刀具與刀具直接接觸，這樣可防止因彼此間的相互撞擊而傷及刀刃，產生缺口。

■打磨

刀具經使用後一定會產生遲鈍的現象，爲使刀具保持鋒利，必要的打磨可使刀具便於切割。刀具打磨的方法可分爲磨刀棒、磨刀石、砂輪機等三種打磨方法。分述如下說明：

1.磨刀棒：有粗牙棒與細牙棒之分，其使用方式及操作過程如下：

(1)刀器經長時間未使用或刀刃較鈍時，可先用粗牙棒打磨至刀刃兩面對稱後（可用姆指、食指夾住刀刃，由刀尖滑至刀跟感應），再改用細牙棒打磨至鋒利即可（可用刀刃輕刮指紋，若感應到可細數指紋數即可整齊的收入刀套或刀具箱內）。

(2)打磨方法：左（右）手平持磨刀棒橫於胸前，棒上的擋鐵片方向與身體呈垂直，並用姆指、食指分別頂住擋鐵。右（左）手持刀器沿磨刀棒兩側15°，由上而下、由刀刃尾端到刀刃尖端，反覆交替打磨直至鋒利即可。

2.磨刀石：磨刀石有顆粒較粗磨面與顆粒較細磨面之分，其使用方式及操作過程如下：

(1)磨刀石使用前先浸泡於水中，待完全溼透後方可使用。

(2)磨刀前應在磨刀石下方放置溼的墊布以防止磨刀石滑動發生危險。

(3)磨刀時（備清水）先由顆粒較粗面磨起，待打磨至刀刃兩面對稱後（可用姆指、食指夾住刀刃，由刀刃滑至刀跟感應），再改用顆粒較細面打磨至鋒利即可（可用刀刃輕刮指紋，若感應到可細數指紋數即可整齊收入刀套或刀具箱內）。

(4)打磨方式：將刀刃與磨刀石面呈15°，用雙手平推，平拉刀背，由刀刃尾端到刀刃尖端，反覆來回及正反兩面交替打磨，直至鋒利即可。

3.砂輪機：當刀器嚴重損壞時（如刀面折斷、刀刃缺口），除妥善包裹處理好後丟棄外，也可以送至鐵工廠用砂輪機重新按照比例打磨，製成另一用途之刀器。

第五節　度量衡的種類與使用

餐飲標準化與數據化的概念，在西餐烹調的世界，早已行之數十年甚至數百年之久，不論從營養成分或是質與量的角度而言，都有詳細的資料可翻閱，不但能有效的控制食物的耗損，避免浪費，更可以放心且歡迎衛生稽查人員的突擊檢查，同時對於烹調技術的傳承，也能有系統的記錄，不必擔心中斷或失傳。其實，這些都是有度量動作所帶來的好處。因此，烹調工作者一定要養成食材過磅、隨手記錄的好習慣。以下僅就目前常用的度量器具作介紹。

一、量器種類

常見的度量衡器具有標準量匙、標準量杯、彈簧秤（吊式簧秤）、電子秤、天平、桿秤、溫度計等七項。其使用方式也因造型的不同而差異很大。在本段中將詳述使用方式及功用，說明如下：

■標準量匙

標準量匙的材質有不鏽鋼與壓克力兩種。基本上標準量匙一組爲四支，分爲大匙、小匙、1/2小匙、1/4小匙四種。而標準量匙主要的量秤對象有粉末類、顆粒類、一般液態、濃度較高的液態等四種。

1.粉末類：主要包括麵粉、奶粉、胡椒粉。

2.顆粒類：主要包括砂糖、鹽。

3.一般液態：主要包括水、牛奶。

4.濃度較高的液態：主要有蜂蜜及果糖。

■標準量杯

標準量杯的材質有不鏽鋼、白鐵、壓克力三種，外型不一，有帶握把的圓柱體狀、帶握把的圓錐體狀與試管狀等多種造型，但主要還是以內容量多少來區分（有250c.c.與500c.c.等容量）。標準量杯量秤對象主要仍以一般液態類爲主。

■彈簧秤

彈簧秤的種類不論是在材質、外觀、造型，都非常多，可說是五花八門、琳瑯滿目。但論及構造、功能及使用方式，又得回歸同一基本點，因爲不管外型如何的改變，彈簧秤仍必須維持有刻度盤、指針、座身、平衡鈕、秤檯五個部分。

1.刻度盤：刻度盤的刻度有紅、黑兩種顏色，紅色代表公制，在內圈，黑色代表台制，在外圍。刻度間的密度，會依使用上的需要，設計不同的秤重刻度，一般來說，秤重重量的範圍越大，相對誤差越大。

2.指針：指針的功用在協助正確的判讀數據，所以指針的材質必須符合質地輕盈、細直、色澤明顯的條件。

3.座身：座身的功能主要是保護彈簧秤內部的零組件運作正常，以及秤檯的穩定性。座身的外觀則是以線條簡單平直、容易清潔維護爲原則。

4.平衡鈕：平衡鈕主要的功能是用來修正指針的準確度，方便使用者判讀數據。若以1公斤的彈簧秤爲例，其左右修正幅度爲正負10

公克，切記勿將平衡鈕作爲歸零鈕使用，否則彈簧秤可能因過度矯正造成彈性疲乏或斷裂，永久失去作用。

5.秤檯：秤檯的主要功能就是搭載食材。基本上，只要注意秤檯上的螺絲必須旋緊，不得晃動即可。

吊式彈簧秤的構造原理與彈簧秤大同小異，差別僅在吊式彈簧秤是將秤座改爲吊掛的方式固定懸掛在半空中，並將秤檯載物的功能改爲鉤掛的方式，其餘部分則完全相同。

■電子秤

電子秤爲一先進的度量衡器具，其準確度不僅可達小數點後一位以上，且功能多、適用性廣、使用上也很方便，電子秤有扣除容器及歸零的神奇功能，電子秤可分爲座身及秤台兩個部分，其中座身涵蓋儀表板的電子數字錶、觸控式功能鍵、插頭及秤座本身。

■天平

天平是利用槓桿平衡的原理，使其左右兩端之載物檯上的被秤物與砝碼檯上之砝碼達到平衡，再相加砝碼重量的總和，求算出被秤物的重量。天平包括了秤座、平衡桿、載物檯、砝碼檯、指針及歸零刻度表等六部分，因使用上比較不便，所以通常只用來秤重量較輕的物品。

1.秤座：其作用爲支撐平衡桿。

2.平衡桿：平衡桿上的兩端各有一個載物檯。

3.載物檯：搭載被秤物。

4.砝碼檯：搭載砝碼。

5.指針：指示重量。

6.歸零刻度表：顯示平衡點。

■桿秤

桿秤也是利用槓桿平衡的原理來求算被秤物的重量，與天平不同的地方是天平使用時需要平放在桌面上，而桿秤使用時必須提吊著雙背環。桿秤分爲吊鉤、桿身、背提環及秤錘四部分。

1.吊鉤：鉤掛被秤物。

2.桿身：桿身上有刻度通常以十台斤爲計重單位。

3.背提環：

(1)前背提環：以十台斤桿秤爲例，五斤以上須持前背提環。

(2)後背提環：以十台斤桿秤爲例，五斤以下須持後背提環。

4.秤錘：秤錘是藉由在桿秤上的左右移動，來與被秤物達到平衡後再讀取桿身上的數據（刻度），就可以得知被秤物的重量。

■溫度計

1.傳統式的探針測溫計只是將其插入食物的內部後拔出，再靠著師傅的感溫經驗去判斷食物的生熟程度。

2.改良式的探針測溫計，加裝了指針型儀表或電子式儀表。此時只要將探針插入食物的內部後拔出，就可以輕易讀取準確的溫度，不需要再靠師傅的感溫經驗去判斷食物的生熟程度。

3.玻璃管式溫度計是藉由管內的水銀在感溫時所爬升的高低來讀取管壁上的數據。值得注意的是，爲防止溫度計因感溫時溫差過大而破裂，應避免在同一時間內測量溫差過大的物質，如滾燙的熱油及冰冷的水。

二、度量衡器具使用

■標準量匙與標準量杯的衡量法

使用標準量匙與標準量杯的衡量法時，所得到的數據，一般只供作使用者本身參考，並不是精確的數據。若加上使用者本身的觀念不清、操作程序不對，所得到的數據差異就會更大。而會影響所得數據不同的因素有很多，分述如下：

1.粉質材料（麵粉、可可粉……）：量取粉質材料時，應該先將粉質材料過篩後再取量，避免粉質材料受潮結塊或因其他的雜物摻雜其中影響數據，取量裝滿後禁止敲打震動量匙與量杯，並以平直的器物（如刀背、抹刀），沿量匙與量杯上端刮去凸起的部分，就可得到數據。

2.顆粒材料（鹽、砂糖）：量取顆質材料時若有受潮結塊的現象，應先壓碎打散後再取量，並以平直的器物（如刀背、抹刀）沿量匙與量杯上端刮去凸起的部分就可得到數據。

3.高濃度的流質材料（融化後的巧克力、果糖、蜂蜜……）：量取高濃度的流質材料時，應該先在量器內的四周抹上一層薄薄的沙拉油，這樣可避免被量物附著在量器內的四周影響數據的準確度。

■彈簧秤與吊式彈簧秤

彈簧秤與吊式彈簧秤顧名思義是以彈簧的張力和拉力來驅動指針，所以在使用時最忌諱就是超重秤物及長時間的加壓秤檯，因此，爲避免造成彈性疲乏和斷裂而失去精確度，所以秤在不使用的時候禁止放置任何的物品於秤檯上。

■電子秤

電子秤最怕的就是與水接觸，所以在使用電子秤時一定要與水保持距離（如咖啡、飲品、牛奶、清水……），可避免因打翻水而使電子秤故障。

三、溫度、容量、重量之換算

由於各國的風俗文化與工作習性的不同，人們在使用度量衡時所採用的單位就會不同。有些食物或器具設備自己本身無法生產而必須仰賴進口時，就會面臨單位換算的問題。

因此在廚房的工作中除了食物備製與烹調技術需要不斷的學習外，還有一項工作是必須要知道、瞭解及熟記的，那就是溫度、容量及重量的換算。因爲在烹調的過程裡常會面對各式各樣的爐具、器具需要去操作使用，但這些用具的製造國家所用的度量單位未必相同，例如，秤重時美國人喜歡使用公制、英國人喜歡使用英制、台灣人則喜歡台制，這只是各國家習慣上的用法，並沒有那一種比較好、那一種比較差的問題，只有使用者需不需要的問題。所以廚房工作者爲使廚事能順利進行，就一定要去熟記適用的方法，否則製作出的食物成品很難維持高品質的水準。以下就分別介紹溫度、重量、容量之換算。

（一）溫度換算

常用的溫度單位不外乎攝氏（℃）與華式（℉）兩種，而使用最頻繁的時機則是在烘烤食物的溫度調整，其次則是在油炸食物測量油溫。因此未能瞭解熟悉溫度的換算就去操作爐具，食物烹調成功的機率可說微乎其微了。

1.烤箱、油炸鍋、瓦斯爐的溫度對照表。（如表4-4）

表4-4　烤箱、油炸鍋、瓦斯爐的溫度對照表

項次	瓦斯烤箱溫度代碼	電烤箱攝氏溫度	電烤箱華氏溫度	中文說明
1	溫度調節1階	50℃	≒122°F	極小火
2	溫度調節2階	80℃	≒176°F	
3	溫度調節3階	100℃	≒212°F	小火
4	溫度調節4階	130℃	≒266°F	
5	溫度調節5階	150℃	≒302°F	中火
6	溫度調節6階	180℃	≒356°F	
7	溫度調節7階	210℃	≒410°F	強火
8	溫度調節8階	240℃	≒464°F	
9	溫度調節9階	270℃	≒518°F	極強火
10	溫度調節10階	300℃	≒572°F	

2.換算公式：

攝氏換算華氏：攝氏溫度 ×9 ÷5 ＋ 32 ＝ 華氏溫度

華氏換算攝氏：（華氏溫度 －32）÷9 ×5 ＝ 攝氏溫度

3.溫度涵義。（請參照表4-5）

表4-5　各種溫度區所代表的涵義

項次	溫度區（攝氏）	代表涵義
1	-18℃以下	此溫度區域爲肉品、海鮮及冷凍蔬菜的冷凍儲存溫度。在這個區域以下的溫度內，細菌的活動或繁殖能力將降到最低的程度，甚至處於靜止的狀態。因此，藉由此溫度區域可有效的達成食物保鮮的目的。
2	1～3℃	此溫度區域爲肉品、海鮮的冷藏儲存溫度。在這個區域溫度內，細菌的活動（繁殖）能力將會減緩，因此對於食物有暫時保鮮的功能。
3	5～7℃	此溫度區域爲蔬菜、水果、蛋品、乳製品的最佳冷藏溫度。在這個區域溫度內，細菌的活動（繁殖）能力將會減緩，因此對於食物有暫時保鮮的功能。若再低於此溫度區域，上述種類的食材會有凍傷的疑慮，嚴重時將使結構組織遭受破壞，只有丟棄一途。

（續）表4-5　各種溫度區所代表的涵義

項次	溫度區（攝氏）	代表涵義
4	26～60℃	此溫度區域為危險溫度區，在這個區域的溫度內，細菌的活動（繁殖）能力最強，食物極易酸敗發臭，因此若將食物存放在此溫度區內保溫是錯誤的觀念。
5	37.5～40℃	此溫度區域為人體溫度（36.5~37.5℃）的分界點，超過37.5℃稱之為發燒，若超過39℃則為發高燒。我們可藉由這個溫界點作為參考，來判定某些食物的操作溫度，例如巧克力的調溫。
6	60～65℃	此溫度區域為蛋白（60℃以上）及蛋黃（65℃以上）開始有凝結的現象，也是細菌活動力減緩的溫度。溫度越高，細菌存活力越低（此處的細菌包括害菌與益菌），但也有特例的情形，例如：(1)嗜冷菌：0～15℃；(2)嗜熱菌：55～65℃。
7	85～90℃	此溫度區域在烹調的觀點上稱之為水波溫度。在這個區域溫度內烹煮食物，可保有食物原有的外觀，同時蛋白與蛋黃的凝固現象也即將完成。
8	100℃	此溫度區域為水的沸點溫度，也是汆燙食物（煮水餃）的最好時機（水的沸點會因外在的環境改變而改變，如採用密閉式的加壓方法，可使水的沸點提高至120℃以上）。
9	160℃	此溫度區域為烘烤重奶油蛋糕的溫度。
10	180℃	此溫度區域為油炸食物最佳的溫度，也是烘烤一般蛋糕最常使用的溫度，同時也是糖加熱後的最高溫度點，超過此溫度點後，糖將碳化變苦。
11	210℃	此溫度區域為烘烤酥皮類製品的溫度，如海鮮酥皮湯。

（二）重量換算

熟悉重量換算的主要目的在於準確的取量，若無此觀念是無法計算成本的。以下就是基本的換算方法（如表4-6）與重量單位（如表4-7）的對照表。

表4-6　重量之換算方法

．磅＝公斤÷2.20462	．公斤＝磅×2.20462
．台斤＝公斤÷0.6	．公斤＝台斤×0.6
．磅＝台斤÷1.3227	．台斤＝磅×1.3227

表4-7　重量之單位對照

公制⇔英制	台制⇔公制
．1公斤＝1000公克＝2.20462磅	．1台斤＝16台兩＝600公克＝0.6 公斤
．28.35g＝1盎司（oz）	．1台兩＝0.0625台斤＝10台錢＝ 37.5公克
．454g＝16盎司（oz）＝1磅	．1台錢＝10台分＝3.75公克
	．1.7台斤＝26.7台兩＝1公斤

（三）標準量器（量匙與量杯）與公制對照表

標準量器與公制之對照請參考表4-8。

表4-8　標準量器與公制對照表

食材／量器	麵粉	胡椒粉	精鹽	砂糖	水（牛奶）	蜂蜜（果糖）	沙拉油
1T	10g	7g	15g	15g	15.8g	24g	12g
1t	3.3g	2.3g	5g	5.g	5.3g	8g	4g
1/2t	1.6g	1.2g	2.5g	2.5g	2.7g	4g	2g
1/4t	0.8g	0.6g	1.3g	1.3g	1.3g	2g	1g
1 cup	160g	112g	240g	240g	252.8g	384g	192g
1/2cup	80g	56g	120g	120g	126.4g	192g	96g
1/4cup	40g	28g	60g	60g	63.2g	96g	48g

圖例說明：1T＝1湯（平）匙　1t=1咖啡（平）匙　1cup ＝ 1（平）杯

（四）容量換算

容量之換算請參照表4-9。

表4-9　容量換算表

公制對照英制

- 1L（litre）≒980g（gram）
- 3.79L≒1加侖（gallon）

公制單位對照

- 1 litre（公升）＝10 decilitre（公合）
- 10 decilitre（公合＝100 centilitres（1/10公合）
- litre（公升）＝5 decilitre（公合）
- 5 decilitre（公合）＝50 centilitres

英制單位對照

- 1加侖（gallon）＝4塝特（quarts）
- 1塝特（quarts）＝2品脫（pints）
- 1品脫（pints）＝2杯（cups）

標準量匙與量杯對照

- 1杯（cups）≒16T（table spoon）
- 1T（table spoon）≒3t（tea spoon）

（五）食材概略重量

可分爲生鮮食材概略重量（如表4-10）及制式包裝食品重量（如表4-11）。

表4-10　生鮮食材概略重量表

項次	生鮮類	概略重量	項次	蔬果類	概略重量	項次	蔬果類	概略重量
1	雞蛋	60g/個	9	青椒	80g/顆	17	葡萄柚	300g/顆
2	蛋黃	20g/個	10	紅、黃甜椒	200g/顆	18	乾香菇	30g/10朵
3	蛋白	35g/個	11	洋蔥	300g/顆	19	高麗菜	1.3kg/顆
4	蛋殼	5g/個	12	紅蘿蔔	480-600g/根	20	洋菇	20g/朵
5	1L沙拉油	750g	13	馬鈴薯	120-480g/顆	21	蘋果	160g/顆
6	1L牛奶	940g	14	檸檬	130g/顆	22		
7	鱸魚	500g/條	15	柳橙	100g/顆	23		
8	蟹腿肉	220g/盒	16	香吉士	140g/顆	24		

表4-11　制式包裝食品重量表

項次	名稱	概略重量	項次	名稱	概略重量	項次	名稱	概略重量
1	起士片	250g 12片/包	12	Cream Cheese	1kg/包	23	Cheese粉	230g/罐 1kg/罐
2	起士片	990g 80片/包	13	Pizza Cheese	1kg/包	24	雞粉	1kg/罐
3	紅白酒	0.6L/瓶	14	巧克力塊	1kg/塊	25	鳳梨汁	532g/罐
4	奶油塊	454g/磅	15	中式洋火腿	650g/條	26	藍莓醬	595g/罐
5	糖粉	454g/磅	16	進口紅白酒醋	355g/瓶	27	黑橄欖	312g/罐
6	砂糖	1.8kg/包	17	Tabasco	60ml/瓶	28	三花奶水	410g/罐
7	高級精鹽	1kg/包	18	Balsamico	0.5L/瓶	29	香草精 （粉）	4oz/瓶 1kg/罐
8	黃汁粉	1kg/包	19	Nescafe	200g/瓶	30	番茄配司	860g/罐 3200g/罐
9	梅林醬油	296g/瓶	20	養樂多	100g/瓶	31	番茄整粒	2550g/罐
10	白酒醋	355g/瓶	21	2L牛奶	1890g/瓶	32	葡萄乾	425g/盒
11	橄欖油	3.8L/桶	22	法式芥末醬	680g/瓶	33		

第五章 庫房

- 庫房種類與使用方法
- 食物儲存與解凍

庫房的功能不外乎儲存物品，但對餐飲業而言，庫房用來儲存食物之重要性，絕不下於製作菜餚的廚房。因此對於庫房的認知與管理的基本常識，是每一位廚房工作者所要注意的。本章中將對庫房的種類與使用方式及食物的儲存與解凍兩個單元分述說明。

第一節　庫房種類與使用方式

庫房顧名思義是用來儲存食品或產品的，但是由於被儲存物品的種類繁多，性質差異極大，爲了避免彼此間產生所謂交替污染的不良現象，就必須先瞭解庫房的功用與使用庫房時應注意的事項後，才能避免交替污染的事情發生。以下便以庫房的分類與庫房的使用兩方面分述說明。

一、庫房的分類

一般而言，針對餐廳需求所設計出的庫房，會依照被儲存物的種類與性質分爲乾貨庫房、濕貨庫房及日用品庫房三大類。每種庫房的設施也會有不同的要求，例如，濕貨庫房中必須設有冷藏與冷凍食品的設備來保鮮食物；乾貨庫房則應與日用品庫房隔開，避免誤取、誤用、誤食所產生的意外等。茲此這三類庫房分述說明如下：

（一）乾貨庫房

基本上乾貨庫房也稱爲室溫庫房，其目的就是要以保存乾貨爲要點，所以設計上必須符合以下條件：

1.恆溫控制：庫房溫度應始終維持在23～25℃，不得隨意改變。

2.半密閉空間：半密閉空間指的是除了設有門與換氣口以外的空間，同時必須在換氣口外設置防鼠、蟻入侵的設施。

3.除濕防潮：庫房中最理想的溼度應爲55%，過高或太低都會影響食物的保存，必要時可在庫房內裝置全自動溫溼度調節器。

4.照明設備：庫房內之照明設備開啓時，應儘量要求照明無死角，這樣可防止藏污納垢的堆積。

5.防滑地板及排水口（易清掃）的設置：可避免人員摔倒，以及讓清洗庫房時的廢水順利排出。

6.有無避開熱源：庫房內的地板若有埋設熱水管線，將會導致房內的溫度改變，影響食物的保存，因此設置庫房時一定要避開熱源。

7.設置置物架：擺放不鏽鋼置物層架，可妥善分類整理儲存物，同時應注意與地面保持三十公分，離牆壁也要有二十公分的距離。應確實遵守儲存之物品不得放置地面的規定。

8.密封膠桶：有些特定食物（如麵粉）極怕潮濕或蟲蟻侵入，遇水氣後就會產生結塊的現象，所以防潮的工作極爲重要。因此，此類的食材無論是開封與否，最好都能放在密封的塑膠桶內，以確保不受潮、不被蟲蟻侵入，同時也應防範蟑螂、老鼠、蟲蟻侵入倉庫內破壞與孳生。

9.安全存量：儲存中的乾貨物品，應以四至七天的食用量爲安全存量，這樣可避免臨時缺貨、無貨可用的窘態發生。

（二）濕貨庫房

溼貨庫房又可稱爲生鮮庫房，其設置的主要目的是爲延長保鮮的期限，所以在設計上必須注意下列事項：

1.食物冷藏或冷凍的最主要目的是延長保鮮的期限，但因錯誤的儲存方式不但不能達到保鮮的目的，還可能造成食物的凍傷及機械的損壞。

2.食物冷凍櫃並不等於急速冷凍櫃。在設計上，食物冷凍櫃的主要功能是存放已結凍的食物，急速冷凍櫃才是負責將生鮮食品或已熟成的食物急速冷凍。兩者之間的差異是在急速冷凍櫃可以將食物中的水分迅速凝結，不至於因爲凝結的時間過長，而改變食物本身的結構。而冷凍櫃會因機體內的溫度不夠低，無法使食物內外的水分同時凝結，進而導致食物的體積改變，倘若其結構遭到破壞會致使食物在解凍時營養快速流失。

3.錯誤儲存方式，例如，將熱鍋或熱食直接放入冷凍庫內，會使周邊的食物因溫度差異過大而變質，同時也會造成機械不當的負荷產生耗電及故障的現象。

4.冷藏與冷凍皆有不同的儲存功能，若無空間與財源上的考量，最好能分別購置冷藏冰箱與冷凍冰箱儲存食物。

（三）日用品庫房

一般清潔用品、化學溶劑、清洗用具、包裝耗材及餐具飾品的存放，雖然和烹調沒有直接的關係，但若因管理不當是非常容易造成誤取、誤用、誤食的情形發生，同時也會造成食物污染或食物中毒的意外事件。因此基於安全與衛生的考量，上述的物品必須另外找一個密閉、陰涼、乾燥的空間記錄存放。尤其是高危險性的清潔用品（如鹽酸、消毒水、廚廁清潔劑等）更應妥善的儲存，並確實記錄進出數量、請領人姓名、用途及流向的管制措施。以下是日用品倉庫存放要點：

1.做好防蟲措施以防範蟑螂、老鼠、蟲蟻侵入孳生。

2.倉庫內擺放不鏽鋼置物層架。

3.儲存之物品皆不得放置地面或緊靠牆壁。

4.儲存物品以七天爲安全存量。

5.爲避免誤取誤用，應確實清楚標示物品名稱及使用時的注意事項。

二、庫房的使用

爲了有效達到食品保鮮的目的及產品儲存的安全，身爲廚房專業廚師的一員，就必須要先瞭解倉庫安全的維護、溫度溼度的控制、儲存存放的要點、行進動線的安排、照明設備的維護與存貨記錄的登錄等觀念後，才能有效的掌控食材的運用、菜單的撰寫，甚至採買叫貨等的連鎖事項。因此我們就以上述所提的項目，分述說明如下：

1.倉庫安全：倉庫若因管理疏失而導致不當的外力破壞（如盜取）或天災、水患、火災等，都會影響到餐廳的運作及大量的成本消耗。因此倉庫應設有專人看管，才能有效維護倉庫安全。

2.溫度、溼度：無論是何種性質的食材與耗材，都會因溫度與溼度的改變而影響到產品的品質，嚴重時甚至只有丟棄一途，別無選擇。因此倉庫設立的首要條件就是要保持恆溫與恆濕，否則影響食品的鮮度，導致食品的耗損，將是必然的結果。

3.儲存存放：任何物品進入倉庫後，均要分類、分項上架儲存，這樣才能避免食物交替污染，或有誤拿的情形發生。若有大量進貨的時候，也不應將物品堆放在走道的位置上，這樣可避免工作人員絆倒。

4.行進動線：行進動線除了不可堆放物品外，也須注意行進的長短距離，若能保持通道流暢及縮短行進距離，其有助於人員移動時的安全，並且可省去不必要浪費的體力。

5.照明設備：適當的照明亮度有助於庫房的整理與清潔維護，同時也可防止工作人員絆倒及藏匿人員。

6.存貨記錄：物品送進倉庫儲存時，皆需登記到貨日期、品名、數量、保存期限，同一類型的物品更要嚴格遵守先進先出（先進貨的物品必須先使用）的準則，這樣可避免物品有堆放過久，或是遺忘的情形，進而導致耗損、浪費的發生。當物品離開庫房時，也需詳細登記品名、數量、請領單位、請領人姓名與請領時間，以有效掌控物品流向。

第二節　食物儲存與解凍

不論是何種食物皆會有一定的保存方式及保存期限，只要是超過保存期限或使用不當的保存方法，都會使食物的品質受到影響，進而變質、腐敗，這是因爲食材的本身都含有不等量的氧化酵素所致。也就是說，當碰到外在的保存因素（環境）改變時，就會產生的必然結果。

至於食品變質、腐敗的速度，則要視食物中的氧化酵素多寡來決定。而水分的含量、保存的溫度、溼度的高低、食品製作的流程、製作的方式、包裝的材質及蟲害等，任何一項因素的改變，都會直接影響到食物的保存。在本節中將要介紹的就是有關食物的儲存與食物的解凍，分述如下：

一、食物儲存

基本上，食物的保存方法可分爲傳統的煙燻醃製法、低溫保鮮法、眞空密封包裝法、機械化乾燥噴霧法等四種，而一般人使用最多的則是低溫保鮮法。

1.煙燻、醃製法：食品經過煙燻及醃製的過程後，往往會含有極高的酸度、甜度、鹹度或具有抗菌免疫的香辛料的特性，細菌是無法在此環境生存的，因此傳統的煙燻、醃製法可延長食物保存的期限。

2.低溫保鮮法：在低溫（3～7℃）或超低溫（-18℃以下）的環境中，可抑制細菌或病毒的繁殖力及活動力，因此便可達到不同程度的保鮮作用來延長保存期限（一星期至三個月）。

3.眞空密封包裝法：將食物以高溫加熱的方式來殺死絕大多數的細菌（孢子）黴菌及病毒。並趁食物熱時，再利用眞空包裝的方式抽掉空氣，使氧化酵素無法存活或繁殖。眞空包裝法也可以製成袋裝、瓶裝、罐裝的成品出售，如此處理後的食品可保存六個月至一年以上。

4.機械化乾燥噴霧法：利用機械化的科技技術來徹底脫去食物的水分，使食物不受溼度的影響，以防止氧化酵素藉由水分的因素產生作用。利用機械化乾燥噴霧法所製作出的食物成品，可以保存一至二年以上。而製成各類的乾燥食品大多以固體狀或粉末狀居多，如乾香菇、乾木耳、奶粉、麵粉、玉米粉等。

食物儲存的方法與其特性有絕對的關係，不同的食物絕對不可以用相同的標準去衡量。例如，海鮮、肉類的儲存大多是以冷凍的方式，蛋品類儲存與乳品類的儲存，則比較適合儲存在低溫的冷藏室；蔬果葉菜類的儲存，則是嚴禁放入冷凍室儲存等。以下說明各類食物的儲存方式與注意事項。

（一）海鮮、肉類儲存

海鮮、肉類食品的冷藏溫度保持在 -1～ 3℃之間，冷凍溫度保持在 -18℃以下，因爲這類食品本來就具有特殊的腥味，其腥味會隨著時間的加長而加重氣味，若將此類食品放置同一冷藏室內，勢必會造成氣味的污染，導致所有食物的原有氣味改變，所以此類食品就必須單獨存放於專用的冷藏室和冷凍庫內，為降低此類的腥味及維持正常的保存期限，可藉由以下的方式達成：

1.海鮮、肉類食品，遇到熱氣就會加速海鮮類腐敗的速度，所以無論是宰殺、處理、切割、運送、銷售、儲存皆應在低溫下進行。
2.海鮮、肉類儲存前必先徹底的清除內臟，以冰水清洗乾淨，分別以可封口的耐熱袋裝袋。
3.若海鮮、肉類體積過大，應先截成片、塊狀，分別以耐熱袋裝袋包好儲存，避免解凍後的數量太多無法完全用完而造成浪費。
4.若因為餐廳的性質或所在地點偏遠，需要大量庫存海鮮、肉類食品，則應設置急速冷凍櫃保鮮較佳。

(二) 蛋品類儲存

蛋品類儲存在冷藏室時應保持3～7℃為佳，因為蛋品類的蛋殼外表有很多氣孔，藉由氣體的流通，極容易吸收其他食物的氣味（海鮮、肉類），故存放時，為避免氣味的相互污染，最好有專用的冷藏室儲存。蛋品存放時應注意事項：

1.蛋品中氣室的位置是在鈍端的部位，所以蛋品存放於冰箱內時鈍端的部位應朝上，讓蛋內氣室的位置始終保持在蛋殼內的上端，這樣可以避免氣室受到蛋黃與蛋白擠壓而膨脹，影響蛋的新鮮度。
2.蛋殼外表有很多氣孔，藉由氣體的流通可以保持蛋品的新鮮度。蛋品在存放其間最好不要清洗，因為蛋殼外表很髒沾有雞的糞便，而糞便中帶有沙門氏菌。若清洗蛋殼後未將其拭乾就存放於冰箱內，殘留在蛋殼表面的水分便會將病菌經由氣孔滲入蛋內，影響蛋的品質。

3.蛋品食用前一定要清洗乾淨，否則沾有雞糞的外殼極容易污染到雙手，倘若一時疏忽可能將沙門式菌帶入口中，尤其是未洗手就沖泡牛奶餵食幼兒，是非常危險的舉動，嚴重時甚至會威脅到生命安全。

（三）乳品類儲存

乳製品類包括粉末狀、液態狀、固態狀等三類，除了粉末類及特殊乳製品類（如罐裝煉乳及鋁箔包裝的保久乳），只需要存放至陰涼、乾燥處即可，不需要冷藏。液態的乳製品或是固態的乳製品，皆應存放於冷藏庫內，最佳的冷藏溫度爲±5℃。

1.液態的乳製品：液態的乳製品包括了牛奶、調味奶、養樂多、酵母乳、鮮奶油等。

2.固態的乳製品：固態的乳製品包括了各類的乳酪、打發的鮮奶油、奶油塊等。這些乳製品類的食品都有吸收外來氣味的特性，所以將其放在什麼的旁邊就會染有什麼的氣味，因此乳品類的儲存必須使用專用的冷藏室保存才能保有原來的氣味。

（四）蔬果葉菜類儲存

蔬果葉菜類的外型不一，質地差異也大，所以儲存的方式也不可以以一蓋全。因此便將蔬果葉菜類分爲根莖類、葉菜類、水果類分作說明。

1.根莖類蔬菜：一般根莖類蔬菜皆不必冷藏，如紅蘿蔔、西洋芹、馬鈴薯等。只要放在陰涼乾燥處妥善保存即可。但是若將此類蔬菜放入冷凍庫儲存，也會造成凍傷。

2.葉菜類蔬菜：

(1)葉菜類的食物則需經過保溼處理，否則容易因冷氣的除濕功能導致菜葉的乾枯或過於潮濕而腐爛。

(2)葉菜類的保溼處理可以先去除根部的沙土，再用擦手紙包上並套上塑膠袋（不封口）放入冷藏室冷藏即可，這樣的方法約可保存四天以上。

(3)葉菜類在冷藏處理前不得清洗，因爲水洗葉菜類蔬菜只會增加水分吸收，加速腐敗的速度。

(4)避免將新鮮的葉菜蔬果類放入冷凍庫儲存，因爲會造成葉菜蔬果類的凍傷。

3.水果類：寒帶地區的水果（如蘋果、梨）存放時也需要避免溼熱及碰撞等不良因素，所以除了防撞措施以外，必須放置專用的冷藏櫃。

（五）熟食冷凍類儲存

一般油炸、煎、炒的食物其烹調的時間都比較短，只需要將事前的準備工作做好，就可以從容應對客人的點餐。但是燉、煮類的食物烹煮時間較長，必須在一天以前預先處理，大量製備成半成品冷藏或冷凍、儲存，才可能在客人點餐後的十五至二十分鐘內出菜供給食用。因此大量製備成半成品的熟食儲存是有其必要的。燉煮後的熟食在儲存前要先再滾煮殺菌一次，待食物溫度下降至室溫時，再行分袋眞空包裝，置於冷凍櫃內存放。熟食冷凍類儲存應保持在-18℃的溫度，表5-1是恆溫冷凍儲存（-18℃）食品時的保存期限。

（六）油脂類儲存

油脂類食品雖不需冷藏保存，但卻怕潮怕濕，因此乾燥、低溫、避免陽光直射、放置於儲藏架上，是油脂類食品保存的要點。油脂類食品極易吸取它類食物的味道，所以獨立存放有其必要。

表5-1　恆溫冷凍儲存（-18℃）食品時的保存期限

項次	產品名稱	儲存條件	儲存期限	儲存目的
1	肉類	-20℃	三個月	藉由較低的溫度效應，可抑制食物內的酵素進行氧化作用，並防止細（病）菌滋生，及降低其存活機率。
2	海鮮	-20℃	三個月	
3	蔬菜（以汆燙後的根、莖類蔬菜爲主）	-20℃	一個月	
4	蛋糕底（半成品之烘焙產品）	-20℃	四個月	
5	新鮮肉類（各部位支解後儲存）	-20℃	一個月	
6	新鮮海鮮類（去除內臟）	-20℃	一個月	

（七）烘焙類儲存

烘焙類的食品大多是以雞蛋、奶油、麵粉等易吸取它類食物的食材所組成。因此儲存時一定要存放在專用冷凍庫內，並用耐熱袋妥善包好。因爲此類的半成品，若與冷氣直接接觸，會被脫去水分進而影響到產品品質。

二、食物解凍

剛從冷凍庫內取出的食物，其質地都非常的堅硬。若未經解凍的程序就直接進行烹調，將導致食物本體內外的熟度不均，失去應有的口感難以下嚥。因此爲避免上述的情形發生，尙未解凍完成並達到軟化程度的食物，不可貿然烹調。食物解凍方法基本上有自然解凍法、水流解凍法、微波爐解凍法、室溫解凍法等四種 。分述如下：

1.自然解凍法：自然解凍法爲最好的解凍方式。首先將要解凍的食物，提前在十二小時或一個晚上取出，由冷凍庫轉移至冷藏庫保存，此種解凍法不但經濟、便利，解凍後的品質也是最好的。

2.水流解凍法：將要解凍的食物放置於塑膠袋內包好（可避免水溶

性營養素流失），再放入水槽內並開啓水龍頭徐徐注入自來水，利用水的常溫及流動的方式，將要解凍食物的溫度帶離，達到解凍的目的。

3.微波爐解凍法：微波爐解凍法是最快最迅速的方式，不過要注意的是必須先瞭解微波爐正確的使用方式，否則也會造成食物熟成的速度不一，會影響食物的口感。

4.室溫解凍法：室溫解凍法雖然是所有解凍法中最爲經濟的方式，但是由於它必須長時間暴露在室溫當中，因此也是最不衛生的解凍方式。

此外，食物解凍時應注意以下兩點：

1.先將要冷凍的食物截斷，成爲每次取用量的標準後再行儲藏冷凍。待食物要解凍時，便可以按所需要量取用。

2.解凍後的食物應該迅速烹調處理，禁止再放回冷凍庫內重新冷凍。

第六章

菜單與食譜

- 菜單
- 食譜

在餐廳裡用餐時，第一個動作就是要看菜單。但對廚師而言，菜單只是作爲出菜順序的參考，並無太大實質上的意義。而眞正與廚師休戚相關的是「食譜」（recipe），而非衆人口中的菜單（menu）。

菜單就如同樂曲的曲目，是供觀衆瞭解演奏的次序，並無其他用途。但是對樂師而言，缺少了樂譜（樂師演奏時看的是樂譜）就無法演奏。所以當有了一個具備標準化與數據化的食譜時，不管是哪一位師傅掌廚，都能做出口碑一致、始終如一的菜餚。對於餐廳經營者也是最好的保障。

在本章中將分別討論「菜單」與「食譜」，其次才是本章的重點「食譜的基本架構」。

第一節　菜單

一般在設計菜單（menu）時會考慮餐廳的經營型態及所在位置（如文教區、工業區或商業區）與周遭環境（如公教人員、工廠員工或企業人士）的差異，而訂出不同種類的菜單。而菜單的制訂是需經過審愼的評估，除了上述所提之外，還應考量貨源的供應、廚房的設備、師傅的技術等因素是否能夠配合。因此在本節中將就菜單的種類與餐食的運作流程兩部分作說明。

一、菜單的種類

概括來說菜單的種類可分爲單點式（à la cart）、套餐式（table d'hote; set menu）、西式總匯（buffet）等三大類。而這三大類的菜單又可依季節、節慶、喜宴、商務等外在的因素，細分爲不同的菜色內容，以下即分別介紹這三大類之供餐方式。

（一）單點式菜單

單點式的菜單一般都較注重個人的品味，所以都是以「質」的要求爲考量，相對的價位也較高些。通常這類餐廳所提供的服務品質及用餐環境，都是屬於典雅舒適的，不過也有例外的情形，如客房服務、外帶點餐雖也稱爲單點，但服務的品質就是以方便、快速、易飽爲訴求，所以與餐廳內單點式的用餐法是有區別的。分述如下：

1. 一般單點：單點菜單的設計在於質的要求而非量的供應，它的供餐方式是以客人的意見爲意見，客人可以依照自己的用餐習慣來要求廚師的烹煮方式，甚至可以提出要以何種酒類來做菜的要求，所以在價格上就貴了許多。單點菜單的菜色採循環的方式更換，通常會按照該季節盛產的項目來更換食譜，有時也會由國外進口特殊的食材作爲餐廳招徠饕客上門的訴求。單點菜單包括的項目有前菜、沙拉、主菜、主食、湯品、甜點、飲料等，每項食品都是個別計價，可依自己喜好點用。
2. 客房服務：採的是重點式的服務，這類菜單的變化較爲固定，其菜色內容簡要、烹調快速、方便易飽，均爲其特色。
3. 兒童點餐：兒童點餐的菜色基本上與一般單點的菜色相同，只是在份量上遞減，其供應的價格也因份量減少而降低。
4. 外帶點餐：外帶式點餐法是採方便快速的方式供應，特點是可電話預約，在約定的時間內取貨即可。
5. 酒單：主要是以著重品味的客源爲主，所以價格也較爲貴些。

（二）套餐式菜單

套餐式菜單的出現，解決了一些不會點餐的人的困擾，相對的也使得一般消費者不必花大錢就能享有不錯的用餐品質，以及多樣菜色的選擇，所以深得大衆的喜愛。例如，時下流行的用餐方式，就是從原先的單點式改成現在套餐＋自助式的模式（除主菜、主食外，沙拉、湯品、麵包、甜點、飲料均無限量供應）。茲分述如下：

1.一般套餐：套餐菜單的設計要點在於質與量並重，雖說如此，但它的精緻程度仍不及單點菜餚的製作。顧名思義，套餐的供餐內容就是以所有單點的項目爲背景（沙拉、主菜、湯品、甜點、飲料）。這種整套的用餐方式，不僅對客人而言較經濟實惠且不失質感，對於廚房的師傅來說，也比較容易準備食材，因此在價格上就比單點的價位少了許多。套餐的菜色也是依照當季盛產的食材來更換食譜，當然有時也會由國外進口特殊的食材來作爲餐廳促銷的噱頭。

2.今日特餐：通常是用來標榜餐廳的特色，也是餐廳的招牌菜，不僅量多實惠，菜色的質感與價格也都設計在中等的水準。特餐中通常只會搭配湯品一起銷售，算是一種簡易的套餐。

3.兒童套餐：菜色與一般套餐大同小異，只是採份量遞減方式供應，其價格也因而降低。

4.商業套餐：適用於一般上班族用餐，其著重於方便快速及洽談公事，故設計上以精緻簡單、中下價位爲考量。

5.節慶套餐：配合傳統的節慶所設計的菜單，如聖誕節、復活節、萬聖節、國慶日等，除了價格較昂貴外，菜餚的主題與特色是其訴求的重點。

6.促銷套餐：爲宣揚各地區之餐飲文化（如舉辦加州、瑞士、法國、澳洲等美食節）或促銷當季盛產的農作物或新上市（新引進）的農產品所設計的菜單，不僅量多實惠，菜色的質感與價格也都設計在中上等的水準。

7.特殊套餐：針對特定對象所設計的菜單，如母親節、父親節、情人節等。精心別緻的菜色是菜餚訴求的重點，質感與價格當然也在上等的水準。

（三）西式總匯菜單

舉凡單點、套餐菜單中，所有餐食項目皆有的「總匯式用餐」是目前台灣民衆最喜歡、最能接受的進餐方式。因爲它的菜色齊全，又是無限量供應，加上用餐時所受到的拘束少，是它受歡迎的主因。總匯式用餐的價格實在，甚至比單點或套餐的價格划算很多，但是由於其只重視「量」的供應，而常常忽略「質」的要求，是令強調飲食健康的人士所詬病的。因爲站在飲食保健及身體健康的觀點來說，這種無限量供餐的方式，常引起人們的貪欲，進而暴飲暴食，所以並不是一個值得鼓勵及提倡的用餐方式。以下介紹幾種常見的總匯式用餐法：

1.節慶式buffet：其主要是以生日宴會、結婚喜宴、畢業餐會、年終尾牙爲主軸。所以菜單的設計是在於菜色多、數量大、經濟實惠爲主。至於菜餚的質感與價格只要在中等的水準即可。此種宴會模式，也可以應客人要求改在客人指定的場所，以外燴的方式舉辦。

2.咖啡廳buffet：咖啡廳菜單的設計主要是著重於限時、但無限量的供應模式。菜色多、數量大是訴求重點。可是菜餚的質感與價格，通常會與餐廳的裝潢成正比，若有中上的水準就不錯了。咖啡廳buffet除了供應午、晚餐外，大型的飯店也會供應早餐、下午茶、宵夜或是舉辦各類產品發表會，來滿足不同食客性質的需要，這也是 buffet多變的特色所在。

不論用在何種性質的食譜，標準化與數據化的主要目的，都是對於食材規格、食材數量、食材重量及作法都能有效控制與要求，這樣不但能準確的預估成本，更能作爲每次修正時的依據。

雖然在烹調的世界裡食譜的種類繁多，口味上也沒有絕對的唯一，但是若能建立各種不同的標準化與數據化的食譜，就能應付各種不同突發狀況的發生。就算是碰上再難纏的客人也能從容應付。總之，有效的數據越多、越完備，所能「應變與接戰」的能力就越強。

二、餐食運作流程

餐廳的營運是否順暢，除了與外場的人事調度有關之外，內場餐食製作的流程也是主要的關鍵。若未經過詳細的事前考量與籌備，要想達到營利的目標是有困難的。因此對於營運的流程，必須遵照既定的標準模式，有規律地執行方可成就。這套作業流程需環環相扣，從菜單設計、訪價、採購、驗貨、儲存、領貨、烹調製作、用餐問卷一直到廚餘處理，任何一個階段都不得出問題，因此必須審愼待之。僅見以下說明：

■菜單設計

在設計菜單時，必須考量以下因素：

1.廚房設備：不同的菜餚有不同的做法，倘若廚房裡沒有烤箱，就要避免開出需要爐烤的食物。

2.季節、產地與產量：開出的菜單內容，最好是以營養豐富、品質穩定、供應無慮、價格低廉的當季量產蔬菜爲主。若選用非當季季量產或必須仰賴進口的食物，不但品質不穩定，還會增加購取食物的成本，未必划算。

3.供餐型態：菜單的內容必須考量顧客的需要，這裡的需要應包括：顧客的年齡（老人、成人或幼童）、消費者的習慣（費用的高低）、用餐的型態（套餐、單點、自助）、餐會的性質（婚、喪、喜、慶）、消費者的職業（學生、軍人、上班族、家族聚餐）等。

4.師傅技能：「萬事具備，只欠東風」是師傅技能的最好寫照。倘若前述的項目已全部備妥，才發現師傅的技能不足、經驗不夠、不會做，那就糗大了。因此設計菜單時，最好也能徵詢廚房師傅的意見。

■訪價

「貨比三家不吃虧」是大家耳熟能詳的成語，但是在訪價的過程中，不單是要比單價的高低，更要留意食材的品質是否合乎新鮮的要求。否則只貪圖價格低、回扣多的食材，未必能吃的安心。 因此在訪價時，一定要先比食材的品質，再談食材的價格才是聰明之道。

■採購

親自採購與電話叫貨都是不錯的方法，但也都有利有弊。若經營的是屬於中小型的餐廳，其供餐人數不多、菜色少，因此爲降低食材單位的成本，最好是能親自赴市場採購，較爲划算有保障。 而中大型的餐廳因進貨的數量大、種類多，就必須考量本身倉儲設備的問題、廠商信譽的問題等。如果能解決上述的問題，爲了能縮短採購的時間，此時就得要採用電話訂貨的方式較佳。

■驗貨

檢驗到貨的名目與數量是否與訂單上的內容相同，並確實檢查食材的品質是否新鮮或有瑕疵，尤其是食材的重量有無胡亂充數的情形。若發現有可疑之處，應探求其原因，必要時仍可要求廠商退還原貨，並終止合作關係。

■儲存

食物可分爲乾性食材與濕性食材兩大類，加上其中又有些食材（如蛋品類、乳製品類），對於氣味的敏感性極高，若無隔離存放則非常容易被污染。因此諸如這兩類的食物在保存時，就必須依照其特性分開存放，否則讓食材平白無故在存放期間受損，那就太不值得了。

■領貨

當各單位的人員到中央庫房領取材料時，一定要注意領貨單上的名稱、單位、項目、需要量、時間（日期）是否有誤，簽領人是否確實註記。同時在領貨時，也能確認食材是否有變質的情形，及早發現及早反應，才不會吃悶虧。

■烹調製作

烹調製作是備製餐食運作流程中最重要的一環，因爲經過各廚房烹調製作後的菜餚，便會被送至前廳供客人食用。製作成品的好壞，直接與生意有關，因此老闆是否能賺錢，與師傅手藝的好壞有絕對的關係。

■用餐問卷

定期在餐廳內對用完餐後的客人，作整體滿意度調查，並將問卷上客人反映的事項，作爲今後檢討改進的方針，是有其必要的。

■廚餘處理

廚餘雖然都是廢棄的食物，但是若未做好妥善的處理，就直接排放至水溝內或丟棄至垃圾場內，極易引發疾病傳染的危機。因此爲維護環境的清潔與大眾身體的健康，妥善處理廚餘是有其必要的。

第二節　食譜

其實食譜（recipe）的編寫，也是智慧財產權的一部分。因爲有人就是專門以研發食譜爲職志，利用食譜的銷售來賺錢。但是話說回來，並不是每一個食譜都能深得人心，流傳千古。甚至有的食譜推出後，沒多久的時間就被淘汰了。因此在我們還不知道該如何編寫食譜時，就先來瞭解食譜應有的基本架構吧！在本節中將就「食譜的基本架構」、「食譜的編寫、功能與組成」、「食物成本」等分別說明。

一、食譜的基本架構

雖然食譜設計的主要目的是爲了滿足客人用餐需求，但對廚房工作者而言，除了要求注意烹調味美外，更要有明確的烹調指示，如菜名簡單化、食材標準化、份量數據化、做法制式化、照片圖示統一化、附註說明扼要化，才能易懂、易記、易融會貫通，有利爭取工作時效。以下就針對菜名、食材、份量、做法、照片、烹製時間、附註等項目說明如下：

1.菜名：每道菜名均應力求簡單化，使烹調者能夠清晰易懂，望文生義，迅速反應製作出菜餚。

2.食材：食譜製作的內容應與菜名相吻合，有統一標準化的食材內容，有助於廚房工作者在接獲菜單時，便能夠迅速進入狀況，執行備菜、配菜的預備工作。

3.份量：無論用餐人數多寡，只要做到標準的數據化要求，就可使份量精準、口味一致，也可以避免造成食材不足或食材浪費的狀況（以淨重計算）。

4.做法：菜餚製作流程均應制式化表列說明，絕不可以因爲某人曠職或人員出缺，就無法製作出相同菜名、相同口味的菜餚。

5.照片：食物的擺盤、裝飾與配色的方式，均可藉由照片或圖示的說明擺放出統一化的景象，這樣可避免「畫蛇添足」或「美中不足」的憾事發生。

6.烹製時間：註記每次烹調不同菜餚時，所需的備製時間，可方便日後在安排菜餚烹製的先後順序，節省時間。

7.附註：在製作菜餚過程當中，常因疏忽或忙碌等因素，會不經意的遺漏某些小動作或技巧，適時扼要化的附註說明，可以幫助菜餚在製作過程中更順利成功。

二、食譜的編寫、功能與組成

「樂譜」是由五線譜、音節與音符所組成。雖然食譜的結構不如樂譜般細膩，但是兩者在功能上卻是相同的。因此假若廚師對於食譜的編寫與組成，都能夠有充分的瞭解，在烹調之餘的時間裡，就可以自行檢討、改進做菜時的缺失及口味的調整，創造出更好、更適合人們食用的佳餚美食。以下就針對食譜的編寫、功能與組成，及其所需注意的事項分述說明。

（一）食譜的編寫

食譜的編寫主要是依照市場需求、原料供應、營養價值、適中菜量、設備符合及供餐型態爲考量。不同的供應對象（如上班族、學生）不同的供應地點（如商業區、學校園區）就必須作不同程度的調整。否則編寫出的食譜，就算是面面俱到毫無缺點，經過師傅烹煮後，依然無法讓客人喜愛接受，一切都是枉然。分述以下六點說明：

1.在市場需求方面：考量周遭用餐客源之年齡層、工作型態、生活水準、用餐習性等因素，來決定供餐的價位與供應的菜色內容。

2.在原料供應方面：在瞭解周遭環境的需求內容後，就必須實地瞭解所需食材原料的供應有無問題。待綜合評估後且肯定食物原料供應無慮，就可以開始編寫食譜，進行採購、烹調、試賣等的相關工作。

3.在營養價值方面：在營養價值方面，食譜內容的要求除必須要注意原料的價格外，也需要注意成品的賣相是否能吸引顧客上門，當然最重要的還是在營養價值方面是否能夠均衡攝取。食譜的內容應包括海鮮、肉類、蔬菜、澱粉等四種。除了考量食物的營養價值外，也須注意相同的食材，在不同季節的價格波動是否合乎成本。

4.在菜量適中方面：食譜中的另一件要項是供餐量是否適中。通常以一個成年人的食量來計算，午餐與晚餐的需要量各約420～500公克之間，其中包括了前菜、主菜、主食、配菜、甜點等所有進食項目的總重量總和（不含液態食物如湯、水、飲料、酒）。所以在準備食物的數量時，就必須先得知大概的用餐人數，再以每人每餐的食用量，估算出所需採購的食材總量，才不會造成食物過剩、人力操作及能源消耗的浪費。表6-1是針對各年齡層、工作背景及性別差異，所製作出的每餐食量概估表。

5.在設備符合方面：食譜在編寫初期必須先考量廚房內的設備，是否能夠配合操作製作，以及廚師的工作能力是否能夠勝任。

6.在供餐型態方面：食物製備完成後的供應方式必須審慎的考量，擺盤式樣、餐廳情境的取決走勢，都會影響銷售的成效。

表6-1　各年齡層之每餐食量概估表

	男生	女生	備註
幼童	180～200公克	180～200公克	6歲以下
小學／老人	300～380公克	280～320公克	1-4年級／65歲以上
中學	380～400公克	350～400公克	5、6年級～國中
大學	400～450公克	380～420公克	高中～大專院校
成人	420～450公克	380～420公克	20～64歲
勞動者（軍人）	450～500公克	420～500公克	※

資料來源：慶亞不鏽鋼工業有限公司

（二）食譜的功能

食譜的主要功能有：

1.決定用餐的方式。
2.記載烹調過程的準則。
3.滿足視覺與味覺的需求。
4.提供檢驗的憑證。
5.控制進貨成本的基本資料。
6.採購設備的參考。
7.修正餐廳的經營模式。

（三）食譜的組成

一份食譜就是一道菜的做法，其內容應包括供餐人數、主菜、主食、配菜、醬汁等的做法及裝飾選材，以下僅就組成的部分分述說明：

1.主菜：在西餐當中主菜通常是指肉類、海鮮魚類爲主，其要求的重點是產品的賣相、展現烹調技巧及主要營養的來源。
2.主食：主食主要是以澱粉類的食物爲主，如馬鈴薯、麵食、米飯等。上盤時可依照菜餚的設計及擺盤要求預先製成泥狀、顆粒狀、規則塊狀等外型供應來搭配主菜享用。主食在盤中的功能除了搭配主菜之外，最主要的目的還是供給身體活動所需的熱能。
3.配菜：配菜通常是指蔬菜類的食物，不論是生鮮蔬菜還是煮熟的蔬菜，都可以用來搭配主菜佐餐，有時主廚也會選擇一些新鮮的水果入菜來增加食的多變與食的趣味。配菜的功能有平衡營養所需、綜合味覺刺激、降低食物成本、增加色澤妍麗、提升感官質感。
4.醬、汁：醬、汁的功能有幫助消化（刺激味蕾、釋出唾液）、促進食欲（增加色澤的對比或協調）、襯托主菜（提升菜餚質感）、均衡營養等。

5.裝飾：裝飾菜餚時通常會選用與盤中食物相同性質的新鮮香料或加工製品來作爲點綴的功效，若裝飾得宜除了能提升盤菜的質感也會有畫龍點睛的震撼效果，裝飾物的香氣也可以刺激食用者對食的欲望。

三、食物成本

會影響食物成本的因素，基本上可分爲外在因素與內在因素，其中包括不可抗拒的天災與人爲疏失所造成的人禍等的因素。以下就外在因素與內在因素兩點分別說明。

（一）外在因素

會影響食物成本的外在因素有天氣因素、季節因素、產地因素、運送進貨因素、特殊因素、餐廳地點、餐廳等級等七項。

1.天氣因素：異常天氣變化所引起的天災，常會造成食物價格的飆漲。尤其是在颱風過後，蔬菜類食物的價格往往會超過平時的數倍之多。

2.季節因素：蔬菜價格與季節交替息息相關。採用當令蔬菜不但新鮮味美、價格便宜，其營養價值也是最佳的時候。反之，若選用非當令蔬菜，除非循進口管道，不然其營養價值與價格都不是很理想。

3.產地因素：因地型、氣候等因素，有些蔬菜在台灣並沒有種植而必須完全仰賴進口，因此在價格上會昂貴些。

4.運送進貨因素：食物未按規定包裝、擺放，往往會在運送過程中遭受到不當擠壓、碰撞而導致嚴重耗損。

5.特殊因素：政府決策不當造成政治的不穩定或引發戰爭，都會使物價暴漲。

6.餐廳地點：餐廳選址若選在地價高的地段（辦公商業區、觀光風景區）導致成本增加也會因此提高食物售價。反之，若設在食物的產地如漁港、菜園則會降低售價。

7.餐廳等級：餐廳裝潢的格調高低對於食物售價的訂定有絕對的影響。例如，路邊攤的牛肉麵價格約在八十元上下，但將這碗牛肉麵的銷售地點改在五星級飯店內，其售價可能就在三百二十元左右。

（二）內在因素

會影響食物成本的內在因素則有烹調、儲存、錯估產品數量、製備、剩食處理、員工行為、服務失常、用料取材等八項因素。

1.烹調因素：食物取量不一，烹調方式錯誤、食物焦化或軟化過度、看錯菜單都會增加食物成本。

2.儲存因素：未將各類食材按照儲存溫度及規定分類儲存，造成食物快速敗壞也會增加食物成本。

3.錯估產品數量因素：進貨產品數量的多寡均會造成食物成本提高，進貨產品數量太多無法完全消化使用又無多餘的儲存空間，勢必會造成浪費。進貨產品數量太少，不夠烹調使用時，則需另外叫貨，無形中便增加運費的支出及時間的浪費。

4.製備因素：食物處理的技術不佳或是食材的認知不清，往往會在烹調前便削去或耗去過多的可食及可用部分，造成食物浪費及增加食物成本。

5.剩食處理因素：所有的剩餘食物或食材並非全無價值可言，有些可以回收用做高湯的製作，有些則可以用來急速降低油溫（如削下的馬鈴薯皮）。所以任意丟棄剩餘食材，有時也會增加食物成本。

6.員工行爲因素：員工的不當行爲如偷吃食物、偷竊新鮮食材都會增加食物成本。

7.服務失常因素：外場服務生送錯食物、打翻食物甚至錯誤開單都會增加食物的成本。

8.用料取材因素：未按規定份量及既定材料內容，任意抓取使用或無端提供親友點購以外的菜餚、飲料，都會導致食物成本增加。

表6-2爲營運成本之概述。

表6-2 營運成本概述

項目	組成結構
營運成本	餐廳營運的成本是由「食物原料」＋「能源消耗」＋「設備折舊」＋「員工薪資」＋「維修管理」＋「上繳稅金」等要項所組成。扣除這些開銷後，才是經營者實際所獲得的利益。
銷售金額	餐食銷售價格的訂定必須考量「營運成本」＋「經營者利潤」＋「店面裝潢」＋「服務品質」＋「用膳質量」等要點。
經營模式	客人上門用餐的主要因素有「烹調的食物美味」＋「銷售的價格實在」＋「親切的服務品質」。

第二篇　食材篇

「食材」顧名思義是指所有可以吃的東西。這些東西包括了天上飛的、地上爬的、樹上住的、水裡游的、會動的動物與不會動的植物等皆是。沒有人正式統計過地球上一共有多少種東西可以吃，但是對於中國人而言，除了「四隻腳的桌子」與「兩隻腳的人」不吃外，好像沒有什麼不吃的。

不管是哪一國人，談到食材時每個人多多少少都能舉出個百八十種，但在本篇中無法一一介紹描述所有的食材，因此僅就西餐烹調中常見與常用的香料、調味料、蔬果菜類、肉類、水產類、蛋品類、乳製品類、油脂類、保存性食品類等食材，分述於本篇中的第七、八、九、十、十一、十二章。

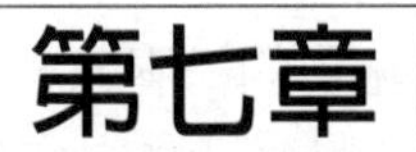

第七章

香料、調味料

- 香料
- 調味料

有些食物帶有特殊的氣味，在烹調前或烹調中其氣味都會令人難以接受（如牛肉的血腥味、羊肉的羶腥味、麵粉的粉腥味、海鮮的腥臭味……），但經過加熱、烹調放入香料及調味料後，卻又成爲令人食指大動的美味佳餚，可見得廚師要懂得善用香料及調味料入味才算得上是專業廚師。

在烹調中放入香料、調味料最主要的目的是爲了提升菜餚的美味，改變菜餚外觀的顏色及增加風味，這樣可使原本腥味很重的食物，能夠搖身一變成爲桌上的美食。而香料、調味料能帶給菜餚成品的最大功效，就是滿足食的欲望、去除腥味與臭味、提味賦香、刺激開胃、染色、防腐抗菌、裝飾等。

由於香料、調味料具有以上的效能，往往會被人誤認爲，用量越多其效果越好的錯誤觀念。因此不論是用在西餐還是烘焙，在使用時都必須適量取用，避免因過量使用香料及調味料，而壓抑或掩蓋住食物本身的原味，這樣就失去食物烹調的本身意義了。

第一節　香料

在近年來的餐飲世界中，出現了些酷愛享用食物原味的食客，因此往往會要求生吃食物，以獲取更完整的營養及原始的美味。因爲這些饕客們認爲，經加熱烹煮過後的食物，已喪失多數的營養，不能保有食物應有的質感與味道，甚至會厭惡經加工過後的調味食品。

雖說如此，但要知道完全未經處理的生鮮食物，背後仍隱藏許許多多可怕的殺手。例如，蔬果菜類中殘留的農藥、傳染性病菌的感染、動物體內中施打後仍未分解的抗生素、不當處理生食與熟食食物時所產生的交替污染等。況且完全未經處理的食物味道，並非是只談營養、注重原味的饕客就能接受。

爲解決上述餐飲安全與食品衛生的問題，又能安心的享用食物的美味，只要能善用香料多重的神奇功效，便可輕易的迎刃而解，因此香料的重要性便不言而喻。

根據資料統計，約有95%以上的香料來源，都是來自於植物的種子、果實、花蕾、葉、皮及其根莖部。有些香料在採收後可直接烹調入味，有些香料則必須經過加工、處理、乾燥後，才能顯出特殊的氣味。不論如何，新鮮的香料與乾燥的香料其基本作用都是一樣的。

香料之間的價格差異極大；有的隨手可得如八角（star-anise）、胡椒粉（poivre），有的卻貴如黃金，如藏紅花粉（safran）。影響價格差異的因素除了香料的特性、種植的環境、生長的因素、採收的方式、收成的數量、儲存的難易度外，最主要的因素還是物以稀爲貴的市場定律。

依照香料的特性，雖可分爲辛辣的、賦香的、甘甜的、矯臭的、染色的等五大類，但是也有些香料同時具有多種的功效。所以廚師在烹調使用香料時，若無法事先充分瞭解及掌握香料的特性，很可能會弄巧成拙，製作出令人反胃的菜餚。

其實不論是辛辣、賦香、甘甜、矯臭或染色用的香料，在烹調上都被廣泛的使用。但若是用在烘培的製品上，就必須格外小心的愼選處理，否則一但用錯香料，製作出的成品味道說不定會令人啼笑皆非、哭笑不得的。以下就依照常用的香料、珍貴的香料、覆合式香料、共通性香料分別解釋說明。

一、常用的香料

■百里香

百里香（thym）產於地中海沿岸，是法國料理的必備香料，不僅用做各類烹調，也可製作臘腸或作爲花茶沖泡，其淡淡的花草香味被接納程度可說遍及所有階層，其效用也有止咳、化痰、防腐、抑菌的功效。

■蝦胰蔥

蝦胰蔥

蝦胰蔥（ciboulet）又稱為細香蔥，其外型與青蔥相似，但體積卻細小、約為青蔥的十分之一，味似洋蔥，大多用於裝飾或沙拉、蛋、乳酪、濃湯等。

■月桂葉

月桂葉

月桂葉（laurier）產於地中海沿岸味清爽芳香，但稍帶有苦味。其效能有減緩肉類及蔬菜類的生腥味，常用於燉類的烹調食品上，如製作肉醬、高湯、清湯、濃湯、燴羊肉等。由於月桂葉本身帶有苦味，不宜烹煮太久，所以烹調超過一小時後便可取出，以免影響到菜餚的美味。緩和疼痛、放鬆神經、治療皮膚病、健胃、驅蟲，甚至用來裝飾（月桂冠）都是月桂葉的功效之一。

■九層塔

九層塔（basilic）又稱為羅勒，帶有濃郁的草藥芳香的九層塔，非常適合用來搭配魚肉類食物，尤其是在義大利菜中使用最多。九層塔在炸過後，草藥的味道更為獨特芳香，在享用台灣小吃的鹽酥雞時，它是不可缺少的必備香料。九層塔除了用來開味之外，也具有鎮咳、健胃、驅風寒的功效。九層塔的原產地為印度，不過在台灣也有普遍栽種。在法式料理當中，常會將九層塔炸得平直、酥脆，用來作為盤中的裝飾，這樣不僅可以增加菜餚的質感，也可兼顧開胃的功效，可說是一舉兩得。想要將九層塔炸得平直、酥脆並非容易的事，除了必須精確掌控油的溫度外，更需要熟練的技巧配合及利用輔助器材才可以達到。

九層塔

■巴西力

巴西力（persil）又稱爲荷蘭芹，產於地中海沿岸，其味香與搗碎的綠草香味類似，多用來裝飾用，有時也會切碎拌入奶油內，也可直接撒在盤上點綴，其效能有去除口臭、蒜臭、利尿等。

巴西力

■迷迭香

迷迭香（romarin）原產於地中海沿岸的石頭上，其香氣持久不散，味如茶葉，由於義大利有大量的種植，故其菜餚製作也較偏好使用，特別是用來醃漬羊肉、牛肉，因爲這樣燒烤出的風味特別引人垂涎，其效能可幫助消化、促進新陳代謝及安定神經、緩和情緒等。

迷迭香

■辣椒

辣椒（piment）種類極多，產地遍及全世界，其辛辣味程度剛好與體型成反比，體型越小、皮越薄的越辣，常見的辣椒有紅辣椒、朝天椒、青辣椒等，其效能有殺菌、去霉、發汗。

辣椒

■生薑、黃薑粉

生薑、黃薑粉（curcuma gingembre）原產於東南亞地區，其味清新帶辣，多爲世人所接受，除了用於烹調外，可用來製成薑餅、薑糖、薑酒、薑茶等製品。其功效可驅寒、健胃、解毒、去腥、除臭、助消化等。

生薑、黃薑粉

■八角

八角是中國特產的香料，由於其氣味濃郁、甘甜，深受中國人的喜愛，故常用於中式滷製食品的製作，八角的外形呈放射狀且剛好有八個角，故稱爲八角。

八角

■大蒜

大蒜（ail）主要產於中亞、中國與美國等地區，其味辛辣刺鼻，歷久不散，非一般人所能接受，但卻是義式料理及中國料理最常用的香料之一。根據醫學實驗報告指出，從蒜頭中萃取出的蒜精，可在極短的時間內殺死細菌，或有效抑制病菌滋長，所以多吃大蒜是有益身體健康的。蒜頭的特殊香味，並非是人人喜愛，有些人甚至是敬而遠之。但這種惹人討厭的氣味，只要經過加熱的過程（炸、煮、炒、蒸）便會消去，取而代之的反而是甜甜的味道。反之，若將蒜頭直接切碎（末），暴露於空氣中，則蒜腥味會更加的濃郁，這是因爲蒜頭中的酵素成分會因熱而分解的緣故。因此只要經熟成後的蒜頭，就不會有辛辣的氣味了。蒜頭的功效有開胃、去腥、除臭、健胃、整腸、殺菌、抑菌、驅蟲、禦寒等作用。

■香草

香草（vainille）原產於墨西哥，其濃郁芳香的氣味歷久不散，由於香草的使用極爲廣泛，遍及所有烹調及烘焙、冰品製品，因此常會以不同的外型銷售，如香草棒、香草粉、香草液及香草糖精等，其效能可增加甜度，減少糖的使用量。

■元荽

元荽（coriandre）又稱爲胡荽、香荽，主產於地中海及歐洲，盛行於中國、東南亞等地，是製作咖哩粉的原料之一。其味如橘皮，適合燉煮類食品，可與丁香、大茴香混和使用。對於台灣小吃中的米粉湯、肉圓，是不可或缺的香料，其效能有健胃、幫助消化、除口臭及消除魚肉腥味。

二、珍貴的香料

■茴香

茴香（fenouil）原產於南歐，常用於烹調魚、貝類料理，或放入法式麵包（塔、派）內烘烤。也有人喜愛它的特殊外表，會用它作爲裝飾品，有時用來作爲調味醬（美奶滋）中的配料也不錯。

■小茴香

小茴香（cumin）原產地埃及，帶有微微辛辣刺激性的香、澀、苦味是其特有的特色，同時它也是製作咖哩粉不可缺少的香料之一，在烹調中常被義大利菜、墨西哥菜選用。其效能有健胃、幫助消化、緩和情緒。

■大茴香

大茴香（boucage anis）產於印度及南歐，味似甘草，可製成茴香酒或用於烘焙製作。其效能有除臭、開味、幫助消化、止咳、化痰。

■小豆蔻

小豆蔻（cardamone）原產於印度、斯里蘭卡，是一種價格昂貴的香料，有著樟腦般的氣味是它的特性。小豆蔻也可搭配其他的香料一起使用，尤其是用在烘焙（蘋果派）及甜點（布丁）上，所得到的效果更爲明顯令人喜愛。

■匈牙利紅椒粉

匈牙利紅椒粉（paprika）是將乾燥後的甜紅椒研磨成粉製作而成，所以本身並不辛辣反倒是有甜甜的感覺。主要的用途除了調味外還可以當作調色劑。

■丁香

丁香

丁香原產於印度，其味甘甜、辛辣帶點苦澀，可用於肉、蔬菜、醬汁等燉燜式烹調。它常與八角一起使用，有時也可將其磨成粉狀，摻入烘焙製品內烘烤，當作芳香劑使用，是一種用途極廣的香料。其效能有防腐、抗菌、除臭的作用。

■茵陳蒿

茵陳蒿

茵陳蒿（estragon）又稱做龍蒿草，主產地於法國，香氣獨特，是法國料理中最常使用的香料之一，尤以焗烤時搭配奶油使用，味道最美，著名的諾曼地焗蝸牛就是使用茵陳蒿來搭配，它也可浸泡於白酒或白醋中，製成茵陳蒿酒或茵陳蒿醋，用來製作生菜沙拉醬及醃浸魚肉類，也算是極上選的口味，其功效有開味、健胃、驅蟲、矯臭等功用。

■藏紅花粉

藏紅花粉

藏紅花粉（safran）產於法國、西班牙，由於採收（用毛筆沾取花的雌蕊）及種植極爲不易因此售價昂貴，有黃金香料之稱，可用於海鮮類、醬汁等烹調。除特有的苦澀香味外，最常用來當染色劑使用，法國名菜「馬賽魚湯」就是一例。其效能有止咳、禦寒、利尿、解毒等功能，惟孕婦不得食用，因爲藏紅花對女性而言，也有催經的作用。

■杜松子

杜松子

杜松子（genevrier commun）產於東歐，味麻辣刺激，搭配德國酸菜、豬腳及火雞、鴨肉是不錯的料理方式。其效能有幫助消化、利尿、殺菌、健胃、禦寒等功效。

■奧利崗

奧利崗

奧利崗（origan）又稱爲花薄荷，原產於地中海沿岸的國家，濃郁強烈的氣味是它的特性，義大利人特別喜歡這種香料，故廣泛的使用在各類的烹調上，如製作披薩、肉醬麵或製成油醋調味生菜，奧利崗也有抑菌、去除魚肉腥味的作用，同時它的香氣對於情緒的緩和、鎮定精神，都有一定的功效。

■肉豆蔻

肉豆蔻

肉豆蔻（muscade）是果實類的核仁部分，其味清新、甘甜、微辣，主要產於斯里蘭卡、摩鹿加群島、格瑞納達等地。用於烹調時，常會加入肉腸、肉餅、肉丸內作爲調味佐料，若用於烘焙中則會將甘甜的特性摻入蛋糕、麵包、餅乾、餡餅內，以增添產品風味。其效能有穩定情緒、治療皮膚病、支氣管炎、風濕痛等功效。

■鼠尾草

鼠尾草

鼠尾草（sauge）原產地爲希臘，外型特殊，尤以絨毛般的葉部最爲奇特，同時也是可食用的部位，其氣味與青草類似但略帶辛辣味，在義式烹調中被廣泛使用，至於用法也如同台式烹調中的青蔥，被使用在魚肉類上及臘腸的製作，其效能是可去除肉腥味，對人體也有幫助消化及解熱的功能。

■肉桂

肉桂（cinnamon）產於印度、斯里蘭卡，味清香、甘甜、微辣，是乾燥後的樹皮製作而成。可用於咖啡、紅茶、餅乾、滷味及蘋果派的製作。其效能有健胃、驅寒、解熱、防腐。

■蒔蘿草

蒔蘿草（dill）產於地中海沿岸，氣味芳香，但極具刺激性。適合肉類烹調、沙拉製作、醃製泡菜，其效能有健胃、整腸、緩和情緒、矯臭等功效。

■馬郁蘭

馬郁蘭（marjolaine）又稱爲瑪鳩莁、馬佑蓮或牛膝草，它產於地中海的沿岸。甘甜紮實的香味，除了可用來製作各類的烹調（沙拉、醬汁、奶油、醃漬酒醋、醃漬魚貝類、燻烤、摻入麵團），對於緩和人的情緒、治療風濕、放鬆肌肉、消毒、解毒，也有相當的療效，因此會將馬郁蘭放入枕頭、浴缸內或摻入酸痛貼布內，就是這個道理。在烹調上的效能有增添香氣、防腐、抑制羶腥味等功用。由於馬郁蘭燠熱會散失香味，所以待烹調快結束時再放入即可。

■山葵

山葵（wasabi）原產地日本，是由根部製成的香料，其味辛辣刺激、嗆鼻，有日式芥末醬之稱，食用時多摻加醋或醬油，來緩和嗆辣的感覺，一般用來搭配海鮮、生魚片的使用。其效能也有抑菌、健胃及麻醉的功效。

■鬱金香粉

鬱金香粉產於印度、南亞地區，色澤金黃、味苦，是咖哩粉的主要原料之一（占20%），使用時大多取其顏色鮮艷的優點，染製一些食物如黃蘿蔔，其功效爲調色。

三、覆合式香料

■四香辛粉

四香辛粉（guatre epices）是法國特有的混和性香料，是由辛辣香料（辣椒）、肉桂、丁香及肉豆蔻混製而成，常用於鹹派餅類的製作。

■五香粉

五香粉（cinq epices）是中國傳統香料，是由八角、丁香、茴香、陳皮、甘草、山椒及肉桂混製而成，多用來滷製中式食品。

■百味胡椒粉

百味胡椒粉（allspice）又稱爲甘椒，產於古巴、亞買加，色呈褐黑，無辣味。可用於魚、肉、蔬菜、醬汁等烹調。由肉桂、肉荳蔻、丁香等香料混合而成，其效用有殺菌、抑菌、幫助消化。

■咖哩粉

咖哩粉（gurry powder）是一種混合性香料，它是由鬱金香粉、辣椒、生薑、胡荽、小豆蔻、芥末、鼠尾草、丁香、肉桂等十多種的香料混製而成，其味特殊。雖然咖哩粉盛行於中南半島上的印度與泰國，但卻是由英國人研製而成。

■香料束

香料束（bouquet garni）是將青蒜、紅卜、西芹、洋蔥、月桂葉、百里香、巴西力等香料綁在一起於製海鮮、畜肉類等的烹調，其效能除了能去除腥、臭味外，還能添加菜餚的風味。

七味辣椒粉

■七味辣椒粉

七味辣椒粉（shichimi）是日本特有的香辛辣椒粉，它是由辣椒粉、青海菜、陳皮、芝麻、芥菜子、大麻子、山椒粉等七種香料組成，較常出現在冷盤料理中。

四、共通性香料

芥末子

■芥末

芥末（moutarde）產於南歐及中東一帶，刺激性的香甜麻辣味，是它獨特的風味。食用時若不注意很可能會嗆到鼻子、淚流滿面。芥末一般是搭配肉類食用，尤其是吃熱狗的時候都會添加些黃色的芥末，製作醬汁時也會放入，可算是最普遍的香料之一。

薄荷

■薄荷

薄荷種類繁多約有三十餘種，主要產於地中海沿岸，味道清香乾涼，常用來製作沙拉佐醬、擺盤裝飾及蛋糕裝飾、醃製食物等。其效能有健胃、矯臭、去口臭、幫助消化、解熱、緩和情緒。

■黃汁粉

黃汁粉（demi-glaces）是將濃縮的牛骨高湯，加工後製成粉末狀，它適用於各種肉類烹調或醬汁製作。因製造時以加入了澱粉及鹽分，所以使用時切勿過量，否則製作出的成品會過鹹、過稠。

■白胡椒、黑胡椒、青胡椒、紅胡椒

白胡椒（poivre blan）、黑胡椒（poivre noir）、青胡椒（poivre vert）、紅胡椒（poivrerouge）主產於錫蘭、印度，味香純、辛辣。適用於各種紅、白肉類及魚肉海鮮的烹調，使用地區遍及全世界。

黑胡椒粒、白胡椒粒、黑胡椒碎

1.黑胡椒是將未成熟的胡椒粒於採收後烘乾，再製成的胡椒稱爲黑胡椒。
2.白胡椒是將已成熟的胡椒粒在採收後烘乾脫去外皮，則稱爲白胡椒。
3.青胡椒則是將未成熟的胡椒粒浸泡於酸性液體內，色澤偏綠色，故稱爲青胡椒。青胡椒的實際用途並不多，大多是用來裝飾。
4.紅胡椒雖然與黑、白、青胡椒同屬胡椒科，但卻不同種。它多用來裝飾或配色。紅胡椒是完全成熟後，再採收下來，此時胡椒粒的色澤偏紅，待烘乾時則稱爲紅胡椒。

胡椒的用途極廣，幾乎遍及所有的中、西、日式料理，使用時只需注意是否會影響菜餚的顏色即可，由於胡椒的辣味來自於表皮，故未去皮的黑胡椒粒較辣，又整粒胡椒的辣味大於粉末的胡椒，這是因爲胡椒的辣味容易散失在空氣中，所以胡椒待要用時再磨成粉最好。

■雞精粉

將濃縮的雞骨高湯，製成粉末狀，適用於各種白肉、魚類烹調或醬汁製作。因製作時以加入澱粉及鹽分，所以使用時切勿過量，否則製作出的成品會過鹹、過稠。

第二節　調味料

「調味料」顧名思義就是用來調味食品用，其種類包括鹽、糖、醋、味精、醬油等。其中味精雖然是由小麥或黃豆所提煉出，但它卻是一種含鈉的化合物，吃後會有口乾舌燥、輕微暈眩的感覺，若長期食用將對人體造成傷害。其實在西餐烹調中，幾乎是不放味精的。而醋及醬油將其歸類在保存性食品類中作介紹，因此在本節中就不作討論。

調味料的主要功用其實就是刺激唾腺、分泌唾液、促進食慾、幫助消化。但若攝取過多也會出現反效果，甚至引發危及生命安全的疑慮。以下僅就鹽、糖兩項分述說明：

一、鹽

鹽是礦物質的一種，說得上是烹調中最爲重要的必需品。烹調食物若忘了放鹽，就如同畫龍忘了點睛而有些缺憾。但是過多的鹽也可能會造成無法下嚥，更會引起身體機能失調，這是因爲鹽會吸取血液中水分的緣故。

用餐時若攝取過多的鹽分，會使血液的濃度增加，若長期的飲食習慣都未作調適，則結果將會導致高血壓的病症。所以鹽分攝取量要特別控制，尤其是在冷食及沙拉調理時更要注意，因爲鹽分的鹹味會隨著溫度改變而改變，溫度越低鹹味越重，反之溫度越高鹹味越淡。

（一）鹽的種類

鹽的主要成分爲氯化鈉，會因爲結晶體的不同、用途的差異而展現出不同的外貌。例如，顆粒細小的食鹽、色澤帶黃的粗鹽及泡澡用的浴鹽等。

（二）鹽的功能

鹽除了是人體不可或缺的營養素外，還有其他的神奇功能，分述如下：

1.稀釋食物中的鹽分：本身若是帶有高鹽分的食物（如榨菜），必須事先做稀釋鹽分的處理，不然它過高的鹹度是無法在烹煮後食用的。因此要將食物中的鹽分稀釋出，必須藉由性質相同的低鹽分鹽水，才能稀出鹹味降低鹽分，待兩邊鹽度相同時，釋放及吸收的動作就會停止；若食物的鹹味仍高，只須再更換一次低鹽分鹽水就可以了。

2.拖乾水分：鹽除了會吸取血液中的水分外，也會脫乾食物中的水分。這種拖乾水分的作用，有時也可以用來作爲乾燥劑，保存食物。倘若鹽中的水分太高，可放入鍋中略炒，就可以將水分蒸發，同時也可以延長鹽的使用期限。

3.魚類保鮮：鹽有抑制酵素分解及幫助魚蛋白凝固的作用，而當酵素遭到抑制時，細菌就不易繁衍。所以使用足夠的鹽可使魚蛋白質加速凝固，防止魚體變質發臭腐敗。

4.防止酵素分解：當食物中的氧化酵素與空氣接觸時，就會產生褐變的現象，所以去皮後的蘋果、香蕉、楊桃可以浸泡在低鹽分的鹽水中，就可以防止褐變現象的發生。

二、糖

調味料中的糖用途極廣，它不僅涵蓋國內所有的烹調飲食，更是全世界使用率最高的調味料之一。糖除了食用外也可以製作出各式各樣的裝飾品等，甚至在法國的烹調領域中，還將糖製作成一件件極具觀賞價值的雕塑品。當然在中國的傳統民俗技藝中，也有畫糖與吹糖的功夫。可見不論是生活在東方的亞洲人還是西方的外國人，基本上對於「糖」的接受度都是最高的。

糖可以使人對於食物的味道增加好感，但是過度的食用也會造成身體的負擔，進而引發疾病的危機。因此建議大家儘量取用少量的糖分。

（一）糖的種類

一般常見的糖有很多種類，其用途與甜度都不同，例如，西式烘焙常用的細砂糖與中式點心製作所使用的紅糖就不一樣。基本上糖的種類可以用兩種方式分類，一爲以形體來分，一爲以取得方式來分。

若以形體來分，可將糖分爲液體糖及固體糖兩類：

1.液體類：液體類的糖有加工過後的糖蜜、焦糖、轉化糖漿、葡萄糖漿與麥芽糖漿；天然的糖則有蜂蜜，這些都是屬於高濃度的糖漿。
2.固體類：固體糖的種類有細砂糖、粗砂糖（蔗糖）、糖粉、紅糖、冰糖及翻糖等。

若以取得方式來分，可將糖分爲提煉與水解兩類：

1.經由甜菜或甘蔗提煉方式所得到的糖有甜菜糖、蔗糖、糖粉、紅糖、轉化糖漿。
2.經由澱粉水解後所得到的糖有葡萄糖粉及葡萄糖漿。

3.經由麥芽酵素（麥穀類）水解後得到的有麥芽糖漿。

4.經由蜜蜂採集而來的天然糖漿、蜂蜜。

（二）糖的功能

在日常生活中，人們對於糖的喜愛與需求是不分地區、年齡與性別的。因爲有糖的存在，使得人們的口慾變得更多元化，對於食物風味的要求也就更加挑剔。基本上，糖在日常生活中常見的功能有：

1.提供食物的甜味與香味。

2.提供人體所需的營養與熱量。

3.提供產品外觀的顏色（糖經加熱後會產生焦化作用及褐變反應）。

4.增加麵包的口感（咬勁）。

蔬菜與水果

- 蔬菜的分類
- 蔬菜的營養與存放
- 水果

植物類中的蔬菜與水果，是人類生存不可或缺的重要條件之一。那是因爲蔬菜與水果中所含的營養成分及其種類，足夠維持人類健全的生長與發育。也就是爲什麼只聽到有人說，自己從小到大只吃「全素」，是一個標準的素食主義者，卻從未聽說過有人說自己能長期食用「全葷」而不生病住院的。可見蔬果的價值與重要性。

在西餐烹調中，雖然蔬果菜類是處於配菜的角色，但是卻有舉足輕重的地位。比如說若單單擺放一塊牛排（主菜）於盤中，卻不搭配任何附菜（蔬菜、穀類、水果）會讓人有食不下嚥、油膩的感受。相反的，若增加些帶有豐富營養與色彩的蔬果菜類一起進食，則會有食指大動、垂涎三尺、迫不及待的欲望。因此在本章中將要介紹如何辨識新鮮蔬果的種類、選購、儲存的要點。

第一節　蔬菜的分類

蔬菜的分類主要是依照外型的差異來分。例如，根類蔬菜的外觀通常呈圓柱體塊狀，形體飽滿多汁是其特色，如紅蘿蔔、馬鈴薯、地瓜等皆是。而莖類蔬菜的外觀則是屬於細長管狀或是圓體狀，同時也長有很粗的纖維素外皮來作爲保護，例如，西洋芹菜、蘆筍、洋蔥等。瓜類蔬菜則有中空、體圓、表皮光滑的共通特性，如青椒、茄子、番茄、冬瓜、胡瓜等。至於葉菜類則有肥大的葉身爲其特點，如菠菜、白菜、包心菜等。還有矮小的菇菌類、球狀的花菜類、粒狀的種子類、生在長水裡的海帶類等，皆是蔬菜的種類。

一般而言，在衆多的根、莖類蔬菜中（葉菜類除外），除了洋蔥、蒜頭、紅蔥頭等需要用小刀挑去外皮外，其餘的根類蔬菜都要使用削皮刀削去外皮。以下分別以根類蔬菜、莖類蔬菜、果實類蔬菜、葉菜類蔬菜、莢豆類蔬菜、菇蕈類蔬菜、花菜類蔬菜、種子類蔬菜、海帶類蔬菜等，圖文對照說明之。

一、根類蔬菜

一般來說根類蔬菜多含有澱粉質、維生素C及纖維素的成分，可產生提供人體所需的熱量及幫助消化。例如，胡蘿蔔含有大量的胡蘿蔔素，吃入人體內可轉變爲維生素A直接供人體使用。常見的根類蔬菜有胡蘿蔔（carrot）、白蘿蔔（radish）、生薑（ginger）、地瓜（sweet potato）、蕪菁（turnip）、牛蒡（great-burdock）等。

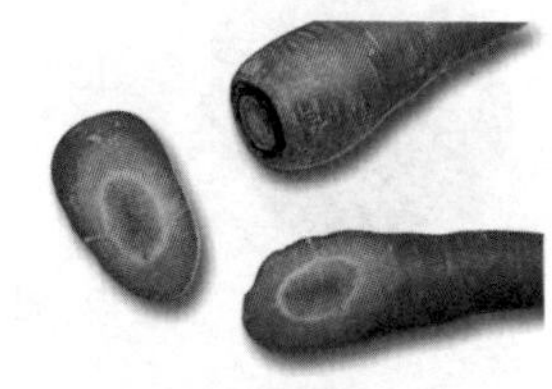

胡蘿蔔

地瓜

二、莖類蔬菜

莖類蔬菜又可分爲直立的管狀莖、埋在地下的球莖與塊莖、帶有球狀薄膜的鱗莖、長在地表與地底之間的嫩莖、生長於潮濕有環節的根莖等。

■管狀莖類

管狀莖類的蔬菜外型直立細長呈水管狀，其中以常見的西洋芹（celery）、中芹（chinese celery）、青蒜、青蔥（spring onion）、韭菜（chinese chives）、蝦朠蔥等爲代表。

青蒜

■球莖與塊莖類

顧名思義球莖與塊莖類的蔬菜兩者都有圓體狀的外型，內含豐富的營養。不同之處是塊莖類的蔬菜外表帶有芽眼，可藉由芽眼種植出新的幼苗。其中馬鈴薯（potato）有著極豐富的營養成分，所以在法文中才會形容馬鈴薯爲「大地的蘋果」（pommes de terre），可見它對西方人的重要性。

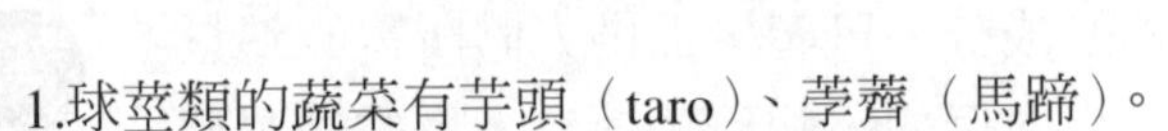
1.球莖類的蔬菜有芋頭（taro）、荸薺（馬蹄）。

塊芹

2.塊莖類的蔬菜有塊芹、芹菜根（celeriac）、馬鈴薯。

■鱗莖類

鱗莖類的蔬菜外型雖然也是圓體狀，但是其結構較爲特殊，它們有著魚鱗片狀的層次，汁液大多具有刺激的性質，若接觸到眼睛則會有淚流不止的現象。這是因爲鱗莖類蔬菜含有揮發性蔥素的緣故，因此，在切割前只要將這類蔬菜先浸泡於冰水（冷水也可以）中三至五分鐘，壓制揮發性蔥素後，再行切割就可以減輕其刺激性質。鱗莖類的蔬菜有洋蔥（onion）、珍珠洋蔥（rickling onion）、紅洋蔥（red onion）、蒜頭（garlic）等。

洋蔥

■嫩莖類

嫩莖是指剛長出地面的莖類蔬菜而言，這類蔬菜通常有著堅硬的外皮包覆，外型略呈圓（長）形錐體狀，是屬於涼性的蔬菜。嫩莖類蔬菜有竹筍（bambooshoot）、綠蘆筍（green asparagus）、白蘆筍（water asparagus）、劍筍（asparagus lettuce）、茭白筍（water bamboo）、菱角（watre chestnut）、球狀朝鮮薊（globe artichoke）等。

麻筍

■根莖類

根莖類蔬菜主要是指蓮藕而言，它的生長環境是界於地表與地下之間的軟泥地內，與其他莖類蔬菜都不同。蓮藕的外型有如香腸，呈現一節一節的外觀，這是因爲節上的「側芽」再生長出另一新節的緣故。橫面切開後會發現莖內的結構呈蜂巢狀，這是蓮藕最爲特別之處。

三、果實類蔬菜

果實類（瓜類）的蔬菜種類繁多，它們都是由植物的成熟子房所構成，在外型、顏色及形體的大小，彼此間的差異都非常大。其主要營養成分包括了維生素群A（保健視力、強化骨骼發育）、B1（脂肪代謝）、B2（修補細胞）、B6（防止動脈硬化、貧血）、C（增強體力）、K（加速血液凝固）、P（強化毛細血管）。大衆所熟悉的果實類蔬菜有青椒、有色（黃、橘、紅）甜椒（sweet pepper）、秋葵（okry）、茄子（egg plant）（蛋茄）、玉米（cron）、番茄（tomato）、苦瓜（bitter gourd）、筍瓜（courgette）、胡瓜（butternut squash）、南瓜（pumpkin）、冬瓜（eax gourd）、小黃瓜（cucumber）、絲瓜（vegetable sponge）等。

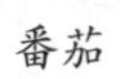

番茄

澎湖絲瓜

四、葉菜類蔬菜

歐美人士所吃的蔬菜種類其實並不多，也比不上台灣所種植的蔬菜種類之齊全，因此在西餐烹調上，常用的葉菜類蔬菜也只有菠菜（spinach）、青花菜（green broccoli）等幾種，其餘的蔬菜種類，大多是用在製作生菜沙拉上。例如，苦苣（endeves）、水芹菜（watre cresson）、蘿莎生菜（loloo rossa）、蘿蔓生菜（romaine）、黃鬚捲（fersse）等皆是。在此即依照進口類蔬菜與本地產類蔬菜兩大主軸分別介紹。

■進口類蔬菜

進口類的蔬菜雖在台灣已經有種植，但都是栽種在溫室裡或是氣溫較舒適的地方（如陽明山上），所以產量並不大，品質也較不穩定。因此目前仍無法量產銷售供應市場所需，尚須仰賴國外進口。

基本上進口的蔬菜都有一個共同的特色，就是擁有獨特且亮麗的外型及可以生吃的清脆口感，因為進口蔬菜不論是在顏色鮮豔上或是特有的清新滋脆，都是本產蔬菜所欠缺的。進口的蔬菜一般可分為大片狀的「葉片蔬菜」、球狀的「包心蔬菜」兩大類。

1. 葉片蔬菜類有黃鬚捲、蘿蔓生菜、蘿莎生菜、酸模（sorrel）、蒲公英（dandelion）等。
2. 球狀包心蔬菜類有苦苣、紫萵苣（radicchio）、紅色高麗菜（red cabbage）、西生菜（lettuce）、比利時包心菜（brussels sprouts）、皺葉甘藍菜（savoy cabbage）等。

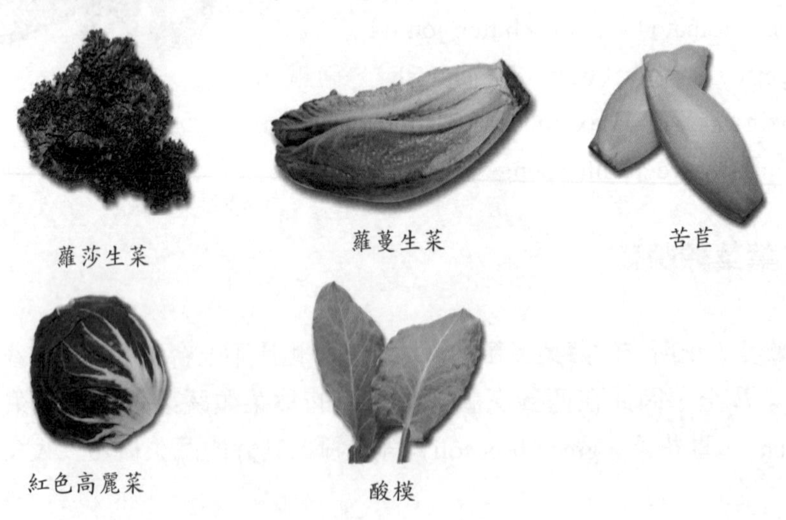

蘿莎生菜　蘿蔓生菜　苦苣

紅色高麗菜　酸模

■本地產類蔬菜

本產蔬菜的種類繁多，從葉片蔬菜類、包心蔬菜類、莢豆類蔬菜、菇蕈類蔬菜、花菜類蔬菜到海帶類蔬菜，種類齊全多不勝數，它們的營養成分與經濟價值，都是進口類蔬菜無法比擬的。

1.葉片蔬菜類有菠菜、青江菜、茼蒿（garland）、空心菜（water spinach）、芥菜（mustard）、龍鬚菜、小白菜（pak-choi）、地瓜葉、莧菜等。
2.球狀包心蔬菜類有大白菜（chinese cabbage）、高麗菜（cabbage）等。
3.嫩葉蔬菜類有綠豆芽（bean sprouts）、豆苗、苜蓿芽、西洋水芹菜等。

青江菜　　龍鬚菜　　高麗菜

五、莢豆類蔬菜

莢豆類（種子類）蔬菜的品種也不少，但其營養成分大都含有豐富的植物性蛋白質、食物纖維及維生素B群，是一項相當普及能為大眾所接受的優質蔬菜。尤其以紅豆來說，它不僅含有上述營養成分，更有豐富的醣類、維生素B1及礦物質鉀的含量，對於腳氣病、腎臟病、心臟病等的防治都有不錯的療效，算得上是最平價的高貴食材。

毛豆

莢豆類蔬菜有四季豆（string bean）、碗豆（pea）、毛豆（soy bean）、蠶豆（broad bean）、黑豆（black bean ）、紅豆（aduki bean）、綠豆（mung bean）、黃豆（soy bean）、雞豆（urd bean）、利馬豆（lima bean）、紅腰豆（red kidney bean）等。可依照個人的飲食習慣，使用不同的烹調法來烹煮，通常不是作爲烹調用的食材，就是做成甜湯、甜點供作食用。

六、菇蕈類蔬菜

菇蕈類蔬菜含有量多的植物性蛋白質、維生素B1、B2、菸鹼酸及礦物質中的鉀等。這些營養成分對於人體健康及疾病防治都有不錯的功效，例如，能補充體力、增強機能、治療口角炎、防止肌膚老化的「蛋白質與維生素群」；能預防高血壓及維持肌肉功能正常運作的「鉀」。因此經常食用菇蕈類蔬菜，是可以延年益壽的。

菇蕈類蔬菜有羊肚菌（morel）、香菇（shiitake）、木耳（wood ear）、草菇（padi-straw mushroom）、釦子洋菇（button mushroom）、黃菌菇（chanterelle）、金針菇（golden mushroom）、黑菌菇（truffle）、鮑魚菇（obalonus）等。顏色過於鮮豔的不知名菇蕈，千萬不可貿然食用，否則非旦無上述功效，反而極容易引起食物中毒，得不償失。

洋菇

黑菌菇

七、花菜類蔬菜

花菜類蔬菜的食用部位爲球型體的花瓣，這是跟其他類蔬菜最大的不同點，其中青花菜與白花菜更是由無數小花瓣所組成的圓球體。花菜類蔬菜的營養含量主要爲維生素C、纖維素及礦物質中的鐵，因此經常食用此類蔬菜可以促進新陳代謝、修補細胞、幫助消化系統順暢、活化氧化酵素、平衡血液濃度，對於身體健康助益良多。花菜類的蔬菜有西蘭花（青花菜）、（broccoli）、白花菜（花椰菜）（cauli flower）、韭菜花（chinese chive）、金針花（day lily）等。

青花菜、白花菜

八、海帶類蔬菜

生長在陰暗潮濕環境裡的海帶類蔬菜，主要營養含量爲礦物質群中的碘，它是人體不可缺少的營養之一，因爲碘是構成甲狀腺素的重要成分，人體內若缺少甲狀腺素則會使細胞內的氧化作用失調、抑制神經及肌肉組織的正常功能、影響血液循環，最終導致人體所有的營養無法代謝處理，影響甚鉅。目前碘雖已摻入食鹽中，不需直接食取此類蔬菜也能達到防治的效果，但是若能經常食用海帶類蔬菜，不但碘的供需無慮，又能多一種吃的選擇也是不錯的。

海帶類蔬菜

經常食用的海帶類蔬菜有海帶、海帶芽、昆布、紫菜、髮菜、海龍等。

第二節　蔬菜的營養與存放

葉菜類蔬菜有鮮嫩多汁、營養價值高的優點，但由於存放不易保存期限短，所以保鮮與保溼的處理方式不當很容易就造成葉菜類葉部脫水、枯黃或腐爛的現象，因此在挑選、清洗、保溼的處理上格外重要。

一、蔬菜的營養

談到蔬菜的營養價值，我們不得不承認它是人體不可缺少的食物之一，尤其是它所提供的營養，是可以取代其他食物（肉類）的營養及熱能，這種神奇的功效是其他食物無法做到的。舉例來說，馬鈴薯是極少數能風行世界、通行無阻的蔬菜，它不但有著多變的烹調方式，更有極為豐富的營養成分（澱粉、醣類、纖維素、維生素C、礦物質鉀等），是廣受世人喜愛的主要因素。

但要說明的是蔬菜類食物除了可供給人體所需的營養外，有時也會有不良的副作用產生，例如，具有特殊性質的馬鈴薯，烹調前除了要洗淨及削去外皮，還需將已去皮的馬鈴薯浸泡在冷水中與空氣隔離，否則就會引起氧化的反應（因為馬鈴薯中含有氧化酵素），進而導致產生褐變發黑的現象。又發芽的馬鈴薯含有茄靈素的成分，它是一種神經毒素，所以生食馬鈴薯容易引起中毒，但若削去芽眼煮熟後食用就沒有關係。

首先要瞭解的是蔬菜的營養價值包括水分、醣類、礦物質、維生素、蛋白質等五大類。

1.水分：水分是蔬菜中含量最高的成分，甚至有些蔬菜（如菠菜、馬鈴薯）的水分含量高達90%以上，它除了可供應人體所需的水分外，還可供身體新陳代謝、修補細胞。

2.醣類：蔬菜中的醣類包括單醣類與雙醣類兩種，其主要來源就是指澱粉、纖維素及果膠質。上述這些營養都是所謂的碳水化合物，是提供人體熱量的主要來源之一。

3.礦物質：各類蔬菜中所含的礦物質包括了鈣（莧菜、高麗菜乾）、磷（蠶豆、木耳）、鐵（芥蘭、金針）等，這些也都是人體所需的養分。

4.維生素：各類蔬菜中的維生素有維生素A（胡蘿蔔、青江菜、蕃薯葉、維生素B1（香菇、毛豆、蠶豆）、維生素B2（金針）、維生素C（芥菜、芥蘭菜、金針）及菸鹼酸（香菇、松茸、木耳）等四種。

5.蛋白質：蔬菜中的蛋白質是屬於植物性蛋白質。

二、蔬菜的存放

一般來說，根、莖類的蔬菜都有粗厚的外皮保護，所以在保存上比較容易，有的甚至只要放在陰涼通風處，就可以保存一星期以上。但是葉菜類的蔬菜比較脆弱，必須注意控溫及保濕兩大要點，否則不是發生腐爛的情形，就是水分遭到脫乾出現枯黃的現象。以下僅就蔬菜的保存與清洗要點分述說明：

（一）在保存方面

1.購入的蔬菜若不馬上食用不需要清洗，只需先除去根部的砂土，再用吸水紙（儘量避免使用報紙）包覆，這樣便可調節蔬菜中的水分，然後直接放入冷藏室冷藏即可。

2.葉菜類蔬菜使用塑膠袋包裹冷藏，雖然可以避免冷氣直接吹襲而脫乾菜葉的水分造成枯黃，但也可能因為過多的蔬菜水分無法散去而導致葉菜類的蔬菜腐爛。因此若採用塑膠袋來包裹蔬菜冷藏，則需在塑膠袋上挖幾個小洞。

（二）在清洗方面

1.食用前先用清水徹底清洗根部沙土及葉部殘留的農藥，在浸泡於5%鹽水中三至五分鐘後，再用手輕拍蔬菜，這樣可以使蟲卵掉落。

2.清洗蔬菜時要輕要柔，避免莖部斷裂，破壞蔬菜的組織結構，導致蔬菜本身的水分及水溶性營養素流失。

3.一般來說，購回的青菜若不馬上食用不需立刻清洗，而清洗完後的蔬菜還需存放數天，一定要瀝去過多的水分並做好保濕的處理，這樣蔬菜才不會加速腐爛。

第三節　水果

在植物界中，果實是雄蕊與雌蕊相互交配下的結晶。而果實指的就是水果。絕大多數的水果是植物用來繁殖及延續生命的，但是水果對於人類而言，卻成了最喜好的食物之一，也是大自然賜給人類最好的聖品。

水果的種類繁多，外型也不一樣。尤其是生長在不同的環境，或是種植過程的差異，甚至季節氣候的變換，都會得到不同的結果。就算是種植相同的水果，也會因上述原因的改變，採收到不同的品種。

水果中所含的營養價值之高，是其他食物無法取代的。以下就依照水果的產季、儲存、選購及其營養價值分類介紹說明。

一、水果的分類

本章節中依照水果的產季及產地的不同，概略可分為春季水果、夏季水果、秋季水果、冬季水果、特殊水果及漿果類水果等六大類。

（一）春季水果

■枇杷

枇杷（loquat）是亞洲地區特產的水果，它是屬於高熱量的水果，它含有量多的植物性蛋白質可以提供人體使用。枇杷是一種極為脆弱的水果且不易保存，所以購買時應挑選體型飽滿、外型（絨毛）完整、無碰撞及壓傷的痕跡。另外要注意的是切勿購買過量，最好以一、二天的食用量為基準。

■香吉士

原產地為地中海沿岸的香吉士（sunkist），由於其營養豐富（醣類、維生素）、色澤鮮豔、保存容易（存放於冰箱內可達兩星期以上），無論是現吃或榨汁飲用，都是國人最喜愛及食用量最大的水果之一。選購時應注意外型是否完整、結實有彈性，果皮若太厚的水分較少，重量越重的汁就越多，挑選時可仔細比較。

■蓮霧

台灣人對於蓮霧（wax apple）特別的鍾愛，這是因為蓮霧的產量大、銷售廣、價格普及，不需要仰賴進口所致。加上其擁有水分多、熱量低、所含的糖分又全部為人體可直接吸收的葡萄糖，

蓮霧

經常食用蓮霧對於人體的健康大有助益，這也是國人喜愛它的主要因素。蓮霧存放於冰箱內的保存期限約在一星期左右，所以在選購時應注意其外型是否完整、果身有無碰撞壓傷、果重是否紮實、顏色有無混濁，因爲品質好的蓮霧色澤較深、較勻，體重也較沉些。著名的蓮霧品種有產於屏東縣的黑珍珠及高雄縣的黑鑽石等。

■椰子

椰子（coconut）的主要產地在東南亞一帶，台灣的屏東與台東兩縣，也是種植椰子較多的地方。椰子的食用主要分成兩部分。一是椰汁，一是椰仁。椰汁部分的營養價值並不高，但是若作爲飲品而言，卻是價格好、銷售佳的消暑解渴的聖品。椰仁則含有量多的蛋白質、脂肪及澱粉，極具營養和經濟的價值。加工後的椰仁也可作爲烘焙原料中的主要材料或是次要的裝飾材料，用途很廣。因此若要作爲飲品則須趁顏色青綠、椰子最重、最嫩時採收，因爲此時的汁液最多、最甜。反之，若要取用椰仁的部分，則須待其成熟、汁液蒸發、果皮變厚、外表顏色變淡後，再行採收。

椰子

（二）夏季水果

■鳳梨

俗稱「旺來」的鳳梨（pineapple），是台灣民衆最喜歡吃的水果之一。其主要的營養包括醣類、維生素C、纖維素及少量的礦物質等。鳳梨的種類很多，常見的有大型可達二公斤以上的改良種，及較小型未達一公斤的台農4號「剝粒鳳梨」，和台農11號的「香水鳳梨」。鳳梨本身濃郁的香氣，具有矯臭的作用，加上它有「追熟」的特性，保存期限達一星期以上，所以可以放置

鳳梨

於客廳內數日後再食用。可作為裝飾、矯臭、天然芳香劑，眞可說是一舉數得。挑選時只要外表無壓傷痕跡，越重的鳳梨品質越好。

■西瓜

西瓜（watermelon）的生產價值，是在於其含有大量的水分。相較於其他水果，高達92%以上的水分，稱得上是含水量最高的水果。尤其是在夏天，冰涼後的西瓜更是具有消暑、解渴的作用。挑選西瓜時應先觀察果臍（西瓜頭）的部分是否堅硬，倘若有稍軟的現象，則表示鮮度不佳，果肉很可能已經過熟不好吃；其次再用手掌托起西瓜，輕輕的敲敲看，聽聽西瓜內傳來的回聲是否清脆，倘若傳回的聲音混濁不清又略帶啞聲，這種西瓜則避免購買。西瓜的瓜囊部分也可食用，若用來做菜更是不錯的點子。西瓜的種類很多，有大也有小，除了外型的差異外，主要還可分為紅心果肉及黃心果肉兩種。著名的西瓜品種有小玉、金蘭、紅鈴、小鳳等。

西瓜

■桃子

省產桃子（peach）又稱為鶯歌桃，這是因為它的果端尖尖的，有如鸚鵡（台語）的嘴尖而來。桃子的營養成分主要是以水分、蛋白質及鉀元素為主。其食用時的口感是以清脆、爽口為上選，但是桃子也有追熟的作用，因此過熟的桃子會有軟化的現象。桃子的食用方式除了鮮食外，也可以利用醃泡的方法來增加儲存的期限及風味。選購桃子時要以果實碩大、飽滿、果尖紅潤、無碰撞痕跡的為佳。

■李子

李子（plum）的營養成分並不豐富，除了一般的維生素外僅有些許礦物質的含量。李子的品種很多常見的有接桃李、紅肉李、加州李等。它

李子

的果肉性質與桃子很相近，都有脆與軟兩種，清脆口感的李子約七成熟度，它的甜度較低，偏向酸的成分較多，醃漬過後風味尤佳。較軟的李子則已有九成以上的熟度，不適合醃漬用，相對的甜度也高，風味也佳。兩種口感可供選購時參考。

■芒果

芒果（mango）的風味特殊，尤其是成熟後的果肉，會散發出迷人的果香，加上果肉肥厚、多汁、味甜的口感，的確吸引了不少人的喜愛。但遺憾的是芒果的營養並不豐富，因爲他主要是由「水分」及人體無法直接吸收的「蔗糖」所組成。芒果與木瓜的性質相同，都是屬於極爲脆弱怕擠壓的水果，因此爲避免運送時的碰撞造成壓傷，影響到其價格與質感，果農都會在約七、八分熟時採收，此時的芒果顏色尚青、果體堅實，被壓傷的機會較小。挑選芒果時，除非立刻要吃，不然最好能購買尚青的芒果，因爲此時的芒果不但無壓傷的疑慮，保存期限又長，只要留意芒果的追熟期，就可以品嚐到果肉柔嫩、風味最佳的芒果。

芒果

■水蜜桃

植物性蛋白質是水蜜桃（juicy peach）營養含量中最主要的營養成分。水蜜桃是屬於極怕熱、怕碰撞的水果，保存相當不易，必須存放在低溫（＋2℃左右）、防碰撞（墊泡棉）、保濕的環境中，尤其是已成熟的水蜜桃最爲明顯。水蜜桃的保存期限短，很容易過熟而腐爛，因爲水蜜桃是所有桃子類中含水量最高的，因此及時將水蜜桃加工製作成包裝果汁是不錯的方法，所以市面上販售的包裝果汁當中，水蜜桃果汁也占有一席之地。選購水蜜桃時應注意果實是否飽滿、表皮有無乾皺、顏色略呈粉紅帶青等的現象，秉持上述條件就可以安心選到滿意的水蜜桃了。

■葡萄

葡萄（grape）顧名思義其營養含量就是以人體可以直接吸收的葡萄糖爲主。基本上葡萄可分爲進口的「綠皮葡萄」與本地產的「紫黑皮葡萄」兩種。綠皮葡萄的皮較薄，可以帶皮一起吃，紫黑皮葡萄的體型稍大、汁較多，但是皮較厚，必須剝了皮再吃。兩者的風味其實差異不大，但是口感與甜度仍以本地產的紫黑皮葡萄略勝一籌。葡萄挑選的要點與荔枝大同小異，不論是綠皮還是紫黑皮的葡萄，都要注意它們的顏色要亮、果皮要薄、果肉多汁有彈性，挑選時以同一枝幹上果體大小一致，且不易脫落的爲上選。

■香瓜

香瓜（melon）又稱爲美濃瓜，這是因爲與英文的發音相近的緣故。香瓜主要的營養是維生素C，是屬於含水分較多的水果，加上擁有淡淡的清香及甜味，也是大衆所喜愛的水果之一。品質好的香瓜色呈青綠帶點黃的顏色，表皮有一點粗糙，並帶有毛茸茸的感覺，果皮略微黏手。如同西瓜一樣，含水分多的香瓜也很怕水，只要遇到連雨不斷，水分吸收過量，香瓜的品質就會下降，不是變得不甜，就是失去清脆的口感，因此大雨過後的幾天想要買到品質好的香瓜是要碰點運氣。

■荔枝

荔枝（lychee）的熱量很高，這是因爲它的營養含量是以醣類爲主的緣故。所以荔枝被歸類在燥熱性水果一類，不宜大量食用。成熟荔枝的顏色呈土紅色，果皮的表面有很多突起會扎手的圓形疙瘩，果皮要薄、果肉多汁有彈性，挑選時以同一枝幹上果體大小一致，且不易脫落的爲上選。

荔枝

(三) 秋季水果

■香蕉

香蕉(banana)的外型奇特,形狀有如兩個棒球手套重疊在一起,讓人有過目不忘的特色。香蕉含有豐富的果糖及維生素,也是少數含有澱粉的水果之一。成熟的香蕉與木瓜一樣脆弱,它們都非常怕擠壓及碰撞,所以果農都會在七分熟時,就採收、運銷至各地,再利用其追熟或催熟的作用,使香蕉成熟後販售。香蕉很少用來做菜,大多以鮮食爲主。香蕉的保存不需冷藏,但是若放置冰箱內,則會抑制追熟的作用,可增加保存的期限。挑選香蕉時可選擇外型完整、顏色尙青的香蕉較易存放。倘若是要立即食用,則應挑選外型完整、體態結實、金黃顏色、無黑斑點的香蕉爲上選。目前香蕉在一年四季中皆可買到,價格的幅度也不太大,是一項非常普及化的水果。

香蕉

■番石榴

俗稱芭樂的番石榴(guava)含有大量的維生素C,其營養含量遠高過於所有的水果。市面上販售的番石榴品質較一,購買時除了依照收成時的成熟度有硬、脆、軟、香的口感差異外,不需刻意挑選(當然不能挑爛的)。番石榴的吃法很多,可以鮮食也可入菜做成沙拉,若當季生產過量還可加工製作成果汁及蜜餞。

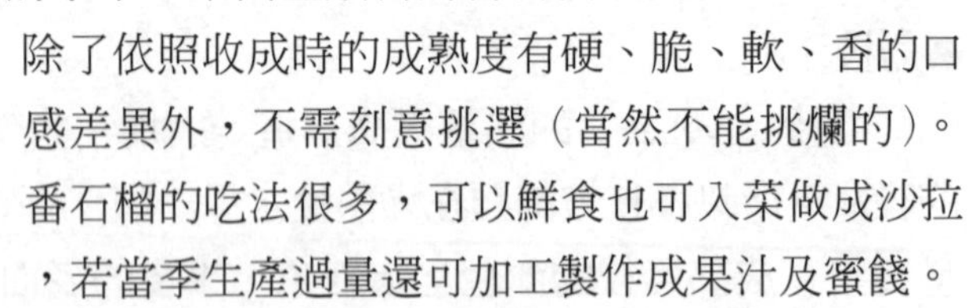

番石榴

■石榴

石榴(pomegranate)擁有深色的果皮及碩大體型,產地在泰國,是一種帶有厚殼的水果(似百香果)。石榴與番石榴的營養成分是有差別的，番石榴的營養成分比較偏向纖維素C，石榴的營養成分（植物性蛋白、礦物質、維生素、葡萄糖）則較平均。至於選購方式則與番石榴大同小異，但是石榴的體型龐大，挑選時仍應注意色澤要勻要深，重量要夠要實，外型必須完整的較佳。石榴的主要營養成分是植物性蛋白質及纖維素，由於它的甜度很高（葡萄糖、果糖），加上果肉呈艷紅的色澤，除了去殼直接鮮食外，也可以用來作爲飲品調色及調味的原料。

■柿子

屬於高熱量水果的柿子（persimmon），有著堅硬紮實的外表作爲保護。其主要營養成分有葡萄糖與果糖，適量的食用有益於身體的健康。新鮮的柿子外表呈鮮豔的菊黃顏色，選購時只需注意是否夠份量，因爲份量夠重則表示水分充足、組織緊密、品質較好。柿子的儲存非常容易，只要放入冰箱就可保存二星期以上。柿子經過加工脫去水分後，可做成柿餅，不但本身的甜度會增加，也會有不同於原本的風味產生，是一項不錯的零嘴。

■文旦

文旦（wetan pomelo）俗稱柚子，有紅肉與白肉之分，它是中國特有的水果。其營養成分主要是以各種的維生素所組成，由於盛產期在秋天，所以每到中秋節時就成了應景的水果。柚子的保存期限很長，只需要存放在陰涼通風處，就可達一個月之久。柚子的選購不太困難，因爲彼此間的差異並不大，挑選時只需注意它的顏色及重量。若要立刻食用，選擇表皮顏色較黃、果實較重、已散發出成熟的柚香即可。反之，若想存放一段時間後再食用，則挑選表皮顏色尙青、果實較重的即可。

■蘋果

蘋果（apple）內含有豐富的維生素A與C，維生素A可保健視力、強化骨骼發育、健全牙齒生長；維生素C則可加速細胞生長，有助傷口快速的癒合及促進組織生長，加速紅血球的再生。此外，蘋果中的果糖、鉀、纖維，對於身體的健康與消化系統，都有很好的助益。目前市面上所販售的蘋果，除了本地出產的之外，還有來自美國與日本進口的。所以基本上在一年四季裡，我們都可以吃到蘋果。蘋果的種類有富士蘋果（Fuji）、小富士蘋果（Gala）、五爪蘋果（Red Delicious）、紅龍蘋果（Jonagold）、金冠蘋果（Golden Delicious）、翠玉蘋果（Granny Smith）等。

■百香果

百香果（passion fruit）的特殊香醇風味，有別於其他種類的水果。它含有豐富的蛋白質、檸檬酸及纖維素等營養，是大衆喜愛它的原因。百香果的外型呈圓球狀，表皮的顏色爲紫色，由於它的品質與產量都很穩定，所以購買時不必刻意挑選（選重的）。同時它的保存期限可長達一個月以上，若喜歡吃多買一些也無妨。

其他在秋天盛產的水果還有水梨（pear），又稱做粗梨；世界梨（pear）、龍眼（longan）、哈密瓜等。

（四）冬季水果

■木瓜

在所有水果中木瓜（papaya）是少數能同時讓所有年齡層（含嬰兒、老人）都能食用的水果，因爲它所含有的木瓜酵素可促進腸胃蠕動、幫助消化，非常適合人體吸收接受。木瓜的營養含量除了有木瓜酵素之外，還有維生素群、果糖、纖維素及少量的礦物質，對於人體的健康都有助益。木瓜的性質極爲脆弱，保存不易，只要稍稍經過碰撞，其質感及價格就會一落千丈，甚至無人購買，這是因爲成熟的木瓜，果肉會變得特別柔嫩的緣

木瓜

故。購買時應挑選外型完整、無斑點或碰撞痕跡，顏色最好能稍微偏綠的較佳，因爲此時的木瓜尚未完全成熟，果肉較硬，保存期限可延長至一星期左右，加上木瓜有追熟的特性，所以不必擔心買到的是不熟的木瓜。

■椪柑

椪柑（pon kan）又稱爲柑橘，是一種皮薄汁多、營養豐富的水果。雖然椪柑有綠皮與黃皮兩種品種，但是由於綠皮椪柑不耐存放，風味也不如黃皮椪柑來得味美，所以市場販售的椪柑仍以黃皮的爲主。椪柑的主要營養包括水分、纖維素、醣類及礦物質等成分，尤其是維生素的部分，又包含果肉的維生素C、A及果皮的維生素E、P最爲可觀。選購椪柑時，以體型飽滿、紮實、有彈性、外型圓胖、果肩部分面積較大的爲上選。黃皮椪柑的保存期限很長，若採用專業的儲存方式，甚至可保存達一季以上。不過需要注意的是，若發現長有黴菌的椪柑，應立刻取出丟棄，因爲這種發霉的現象是會傳染蔓延的，若未立即處理，所有的椪柑將會全部敗壞。

■金桔

金桔（kumquat）的營養如同椪柑、柳橙一樣，也是以維生素及醣類爲主。由於其產量不是很大，所以市面上看到金桔銷售的情形就比較少，金桔是橙橘類中唯一可以連皮直接吃而仍能感到風味不錯的水果，這是因爲金桔的果肉酸澀、果皮較甜的緣故。金桔雖然還可以製成蜜餞販售，但是食用的情形仍不普遍，反倒是因爲它的外型小巧、精緻、可愛，色澤又呈現喜氣的黃金顏色，故商家多愛購買整株的金桔來做擺飾，聽說是可以討個吉祥。選購金桔時，仍應以外型完整、果實飽滿、光澤鮮艷的爲上選。

■桶柑

桶柑（tan kan）一般人稱橘子，它的種類很多，海梨即是一種。桶柑的外型與椪柑相似，但是桶柑的果皮較厚、顏色較深、呈暗紅色。其主要營養成分爲維生素群（維生素C最多）及礦物質。桶柑的保存期限約在一星期左右，挑選時應注意體型是否完整，有無變形或壓傷，若用手觸摸時已無彈性、外表乾澀無光澤的，最好不要購買。

■柳橙

若說柳橙（orange）是大自然賜給人類最好的水果也不爲過，因爲它的營養豐富、甜美多汁、價格便宜、保存期限長，稱得上是所有水果中食用人口最多、行銷路線最廣、普及率最高的水果。柳橙除了營養與椪柑、桶柑極爲類似，都是以維生素及醣類爲主外，它們的保存注意要點也都相同，放置於通風、陰涼處，或移至冰箱儲存都是最基本的條件。選購柳橙時，以外型圓胖、體型飽滿、紮實、觸壓時有彈性的爲佳。柳橙的食用方式有洗淨剝皮直接食用、趁新鮮直接榨汁飲用、加工製作成果汁販售等。

■檸檬、萊姆

全年都可以購買到的檸檬（lemon）、萊姆，主要營養仍以維生素群爲主。消費大衆喜愛檸檬、萊姆的原因，是因爲檸檬、萊姆特有的酸味及提神醒腦的氣味。檸檬及萊姆的用途極廣，用在吃方面則可鮮吃或加點蜂蜜調成果汁，品嚐其特有的風味。製作成蛋糕點心、包裝飲品、各類冰品、調酒裝飾的情形也相當普遍。檸檬、萊姆的香氣具有抑制臭味的功效，所以常常會製作成各種不同造型的香精，可擺放在車內或室內，供喜愛者選購。同時也可以將新鮮的檸檬或萊姆直接切開放入冰箱內，也有抑制臭味的相同功效。檸檬及萊姆皮中帶有維生素E、P具有養顏美容的功效，用來敷臉、保濕都有不錯的成效。挑選檸檬時非常簡單，只要注意果實夠重、果皮夠硬、顏色夠綠（亮）等「三夠」，則品質必定不差。萊姆的皮則呈黃色，皮也較薄，同時也比較甜些，基本上檸檬與萊姆還是有些不同的地方。

■葡萄柚

柑橘類中的水果中，以葡萄柚（grape fruit）酸度較高。其營養成分仍以維生素A、C、E為主。由於葡萄柚的體型較大且果肉多汁，所以最常食用的方式是以鮮食或榨汁飲用。鮮食時可搭配少許的砂糖、蜂蜜、果糖或食鹽，這些都可以增加葡萄柚的風味。但要注意，若是使用榨汁的方法取汁，一定要先將子仔挑去，否則一旦子仔受到撞擊破裂，將會使果汁變得苦澀，失去特有的風味。

葡萄柚

■楊桃

外表呈規則五瓣狀的楊桃（star fruit），含有豐富的糖分及鈉、鎂、鈣等礦物質。由於橫切面非常像顆星星，所以它的英文名字就叫做星型水果。楊桃的存放期約在一星期左右，若放置於冰箱內時，應注意水分散失的速度，通常經過妥善的處理後（裝入塑膠袋），約可保存十天以上。選購楊桃時，最好能仔細挑取顏色略黃、外型完整、無斑點、無壓傷、果肉肥大、透明多汁的楊桃。

■洋香瓜

洋香瓜（cantaloupe）又稱為蜜世界，它有著瓜類水分多、味道香甜的共通特性，其經濟價值也就在於此；但若提到其營養成分，洋香瓜則又較其他瓜類所含的礦物質來得多些。早期的洋香瓜多仰賴美、日進口。但目前在台灣一年四季中，都可以品嚐到它的美味，這都是拜現代農業科技精進之賜。即將成熟的洋香瓜，在碩大果體的外表會開始出現網狀的紋路，這是採收的最佳時機，因為此時的果體堅硬、果蒂牢固，能耐得住運送時的碰撞、擠壓，品質較有保證，選購時也以網紋清晰、果體堅硬、果蒂牢固的狀況為佳。洋香瓜的保存期限約在一星期左右，除非果體開始有軟化的現象產生，否則不需放入冰箱保存。西餐料理中經常可看到洋香瓜的蹤影，因為它可製作成水果沙拉，也可以入菜烹調，是一種吃法多樣的水果。

■棗子

營養成分主要是以纖維素為主的棗子（jujubi），外表呈現青綠的顏色，形體如雞蛋般大小相當好認。棗子也有追熟的作用，全熟的棗子顏色有點偏黃，隨著時間的增長，口感也會變得鬆軟，失去「脆」的咬勁，因此棗子並不適合過量買入來存放食用。挑選棗子時當然是以顏色鮮綠、果實大（重）的、無碰撞痕跡的為上選。

（五）特殊水果

■奇異果

奇異果（kiwi）的外型呈長橢圓體狀，顏色為枯葉般的褐色，外表有短短的絨毛，食用時必須去除外皮。奇異果的營養相當豐富，主要包括醣類、纖維素及植物性蛋白質等在內。常聽人說，一顆奇異果的營養，相當於十顆蘋果營養的總和，由此可見奇異果的各類營養含量之多，極為可觀。選購奇異果時，應先觀察其外觀是否有碰撞痕跡、水果外表的絨毛有無脫落、果肉是否紮實有彈性，若能符合上述條件，則屬品質較佳的奇異果。奇異果的食用方式有洗淨去皮直接食用、作為蛋糕點心的裝飾、加工製作成果汁販售等。

■紅龍果

紅龍果（pitaya）的性質與西瓜差不多，都是屬於含水量較多的水果，但是由於紅龍果的糖分含量太少，口感不足，不夠吸引人，所以無法像西瓜一樣受到眾人的喜愛。紅龍果是仙人掌的果實，所以造型特別艷麗奇特，加上它的保存期限長，因此極具觀賞的價值，反倒是作為裝飾品一途，遠勝於其食用的價值。挑選時以體型大、份量重、顏色艷麗、外型完整的屬上等品質。目前市面上所販售的紅龍果，大多數來自於東南亞國家，台灣因其經濟產質不高，所以果農種植的意願就相對的低落。

■酪梨

酪梨（avocado）又稱爲鄂梨，在所有水果中植物性脂肪含量最高，屬於燥熱性的食物。其主要營養成分爲植物性脂肪、植物性蛋白質及維生素群。通常酪梨這種水果很少直接食用，這是因爲國人的飲食習慣較不適應，反倒是製作成沙拉後，國人較易接受。新鮮的酪梨呈青綠色，果肉較硬，適合製作各類口味的沙拉。追熟後的酪梨呈深紫色，果肉較香、較軟、風味較佳，適合直接鮮食。酪梨是外來的品種，原產地在墨西哥，台灣栽種的情形不多，果實大多是仰賴進口爲主，因此價格仍稍偏高。販售中的酪梨品質穩定，所以在挑選時只要體型完整、果實夠份量，就可以安心選購，再依照個人的喜好方式（鮮食或做沙拉）食用即可。

酪梨

■榴槤

榴槤（durian）由於體型龐大，多刺的圓球狀造型相當奇特，所以俗稱爲「果中之王」，它是泰國特有的農產品。由於它帶有強烈的濃郁香（臭）味歷久不散，是讓人又愛又恨的主因。榴槤的糖分與熱量含量極高，吃多了容易上火，因此並不適合經常食用。加上它的保存期限短，所以買來的榴槤最好儘快分食完畢。

■山竹

山竹（mango steen）是少數水果中含有澱粉的水果，它的營養仍以維生素及礦物質爲主。山竹可食用的部位不多，只有裡面白色的部分，若扣掉厚重的外殼，約只剩三分之一的重量。喜好食用山竹的人並不多，因此沒有栽種的價值，主要仰賴東南亞的國家進口。山竹的保存不需刻意冷藏，只要放在陰涼、通風處即可。挑選山竹時應選擇果皮較軟、果實較重、表皮微帶光澤的爲上選。

■紅毛丹

紅毛丹（rambutan）又稱爲泰國荔枝，因爲它與荔枝果實的結構很相近，食取的部位都相同，只不過紅毛丹的外表明顯的長有很多絨毛，顏色呈粉粉的紅色，同時也比荔枝來得鮮豔些，挑選時都是可以參考的條件。紅毛丹的主要營養含量爲醣類、維生素C，除了可以直接當作水果吃外，還可以入菜作料理，這是因爲它也帶有豐富的纖維素，果肉比較Q比較韌，不易經烹調而立刻水解的緣故。市售的紅毛丹都是由泰國進口，爲避免運送過程中追熟過快，故多儲存於冷藏庫保鮮，因此購回的紅毛丹最好也能存放於冰箱內保存。

另外還有仙桃（egg fruit）、杏桃（apricot）、人參果（sapodilla）、波羅蜜（jack fruit）、釋迦（sugar apple）等，都是台灣可見到的境外（東北亞或東南亞地區）水果。

（六）漿果類水果

由於漿果類水果色澤艷麗、體積較小，所以大多適用在食物成品的裝飾部分。但也因爲漿果類水果的體積太小加上鮮嫩多汁、皮薄肉肥及怕熱等因素，使得漿果類水果變得特別脆弱，最怕的就是受到擠壓或碰撞，因此在採收、篩選、運送、銷售、保存時，最重要的就是要確實做到冷藏及防震的處理。否則一旦失去體型飽滿完整、色澤艷麗的優勢，其價格將一落千丈，無價值可言。由於漿果類水果保存期限極短，所以在清潔、洗滌後（浸泡、瀝乾）應立即食用。以下僅就常見常用的漿果類水果作介紹：

■楊梅

台灣的楊梅（bayberry）產量不大，食用的人口也不多，主要是用在蛋糕的裝飾及製作成果醬或蜜餞來販售。楊梅的酸澀風味是它的招牌特色，礦物質中的鉀、鎂及量多的纖維素含量都是楊梅主要的營養成分，在挑選時仍以顏色、果重、大小、有無壓傷爲首要考量條件（果色深濃、果實沉重、大小約兩公分、無壓傷、軟或爛的爲上等產品）。

■櫻桃

台灣的櫻桃（cherry）絕大多數是仰賴美、加地區進口，因爲本地產的櫻桃品質較差，無經濟效益，因此果農栽種的意願不高。櫻桃中的營養成分主要是以醣類（葡萄糖、果糖）爲主，其中所含的蘋果酸，有助於腸胃消化食物。櫻桃是怕熱的水果， 必須存放於冷藏室內方可保持新鮮。新鮮的紅櫻桃色澤鮮豔、造型可愛，非常討人喜愛。挑選時仍以果實飽滿、有彈性的爲上選，倘若色澤轉暗，雖然風味較佳，但是已不耐存放，應儘快食用。櫻桃除了鮮食外，也可以用來裝飾蛋糕、點心或加工製成醬漬櫻桃、酸櫻桃等，作爲蛋糕夾餡用，另外若製成果汁販售也是不錯的選擇。

■草莓

漿果類中的草莓（strawberry），是唯一能在台灣量產的漿果類水果。雖然價格比起其他水果稍高，但是它香醇特殊的風味及可愛的外型，是其他水果無法取代的。草莓中的營養主要包括植物性蛋白質、礦物質及維生素C等，是一項很好的水果。草莓除了可以趁新鮮食用之外，還可以做成沙拉、果醬、甜點，甚至用做烹調，都是不錯的選擇。如同所有漿果類的水果，草莓的選購應格外慎選，只要顏色不均無光澤、外表有壓傷的痕跡、果身有微軟的現象、體積過小，都不宜購買。

草莓

其他的漿果類水果還有藍莓（blueberry）、黑莓（blackberry）、歐洲越桔、醋栗（black currant）、野莓、野草莓（wild strawberry）、覆盆子（raspberry）、大楊梅（loganberry）、鳳眼果（ping pong）等。

二、水果的營養、儲存與食用

（一）水果的營養

在數以百計的水果種類中，水果的營養價值主要仍是在於它提供了人體所需的水溶性維生素群（C、B群）、脂溶性維生素（A、D、E、K）、植物纖維的果膠、植物性蛋白質、醣類（葡萄糖、果糖、蔗糖、檸檬酸）、礦物質（鉀、鈣、磷、鐵）及水分。水果擁有豐富的營養種類，加上可以鮮吃、鮮食的口感，所以在價格上也比蔬菜類來得高些。嚴格來說人體有了這些營養成分，就算不再進食任何蔬菜或肉類食物，也足以維繫人體的成長與發育，這是單吃其他食物無法做到的。

水果對於人體腸道疾病的功能活化（纖維素）、壞血病的防治（鉀、鈣、磷、鐵）、補充體力、消除疲勞、預防動脈硬化、高血壓、血管老化、養顏美容、治療感冒、治療牙齦出血（維生素C）等都有神奇功效，因此才有常吃水果可以擁保青春、養顏美容的說法。雖說如此，但是食用水果時仍要注意以下幾點：

1.不可過量：水果的營養成分會因種類不同而有差異，所以每次食用相同的水果時也不宜過量。例如，龍眼、荔枝、榴槤是屬於燥熱性水果，如果過量食用，會影響到身體正常機能的運作，使人體內出現不適的現象，進而產生口臭、牙齦腫脹、喉嚨痛、流鼻血的症狀，不得不審慎之。

2.營養要均衡：要想吃出健康、吃出漂亮是沒有其他捷徑的，唯有均衡的攝取食物中的營養方可達成。因此對於單一水果的喜愛，不應執著己見，應多搭配各類水果食用，取得所有營養成分才能預防疾病、延年益壽。

3.選用當季量產的水果：當季量產的水果不但新鮮味美、口感清新、品質有保障，加上擁有果實飽滿多汁的優點，其營養豐富也是不容諱言，是挑選購買的第一時機。當然最重要的是，當季量產的水果價格最爲大眾化、普及化，故選用當季量產水果才是明智的抉擇。

4.不吃來路不明的水果：可以鮮食的水果種類繁多，若加上改良後的品種更是多得不勝枚舉。因此對於從來沒見過，或是類似某些水果造型的野生果實、野梅漿果類，千萬別輕易嚐食，尤其是身在野外時更要警惕自我，否則若因好奇貪食而中毒，賠上健康或生命可就太不值得了。

5.不吃狀似過熟的水果：很多水果都有天然的「追熟」現象，但是經過追熟後的水果，品質已開始漸漸走下坡，因此水果的食用期限應有效掌握。爲避免吃後引起上吐下瀉的中毒現象，最好不要食用過熟的水果。因爲過熟的水果，已經失去應有的口感與風味，甚至已開始有腐敗、生菌的跡象產生，除非另有特殊用途外，不然還是避之爲妙。

6.不吃不當保存的水果：食物保存環境的安全、衛生與否，對於食用者的健康影響格外重要。有些人因爲工作上的因素無法臨時走開，爲了方便起見而將水果存放於不潔的工作環境中（如存放藥劑或疫苗的冰箱），縱使水果本身並無腐壞，但是若食用到已遭受污染的水果，也會賠上健康或生命的。

7.避免營養流失：水果營養的流失主要是因爲人爲的因素所造成。例如：

(1)水果削皮時，將表皮及外層果肉削去過多。依照水果的營養比例來分，越接近表皮層的果肉營養越豐富，所以除非有必要非削皮不可，否則最好能連皮帶肉一起食用。

(2)水果的食用最好能先清洗後再切割，這樣能避免水果內的水溶性營養成分流失。

(3)若將水果用做烹調時必須注意：

· 烹調時間不可過長，以免維生素群中的C及B1因加熱過度而遭破壞。

· 烹煮水果時儘量避免與鹼性食物一起烹調，或在烹調時添加鹼，因爲這樣會破壞水果的營養成分。

· 經過烹調的水果，都無法避免流失部分的營養，因此若能連果肉帶湯汁一起食用，是最好不過的。

（二）水果的儲存

要想每天吃到不同且新鮮、美味、多汁的水果，就必須瞭解水果的產季、特性、儲存方式及保存期限，除了常用的保鮮儲存法，還有催熟法（before ripening）及追熟法（after ripening）等。其中催熟法及追熟法都是在水果尙未成熟前先行採收的方法，而保鮮儲存法則是屬於成熟後所做的儲存方式。

■保鮮儲存法

冷藏保鮮幾乎是所有水果儲存方式的常態。但論其原理，它只是藉用低溫（＋7℃）來抑制或減緩水果內的有機酸進行氧化的作用。因此只要能理解這個原理，並能融會貫通的運用，儲存及保鮮水果就不是一件難事了。水果的儲存首重保鮮，而保鮮的方法有防止碰撞、防止溼熱、防止水分喪失等「三防」措施。

1.防止碰撞：遭受碰撞後的水果，即使仍新鮮味美，但其銷售價格將會一落千丈，毫無經濟價值可言。因此果農或是商人爲確保自身的利益及消費者的購買意願，會在水果的四周塞放一些軟質物品，如報紙、泡棉、紙墊，適度做好防撞措施，所以當在處理自己購入的水果時，也能做些簡單的防撞措施，就能增加它的保存期限，避免吃到口感盡失的水果了。

2.防止溼熱：基本上沒有不怕潮溼與悶熱的水果，因爲水果的果體內都含有份量不等的有機酸，當有機酸遭到氧化後，會轉爲醣類，因此只要是存放在室溫當中，就會有軟化的作用。而當氧化酵素遇到溼熱的環境時，更會加快它的效能，導致水果加速變黃、變軟，因此應避免將水果存放於太潮濕或太悶熱的環境中，除非另有它途。水果存放時主要是放入冰箱冷藏，但是也有些水果只要放在陰涼、通風處即可，

3.防止水分喪失：水果若長時間存放於冰箱內，應注意其保濕的條件，因爲果實內的水分會被冰箱除濕的功能脫去水分，使得果皮變得乾皺，因此要將水果存放於冰箱之前，最好能用塑膠袋套住後再存放，這樣保鮮的效果較佳。

■催熟法

有些熟成的水果非常脆弱（木瓜、芒果），只要稍微碰撞或擠壓就會影響其價值與價格，因此果農便會提前將它採收，趁果實仍然堅實耐撞時趕緊運銷到集散地，再用人爲的方法（蒸氣或乙烯）催促水果成熟，以供應市場販售，這種保持水果新鮮及完整的方法稱之爲催熟法。

■追熟法

不論水果是成熟前採收或是成熟後採收，它們都具有「追熟」的現象，「追熟」與「催熟」不同的地方是追熟是自然形成的，而催熟則是加入人爲的因素。植物跟生物一樣，都具有「呼吸」的功能，採收前如此，採收後仍不變，也就是藉由這個因素，可氧化植物內的有機酸轉變爲醣類，最終使得果體變黃變軟，達到追熟的作用。因此未成熟的水果在放置一段時間後，會完全成熟達到最佳的風味就是這個道理。所以只

要能懂得這個來龍去脈，「追熟法」也是一項掌握水果鮮度的好方法。

（三）水果的食用

不同種類的水果，食用的方法也不太一樣，有的必須去皮後再吃，有的經過加工風味更佳。基本上水果主要可分爲直接鮮食、製作沙拉、入菜料理、甜點製作、加工處理等五種方式。

■直接鮮食

要想完全吸收水果的營養，最好的方式就是鮮吃水果，而幾乎所有的水果都能符合鮮食的條件，它們之間的差異是在於吃法的不同。例如，必須去（削）皮後才可食用的水果（奇異果、葡萄柚、柳橙、柑桔、荔枝、木瓜……），或是要切開才可食取果肉的水果（西瓜、百香果、檸檬……）及可連皮帶吃的水果（蓮霧、芭樂、蘋果、梨子……）。鮮吃水果最好能以當季量產的水果爲主。

■製作沙拉

將水果製作成沙拉是一項非常消暑的吃法，不但可直接吸取水果中的營養，並藉由酸酸甜甜的滋味達到開味的效果，更能增加飲食間的樂趣。其中華爾道夫沙拉、鄂梨沙拉都是西餐中非常有名的水果沙拉。不過要注意的是，沙拉中的佐醬大多是以油脂爲主體架構，因此在拌入沙拉時不應過量，否則吃進的將會是一大堆的油脂，有損身體健康。

■入菜料理

將水果入菜製作成料理雖不是最近才有的事，但卻能廣受大家的喜愛，這是因爲搭配水果所製作出的魚肉類菜餚，除了能保有原本的風味外，又能溶入水果特有的甘甜與些微酸澀的迷人風味之緣故。著名的高級料理有橙汁鴨排中用的柳橙、蜜汁鵝肝排中搭配的蘋果、鮮葡萄佐牛腺排等，都是膾炙人口的佳餚美食。不過也不是所有的水果都能入菜，例如，含水量最多的西瓜、帶有厚皮的柚子，都不太適合入菜做料理。

■甜點製作

水果除了直接鮮食的吃法外，用得最多的就是製作甜點，也可以說就是製作蛋糕甜點的原料之一，例如，大家所熟悉的香蕉蛋糕、水蜜桃蛋糕、檸檬蛋糕、鳳梨派、蘋果派、草莓冰淇淋、香芒冰淇淋等皆是。

■加工處理

某些水果的性質極為特殊，新鮮的吃會覺得風味不佳不好吃，反而非得要經過加工製成蜜餞或果醬後，才能為大家所喜愛，如金桔、藍莓即是一例。又有些水果收成好、產量大、市場的銷售情形供過於求時，也可以製成罐頭食品供應市場販售，這樣的處理不但不會影響原有的風味，又可以延長食用的期限。市面上常見的鳳梨罐頭、水蜜桃罐頭、櫻桃罐頭，都有不錯的銷路。

不論是何種水果，食用前都應注意洗滌的過程。因為水果在栽種期間，為防止蟲害侵入，果農都會定期噴灑農藥；加上有些商人為了能吸引更多顧客的購買欲望，會在水果的表面上打蠟以增加銷售的數量，因此購回的水果食用前一定要清洗乾淨，甚至可以連皮一起吃的水果，也必須削皮後才可食用，否則未經妥善處理就貿然食用，很可能便會引起腸胃的不適，嚴重時還需入院治療，不得不慎。

經浸泡、沖洗、瀝乾、擦拭的過程，是食用水果最好的方式。普遍的水果在成長過程中，都會接觸到農藥的噴灑，但是很少有果農會耐心的等到農藥經日光照射，或雨淋沖洗後，已完全揮發、分解掉了再行採收，因此購回的水果最好能先「浸泡」於清水內數分鐘後，再「沖洗」乾淨，最後將沖洗乾淨的水果放入漏盆內「瀝乾」水分，待食用時再以擦手紙「擦拭」乾淨即可。

第九章

肉類

- 肉品的結構
- 紅肉類食品
- 白肉類食品

人們經常食用的肉類食物包括牛肉、豬肉、雞肉、鴨肉、魚肉、羊肉、小牛肉等；而不常食用的肉類也有兔肉、馬肉、蛇肉、鹿肉等。這些肉類食品可供應人體所需的熱量及營養，也可以幫助消化、促進身體新陳代謝、修補細胞等功能。雖然好處很多，但是若過度的食用肉類卻未注意營養的均衡吸收，也可能造成身體疾病的產生。例如，心臟病、高血壓、血管硬化等，所以在選擇食物時不得不慎。

肉品的種類雖多，但是歐美地區的國家卻將肉類食品分爲可生、熟食的紅肉類與需要煮熟才能食用的白肉類兩種。基本上紅肉類與白肉類兩者之間的界線除了在於肌肉中的肌紅素含量外，其次便是以其帶有的傳染病菌、大腸桿菌及寄生蟲的多寡會不會使人體感染疾病而定。因此在本章中將要針對肉品的結構、紅肉類食品及白肉類食品等兩種肉的分類分別討論，以下先就肉品性質的結構與經濟價值分別說明。

第一節　肉品的結構

無論是食用何種肉質的肉品（家畜或家禽），都會遇到要如何去選取恰當的部位，才能做出好的烹調的相同問題，深怕因選錯肉品部位時，而導致烹調上的失敗（食物過硬難以下嚥）。因此若能先瞭解肉品的結構與其所含的營養價值後，買錯肉或用錯烹調法的問題就不會發生了。

肉品的結構組成是由骨骼、肌肉組織、脂肪及結締組織等四部分所組成。這四部分都有它個別的功能與不同的營養價值，因此在烹調前就必須先做適當的切割與分類，再用適合的烹調法烹調，才能調製出味美的佳餚。

■骨骼

骨骼是構成動物體架構的基礎要件，雖然它被肌肉組織層、脂肪層及結締組織層等包覆住，但並不表示它就毫無經濟價值可言。骨骼內也藏有相當的營養含量及量多的動物性膠質，若因不知道如何烹調，就直接丟棄實在可惜。骨骼營養的粹取，可藉由長時間熬煮的方法，來釋出骨骼中的精華溶入湯中，因此用骨骼作爲燉煮高湯的材料是再適合也不過的。骨骼也可以入菜烹調，成爲桌上的佳餚，義大利料理中的義式燴小牛膝（Ossobuco）就是著名的菜餚。

■肌肉組織

肌肉組織是由無數細長的肌肉纖維成束、成束相聚集而成的，也因爲肌肉纖維聚集的結構與聚集所在的部位都不同，所以肌肉纖維的粗細也不同。一般來說，肌肉纖維越粗、越長，則肉質越老越硬；反之，肌肉纖維越細、越短，則肉質越嫩、越軟。當然肌肉纖維的粗細與該部位運動量的多寡有絕對的關係。

■脂肪

脂肪的部分主要就是由脂肪細胞所組成，它的外觀呈乳白色花紋狀。通常它是與肌肉纖維交替共存，對於肌肉的活動具有減壓、潤滑及保溫等作用。若是適量使用在烹調上，更能增加肉品的滋味。但是若過量使用在烹調上，反而會有太過油膩、噁心的感受。

■結締組織

最後所提到的結締組織，它是由膠質纖維（collagen）和彈性硬蛋白（elastic）所組成，它的外觀呈薄膜狀，它可以固定動物的皮、肉、肌腱、內臟、經脈、韌帶等，各司其位，潤滑皮、肉、肌腱、內臟、經脈、韌帶彼此間產生的磨擦。當然結締組織層對於肉品的切割有絕對的幫助，只要能使用銳利的刀具，貼著結締組織層就能輕易地將肉品完整的分割開來。

至於肉品中的營養含量則有蛋白質、脂肪、維生素群（A、B、B2、C）、礦物質群（鈣、鐵、磷、鉀、鈉、銅、氯、鎂）酵素及醣類。這些營養的功用在第四章第一節中都有談到，在此就不再重述。

除此之外在選購畜類肉品時，最好能購買合法宰殺且新鮮的溫體肉。這樣不但可以確保鮮肉的品質，更能掌控肉品的鮮度，加上經過適度的修清、分割分裝處理後，就算不立即食用，也能安心的儲存（冷凍儲存）達三個月以上，更不必擔心肉品因儲存過久會產生變質的現象。

第二節　紅肉類食品

可生食的紅肉類食品能廣受大衆的喜愛，主要是因爲它的吃法多樣，不論是生食或熟食、熱菜或冷盤，都可藉由各類的烹調方法來表現出不同肉質的特色。例如，不論是纖細的菲力牛肉或是帶勁的肩背、腿肉，只要經過適度的處理或烹調後，就能使人食指大動、胃口大開。

紅肉類肉品包括牛肉與羊肉，雖然小牛肉被歸類在白肉類中，但爲了方便介紹及解說，故仍將小牛肉與牛肉、羊肉放在本節中一併介紹。

一、牛肉

在肉類的劃分上，牛肉是屬於紅肉類的代表。這是因爲牛的體積龐大，包含了各種類型的肉質，而且這些肉質的質地與特性都不一樣，口感也不盡相同。因此不論是在生食、生熟食或熟食的時候，都非常符合大衆口味的要求，所以牛肉是銷售極廣泛的肉品之一。以下將就幾個重要部分分別討論。

（一）牛肉的質感

牛肉質感的差異主要是來自於運動量的多寡而定，簡單來說，通常與牛的身體（背部）成水平的肉質部位比較纖細柔軟，也就是所謂運動量較少的部位。由於此部位運動量較少故所含的水分較多，相對的，所帶的油脂脂肪與結締組織就少了些，因此這個部位的肉質特別適合生食或生熟食，如菲力牛肉、沙朗牛肉等皆是。

反之，若與牛的身體成垂直的肉質部位則運動量較多較大，肉質中多膠質及結締組織，肉質纖維也較粗較硬，只適合煮熟軟化後食用，因此所需的烹調時間就較長，如臀肉、肩肉、腿肉、腹肉等。

（二）牛肉可食用的部位（法式分類）

經過查閱各主要生產牛隻的國家（如美國、澳洲、紐西蘭、日本、法國）後發現，這些國家對於牛肉可食用部位的分類，並沒有一個統一的標準，也就是說，牛隻各部位的劃分與名稱完全是依照生產國的習慣去稱呼與分類。雖然如此，但若仔細去比較之後，還是可以找出共通的部分，畢竟牛的身體是不會變的，會變的只有部位名稱。因此以下即以法國人的觀點來分類介紹。

基本上牛隻食用部位可分爲十二個部分，而每一部位又可細分爲數個部分，分述如下：（如圖9-1）

■頭部

少肉、多骨、多結締組織的頭部，食用價值並不高。經常食用的部位也只有牛舌與牛腺兩部分，剩餘的頭骨用來熬煮高湯是不錯的食材。

■頸部肉

頸肉的部位在美式的分法裡又包括肩胛部（chuck）與前胸（brisket）兩部分，但是這裡的頸部肉（collier）指的是頸肉。頸肉的活動量大，所以肉質纖維比較粗且多筋，因此多用做燉煮或製成絞肉做成漢堡肉。

❶牛舌
❷頸部肉
❸肩部肉
❹肋背肉
❺胸腹肉
❻腹肉
❼腰背肉
❽腰肉
❾臀肉
❿腿肉與牛膝
⓫牛尾

圖9-1　牛可食用之部位

■肩部肉

由於肩部肉（epaule）的運動量最大，幾乎是所有肉質部位中，僅次於牛腿肉最硬、肉質纖維最粗的部分。但是由於這個部分的肉質營養豐富，所以食用價值極高。烹調的方式主要是以長時間的燉、煮、燜等方式進行。

■胸腹肉與腹肉

胸腹肉（poitrine）與腹肉（flanche）俗稱爲牛腩或五花肉，兩者都是位於身體的下方，一個在前、一個在後，它們的肉質較粗、較硬，肥肉與瘦肉的層次清晰分明是該部位肉質的特色。此部位的肉質用途，多製作成絞肉後再加工做成臘腸、肉餅來食用，若採烹調後食用的方式，則適合以長時間的燉煮爲宜。

■腰肉

腰肉（bavette）位於菲力牛肉的下方及大腿的內側，所以也稱爲內大腿肉。其肉質接近菲力，屬纖細的肌肉纖維加上少量的脂肪所組成，因此烹調後的成品比菲力還柔軟、多汁，故適合採用短時間的煎、扒與燒烤等方式進行烹調。

■腰背肉

由於腰背肉（faux filet）的位置特別，所以運動量也最少，因此除了有著鮮紅血色的外觀，其肉質鮮嫩、柔軟、細膩、多汁、少油脂也是它的特色。腰背肉是牛肉各部位中價格最高的部分，其中以平行於脊骨內側，兩邊各一條長長的菲力牛肉是最具代表的部分。此部分的肉質最適合用來煎、扒與燒烤。若用來煮湯則以西式的牛肉清湯（beef consomme）最為有名。

■肋背肉

肋背肉（train de cotes）與肋排肉（plat de cotes）都是指帶有骨頭的背肉，兩者的位置剛好一前一後，若用豬肉的名稱稱之則為大排與小排。去除骨骼的部分後，肉質屬纖細的肌肉纖維及少量的脂肪所組成，因此特別柔軟、多汁，適合採用短時間的煎、扒與燒烤等方式進行烹調。

■臀肉

臀肉（和尚頭）可分為上臀肉（rumsteck）及下臀肉（globe）。兩部分的肉質都非常的粗硬結實，這是因為此部位的肉是經長期的運動所致，因此，採用燉燴的烹煮方式是再好也不過的。例如中式牛肉麵的「半筋半肉」、法式料理中的紅燴牛肉就是最好的說明。

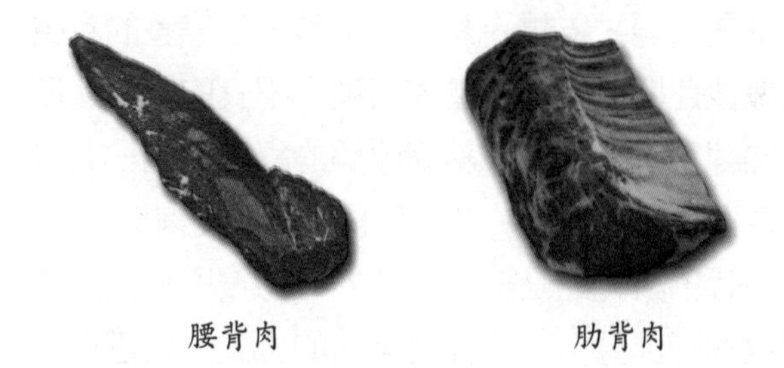

腰背肉　　肋背肉　　臀肉

圖片來源：《加拿大牛肉手冊》，加拿大牛肉出口協會，89年。

■腿肉與牛膝

腿肉（gite）可分爲前腿肉（gite de devant）與後腿肉（gite de derriere），各有兩塊，是左右對稱的。由於每天不時的運動，所以腿內的肉筋與肉質纖維都是所有部位最粗最硬的。牛膝（crosse）指的是牛的膝蓋，所以肉質的部位並不多，但是膝蓋內含有豐富的營養與膠質，要藉由長時間的熬煮，才能釋放出濃郁的香氣，所以不論是燉小牛膝或是直接熬煮高湯都是不錯的選擇。

■牛尾

牛尾的肉質部分較少，故食用性的價値並不高，但是由於其結締組織及骨頭中的膠質與營養都很豐富，所以用來製作湯品是不錯的選擇。因此不論是在中華料理或是法式料理、義式料理當中，都會將它製作出不同風味的牛尾湯。

■內臟

歐美人士對於動物內臟的食用情形並不普遍，唯獨對於小牛的內臟較感興趣。其中包括牛仔核（牛腺）、牛仔腰子、牛胃、蜂巢狀牛肚、牛舌等。常用的烹調法爲炆、煨、燉、煮、燜等方式。

（三）牛肉的分割

肉塊與肉塊之間隔有一層薄膜，這層薄膜是結締組織的一部分，而這層結締組織的主要作用就是區隔、支撐、黏結、保護，以完整的包覆器官或肉塊，使器官及肉塊彼此間能夠免於磨擦而產生不良的影響。所以分割牛肉時的技巧是否熟練，就在於對其結構瞭解的程度而定。其實只要持利刃游走在結締組織膜中，就可輕易得到完整且精緻的肉塊。

在製作高級的牛排套餐時，講究的是細膩多汁的口感，所以就必須細心的剔除掉多餘的筋膜與油脂部分；但若採用燒烤的方式，爲避免肉質的水分散失或烤後過於乾澀，便可保留些油脂不需完全剔除。

另外要提的是，一般人常為了要如何下刀切割肉類而感到困擾，不知道是要順紋切割，還是逆紋切割較為恰當。這裡要說明的是，下刀時只要注意肉質纖維如果是又長、又粗、又硬的（如肩部肉、腿肉、五花肉），則採用逆紋、斷面的切割方法切割，因為此類的肉質特別堅硬，且不易軟化熟透，必須靠逆紋橫切斷肉質纖維，才能使烹煮時達到軟化的效果，有效縮短烹調時間。此類粗硬的肉質適合以長時間的烹調法（燉、煮、炆、煨）烹調。

反之，如果肉質纖維是又細、又嫩、又短、又多汁的部位（如雞胸肉、牛菲力、腰、豬里肌、羊柳肉等），則應採用順紋的切割方法切割。因為此部位的肉質缺少筋、油脂與結締組織的保護，所以若烹調時間過久，則會使肉質過於乾澀，因此採順紋的切割法切割後的肉質，適合以短時間的烹調法（煎、快炒、燒烤）烹調。

（四）牛肉的選購

選購牛肉時最好能避免購買冷凍的牛肉，因為無論是在鮮度上或營養成分上都比溫體牛肉來得差些，因此如果無法避免非買不可，也必須向信譽卓越的績優廠商購買。

帶有光澤鮮紅血色並有彈性的牛肉視為上等的牛肉，肉中若帶有脂肪的部分則顏色為乳白色，反之，若發現肉的顏色已呈深紫色或暗紅色，脂肪部分的顏色轉為乳黃色，肉質失去彈性而表面出現黏滑的現象時，則代表肉質已經不新鮮了。

二、小牛肉

被歸類在白肉類中的小牛肉，有著昂貴的身價。這是因為它的肉質非常細膩、柔軟有彈性，並且帶有淡淡奶香的緣故，歐美人士視之為最高級的肉品。一般來說小牛肉是指從出生後二個月算起，到斷奶前所宰殺的小牛而言。小牛肉的顏色呈粉紅色，比起成牛牛肉的紅色來說有明顯的差異，但是若與豬肉粉白偏紅的顏色又深了許多。

小牛肉的另一特質是肉中含有的脂肪量極少，所以烹調出的成品不會有一般肉的腥味，取而代之的反而是迷人的鮮奶味道。因此爲避免破壞這種獨特的肉味，烹調時會選用鮮奶或鮮奶油做湯底，用長時間小火慢燉的方式，來展現出小牛肉特殊的風味，其中「白汁燴小牛」（Blanquet de veau）就是典型的法國美食。

雖然小牛全身上下的肉質都大同小異，烹煮的方法也差不多，但基本上小牛肉的食用部位，也可分爲七大項，包括了頸部、肩部、背部、腰部、腿部、小腿部（膝蓋）、內臟等。除了小腿部部分的肉質含有的膠質比較多，適合用來熬煮高湯外，還可以做出知名的菜餚呢！義式牛小膝就是最好的例子。

三、羊肉

論及帶有濃厚羶腥味的羊肉，可說是人們的最愛與最恨。喜歡羶腥味道的人，視羊肉爲人間上等珍味；但是討厭這種血腥味道的人，又是唯恐避之不及。其實這只是每個人對於肉類血腥味的反應，所能接受的程度不同罷了。因此倘若廚師在烹調時，能善用其他的食材特性（如香料）作爲搭配，就能順利地去除過重的羶腥味了。

基本上羊肉會因爲年齡的大小而有不同的稱呼，同時各年齡層的肉質也會有不同的差異。例如，年紀不滿一歲的羊稱之爲「小羊」或「羔羊」，其肉質鮮嫩的程度，在五至七個月時的品質達到顚峰。而通常我們較常吃到的羊肉，都是已超過一歲以上的成羊，所以牠的腥味才會如此的強烈。

雖然羊肉是可以生吃生食的，但是絕大多數的民衆仍是無法接受，反而是經過長時間的小火慢燉，達到入口即化的口感後，才贏得了最多人的青睞。羊肉的吃法除了小火慢燉外，還有燒烤、扒烤、燉湯、醃燻等，每種烹調法都可以展現出不同的風味與特色。但若是選擇成羊來做烹調時，則應注意脂肪的剔除。因爲年紀越大的羊，皮下脂肪越厚，脂肪剔除得不夠或太多，都會影響到烹調後的肉質。反之，小羊的脂肪量恰到好處，不需經過特別處理，烹煮後的質感就足以令人食指大動，所以小羊肉的價格較高不是沒有道理的。

選購羊肉時應注意脂肪的色澤是否爲白色，肉質的部分最好也能呈現桃紅的顏色（小羊爲粉紅色），能符合上述的要求，再加上肉質無滑膩、有彈性，就可以安心選購。

羊肉經常食用的部位有頸部肉（neck）、肩部肉（shoulder）、胸部肉（breast）、羊肋排（cutlets）、肋眼肉、小肋排（riblets）、下腰部肉（chump chop）、羊里肌（loin）及腿部肉（leg）等九個部位。

第三節　白肉類食品

白肉類食品中的代表，不外乎是指畜類中的豬肉與家禽類中的雞、鴿子、鵪鶉及兔子等動物。雖然鴨與鵝的肉質被歸在紅肉類中，但因爲兩者的外型與肢體架構都與雞相似，因此仍將鴨與鵝放在本節中一併討論。以下即依照豬肉、雞肉等家禽的順序分別說明。

一、豬肉

在西方國家的飲食文化中，豬肉被認爲是一種帶有大量傳染病菌（大腸桿菌）的危險肉品，所以一定要完全煮熟或是製作成燻烤食品（臘腸、餡餅、燻腸、肉醬等製品）後才會食用。因此歐美人士食用豬肉的情形反而是加工後的燻烤製品，多於直接烹調的食品，當然它的地位也就沒有牛、羊來得重要。

不過豬肉對於亞洲人來說，卻是一項不可多得的美食佳餚（回教徒除外），尤其是中國人更能利用不同的烹調手法，調製出無數膾炙人口的世界名菜（如東坡肉、無錫排骨等），使得豬肉一躍成爲肉類食品的主流地位。

基本上豬隻可食用部位與牛、羊大同小異，也可分爲頭部、肩胛部、背脊部、腹脇部、臀部、腿部等六大部位，而這六大部位又可細分爲數個部位，以下分別討論之。（如圖9-2）

■頭部

頭部可食用的部位有豬頭皮、豬耳朵、臉頰、舌頭、頭骨等。除了頭骨可用來熬高湯外，附帶說明的是，上述這些部位僅限於亞洲地區的人喜好食用，歐美人士則敬謝不敏。

■肩胛部

肩胛部是由頸部肉、肩部肉所組成，頸部肉的肉質較爲粗燥，肥肉與瘦肉交雜不清，很難分開烹調，因此通常多絞成肉餡作爲臘腸、肉餅

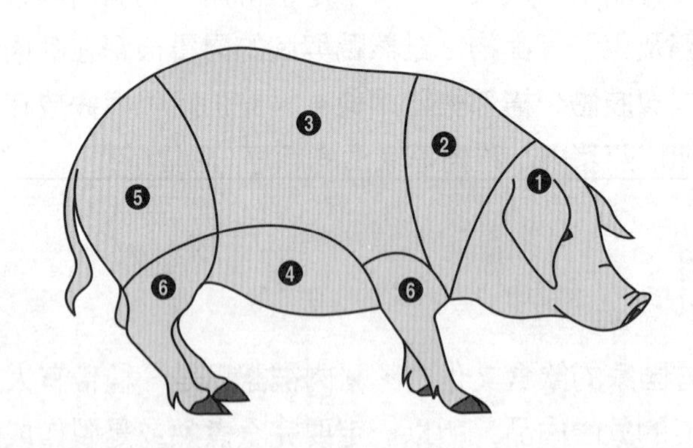

圖9-2　豬可食用之部位

的材料或是製成肉燥食用。而上肩肉位於背部的前方，由於該部位運動量大，肉質纖維較粗，但肥肉與瘦肉的比例均匀，因此適合用長時間的燉煮、燒烤、燜煮等方法來烹調。

■背脊部

背脊部的肉質鮮嫩、柔軟、多汁，若按所在位置區別，可分為帶骨的肋排肉（chop）與不帶骨的里肌肉（loin）兩部分。而肋排肉又可分為大排與小排兩種，大排適合燒烤、油炸、鐵扒；小排則適合燒烤、油炸、燉煮。至於里肌肉，它是沿著脊柱兩旁呈兩長條狀的瘦肉，是所有肉質中含脂肪最少、最柔軟、最多汁的部位，相對的其價格也較貴些，也因此它並不適合以長時間的烹調法來烹調，最好的食用方式為短時間的切絲快炒、熱鍋煎及戶外燒烤、鐵扒等。

■腹脇部

腹脇肉俗稱五花肉，其肉質與頸部肉的肉質接近，都是屬於較粗、較硬的肉質，不同的是腹脇肉的肥肉與瘦肉的層次較頸部肉清晰，不會交雜不清。相同的是腹脇肉的用途也是絞成肉餡做成臘腸、肉餅或是經長時間的燉煮做成肉燥、滷肉食用。

■臀部

體積較大的臀部肉也稱作後腿肉，有著多樣的肉質。靠外側的肉質運動量大，因此與肩部肉的肉質相近（少脂、多筋、肉質纖維粗硬），適合用長時間的烹調法（燉煮、燒烤、燜煮）烹調。靠內側的肉質跟里肌肉相似（鮮嫩、柔軟、多汁），適合用短時間的烹調法（切絲快炒、熱鍋煎、戶外燒烤、鐵扒）烹調。若用醃燻的方式則可將臀部製成整隻的燻火腿。

■腿部

腿部包括小腿及腳兩部分，此部位的肉質較少、筋較多，其中膠質的部分特別豐富，燉煮出的成品風味特別香純夠味。其中著名的菜餚有台式的萬巒豬腳及歐式的德國豬腳都極負盛名，值得細細品嚐。

二、雞

家禽肉類中的雞肉由於其肉質鮮美、多汁，加上雞隻的飼養期極短、成本低廉、產量大，所以是全世界食用量最大，食用人口最廣的肉類。一般來說除非是純素食者，很少人會不吃雞肉的，因此針對雞肉所研發出的烹調方式不下數十餘種，由此可知雞肉受到人類歡迎的程度。

按照雞的飼養方式來分，可將雞分為放山雞（土雞）與飼料雞兩種。放山雞的肉質比飼料雞的肉質來得香甜夠味、有口感，這是因為放山雞的運動量大，吃的東西多樣且不受限制所致。但是由於飼養放山雞所需的土地面積較大，所以成本較高，導致銷售的價格也較貴些。而飼料雞雖無放山雞的優勢，但是飼養容易、產量高、價格合理，也是不錯的選擇。

（一）雞的分類

基本上飼料雞若按照飼養期長短及飼料的種類來分，又可分為嫩雞（fryer）、肥雞（roaster）、母雞（boiling fowl）、雛雞（chick）、春雞（spring chicken）、醃雞等六種。

■嫩雞

嫩雞是指飼養期不滿三個月，體重介於1公斤左右（±100公克）的雞而言。由於這種體型的雞採用大規模的方式飼養，加上使用的飼料與餵食量都有一定的規範，所以雞肉品質極為穩定劃一，對於市場的供應與銷售也能有效掌控。唯一美中不足的是其肉質有些鬆散，味道不足是其缺點。

■肥雞

肥雞是指飼養期三至五個月，體重介於1.8公斤左右（±400公克）的雞而言。牠與嫩雞的不同處在於改變飼養方式與更換飼料，刻意去培育出的雞種。這種肥雞會因產地的不同、飼料選擇的差異而有不同的味道，算是改良後的品種。由於更換飼料的種類及飼養期的增長，肥雞的體型會較大，所以比起肉質鬆散且無味的嫩雞，會來得緊密紮實夠味。

■母雞

母雞也稱爲老雞，指的是飼養期超過五個月以上，體重介於2公斤左右的雞而言。由於生長期過長，加上飼養的主要目的是爲了繁殖下一代，或生產雞蛋供作食用，所以肉質早已太老過硬，食用價值並不高。但是因爲其骨架與肉質的營養含量仍舊豐富，且味道鮮美，用來烹煮高湯的效果奇佳，因此高齡的母雞仍可用來熬煮味香、質純的雞骨高湯。

■雛雞

雛雞指的是剛出生的小雞，它的體重約在320公克（±80公克）。除了骨架外可說沒有什麼肉，所以幾乎沒有食用上的價值。通常雛雞只是用來直接販售給想要飼養雞的人，或是被當作寵物來玩養。

■春雞

出生一至二個月，體重約在600公克（±120公克）左右的雞稱之。由於春雞的體型並不大，肉也不多。所以它的量僅能供一人食用，而銷售的據點則多在速食店內，以先醃泡再爐烤的方式販售。

■醃雞

醃雞是將雄性小雞的生殖器切掉，此舉是爲了避免其有生殖交配的機會，影響成長與發育。一般而言醃雞長大後的體型，會比一般雞隻的體型大上一倍左右，況且肉質也不會因體型變大而變得粗老，所以養殖醃雞的眞正目的，就是爲了牠的肉質來獲取更高的經濟效益。

（二）雞的食用部位

以中國人的觀點而言，整隻雞所有的部位都可以吃，但是在西方人的觀念裡卻並非如此，最為明顯的便是雞的內臟。一般來說，西方人士是不吃動物內臟的，他們會將取下的內臟，加工製作成寵物的飼料或是植物的肥料來使用。以下即針對雞頭、雞脖子、雞胸、雞背、雞骨架、雞翅、雞臀、雞腿、雞爪、雞內臟等部位作解說。（如圖9-3）

■雞頭、雞脖子

雞頭與雞脖子的部分因為幾乎沒有肉，所以可利用的價值很少。嚴格來說，除了還能熬煮高湯外，只能製成飼料或肥料了。

■雞胸

雞胸肉是整隻雞中肉塊最完整、肉質纖維最細、味道最鮮美、油脂最少的部分。其中沿著胸骨的內側，還有兩條對稱長約六至八公分的柳肉，更是全雞中最嫩、多汁的部分，也因此雞胸肉多用來製作高級的菜餚，所以販售的價格也較高。由於該部位具有少油脂的特性，烹調時間也不宜太長，否則肉汁流失後就會變得乾澀無口感。

■雞背、雞骨架

經肢解、脫去肉質部分後的雞背與雞骨架，雖無直接食用的價值，但是由於它的營養價值極高，是燉、熬、煮高湯的上等材料。雞背的部

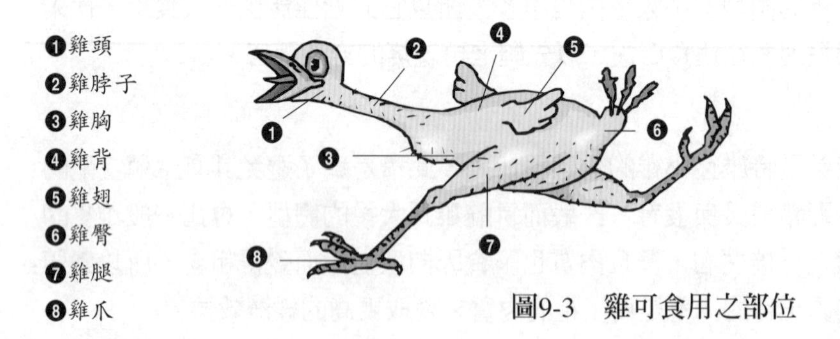

圖9-3　雞可食用之部位

分形體完整，所以又稱爲船骨，它也是製作飼料或肥料的好材料。

■雞翅

原則上雞翅可分爲翅膀前段（翅尖）、翅膀中段、翅膀尾段三個部分。翅膀的肉質不多，但膠質不少，一般常食用的部位是以中段及尾段爲主，翅尖的部分可說是無食用價值。

■雞臀

位於脊椎尾端的雞臀，具有豐富的油脂，甚至有人傳言雞臀吃多了可以養顏美容，不過在西式烹調中，雞臀的使用率極低。

■雞腿

雞腿雖然是僅次於雞胸肉質最多的部位，但是它帶有咬勁的口感，卻遠超過於雞胸。雞腿的烹調方式很多，蒸、煮、炒、炸、燴、燉、煎等通通都有，多樣的菜色變化使得處理備製的技巧也跟著不同。因此喜好食用雞腿的人士，甚至有遠多於雞胸的趨勢呢！

■雞爪

雖然處理過的雞爪可以用在許多的中式烹調法中，但是在西餐烹調的世界裡，雞爪的用途可說是微乎其微。也許粹取雞爪中的動物性膠質或製作成飼料（肥料），是其僅剩的價值。

■雞內臟

如同雞爪般一樣，雞的內臟（雞心、雞肝、雞胰臟、雞肫）在西餐烹調中，並無太大的作用。不過若集中大量的內臟倒是可以送至工廠加工，製成動物飼料或是植物的肥料。

三、鴨肉、鵝肉

鴨與鵝的體型較雞隻來得大些，鵝的體型又比鴨的身體來得大，前者的體重約在2.3公斤上下，而後者的體重最重可達5公斤以上。但是若以身體的外型來說，基本上又都有共同的特徵，都包含了扁平的嘴部、細長彎曲的頸部、圓滾紮實的軀體、大型的翅膀、肥厚多脂的臀部、又細又短的雙腿、帶有蹼的雙掌等特色。

鴨子除了胸部的肉以外，其餘的部位幾乎沒有什麼肉可言，大多是以熬煮高湯的方式處理。但是鵝肉不論是在量與質上，都比鴨肉的肉質來得珍貴，尤其是年輕的鵝肉更是特別柔嫩細膩，稱得上是禽類中的極品。鴨肉與鵝肉其實都是屬於紅肉類的食品，這是因為它們的肉質中的肌紅素含量較多，同時也不帶有大腸桿菌的含量，所以牠是可以生吃5～7分熟的，也因此牠們會被歸類在紅肉類的肉品中。

其實鴨與鵝最有價值的地方，都不是上述提到的部位，而是它們的肝臟。在法式料理中，鵝肝與鴨肝更是出了名的高貴食材，牠與黑菌菇（松露）、魚子醬並稱為三大食材。所製作出的名貴佳餚，也廣被饕客所喜愛。鴨肉、鵝肉最常使用的烹調法有燒烤、油封（用鵝油去浸漬）、燉湯等。

四、野味

鴿子、鵪鶉、火雞與雉雞、山鷸，都屬於野味中的一種，但是也有以人工飼養的方式繁殖，基本上牠們在身體的外型與特徵上，與雞隻的差異都不大，只有在肉質的咬勁與獨特的風味上，會有明顯的不同，這是因為牠們都是經過野放及倒掛數天後（三至十四天）的緣故。野味的烹調法大多是以燒烤或燉煮的方式進行，同時也會搭配酒（如重口味的紅酒）與香料（如杜松子）的特殊作用，來去除或壓抑牠們肉質中不好的氣味。在野味類中還包括野兔、野豬、野鹿，甚至是深山裡的野熊等。

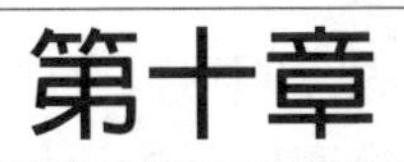

水產類

- 魚類
- 甲、貝、軟體類

自從人類發明冷藏及冷凍的設備後，使得水產類中的魚、蝦、蟹不再是靠海（河、溪）居民食的專利。加上現今的科技發達，便利的交通運輸更使得遠在北歐的魚類，一樣可藉由冷凍保鮮的過程，供應到全世界每一個角落，使得大衆對於食的選擇不再侷限於雞、鴨、牛、羊、豬，而有了更多的方向思考。

一般稱爲海鮮的水產類食品，不但汁鮮味美、口感清新滑嫩外，其營養含量與營養價值，更遠高於一般肉類食品的營養。因此經常食用水產類食品，不但可供給人體所需的營養、維護身體的健康，對於成長中的幼兒及發育中的青少年，都有非常好的幫助。

水產類食品所含的營養成分有蛋白質、脂肪、維生素群（A、D、B2、B6）、礦物質（鐵、銅、碘、鉀、鈉、鈣、磷、鋅）等。若依照其種類來分，又可分爲魚類、甲殼類、貝殼類、軟體類（mollusks）等。

第一節　魚類

生長在水中的魚類，其數量與種類之多不下數千萬種，但是若以生長的環境來分，則可分爲「淡水魚」與「海水魚」兩大類，而海水魚的種類又高於淡水魚的種類數百倍以上。因此本章節無法詳盡的介紹所有魚類的特性，僅以較常食用的魚類，分別依魚體結構、魚的保鮮、淡水魚類與海水魚類的外觀作介紹。

一、魚體結構

雖然魚的種類繁多，但基本上其身體的構造差異並不太大。他們都包括了魚頭、魚菲力、魚鰭、魚尾、魚骨、魚內臟等。（如圖10-1）這些部位除了魚內臟的部分幾乎無利用的價值外，其他的部位都含有大量的營養，可供人體吸收，是大衆喜愛食用的部分。以下便分別依序介紹：

■魚頭

在西餐烹調的菜餚中，魚頭的部分並無太大功用，頂多是作爲盤飾或熬煮高湯，因爲西方人對魚頭的喜好程度，遠不及中國人喜歡吃魚頭。基本上不管是將魚頭用做盤飾或熬煮魚高湯，都一定要將魚鰓先去除掉，因爲它是魚的呼吸器官，在過濾雜質及髒東西時，會使魚鰓中藏有大量的細菌。而當外在環境改變時，魚鰓便是最早開始腐敗的部位，因此爲避免因處理不當，引發食物中毒，在宰殺時就必須將魚鰓的部位先行移除掉。

■魚菲力

魚菲力指的就是魚肉，是魚的主要食用部位，也是營養的主要來源。由於它的肌肉纖維細、短、結締組織少，是其肉質鮮嫩的主要因素。因此烹煮時應愼選烹調方式，切記不管使用何種的烹調方式，烹煮時間

圖10-1　魚體結構

都不得過長，否則魚菲力將會變硬、變澀、失去鮮嫩的口感。 其次若爲高脂肪的魚類（如鮭魚），可用油煎或燒烤的方式烹調。若爲低脂肪較瘦的魚類，則用蒸的方式較佳。魚菲力的營養有維生素B2、B6與菸鹼酸等。

■魚鰭

魚鰭若依照部位的不同，可分爲背鰭、胸鰭、腹鰭、臀鰭等。原則上魚鰭除了划水及控制前進的方向外，並無食用的價值。但是若爲高等魚類（鯊魚）的魚鰭則可製成魚翅。對於中華料理而言，它又搖身一變成爲昂貴的食材。

■魚尾

如同魚頭一般，在西餐烹調的菜餚中，魚尾的部分除了在活的時候有划水前進的功用外，也無食用的價值。但對於中華料理而言，它又可成爲桌上的名菜，「紅燒划水」即是一例。

■魚骨

魚骨是構成魚身的基礎架構，也是魚體營養含量中，礦物質群主要的來源。魚骨的食用價值在於它可以藉由熬煮高湯的過程，將營養稀釋出溶入湯中，因此利用魚骨來熬煮魚高湯，對於成品的製作有極大的幫助。

■魚內臟

基本上魚的內臟沒有任何的食用價值，通常在宰殺的時候就直接丟棄。因爲若不立即清除內臟，則會加速魚體腐敗的速度，除非是生長在寒冷地區的高級魚類，如鱘魚（lumpfish）、鮭魚（salmon）、鱒魚（trout）等，會取用牠們的魚卵，製作成魚子醬來供給市場銷售。另外魚的肝臟也含有維生素A與D，但是很少會直接經由烹煮後食用，一般都會採用特別的加工方法，製成所謂的魚肝油供消費者選購。

若依照魚群的游泳方式及骨骼結構來分，又可將魚類分爲骨骼呈直立型的「一般魚類」，如鱸魚、石斑魚；以及骨骼呈扁平型的「底棲魚類」，如比目魚、鰈魚等兩種。

二、魚的保鮮

不論是何種食物，都會隨著溫度及溼度的改變，而產生微妙的變化。如果是突然間的巨大變動，食物的反應也會跟著劇變。例如，過熱可使食物熟成，過冷可使食物結凍。但若是溫度在室溫下緩慢的升高時，那將導致食物遭受細菌的感染，引起腐敗的現象，蔬菜如此、肉類如此、魚類非但如此且更會發出濃郁不散的魚腥臭味，因此對於魚的保鮮更爲重要。

雖然魚類有淡水魚類及海水魚類之分，但其保鮮的方法卻無太大的差異。魚類要達到保鮮的效果，必須先去鰓、去內臟後包冰冷藏。因爲魚鰓與魚內臟是最先也最容易變質腐敗的地方，若不先除去就直接冷藏，仍會影響到魚的品質、鮮度與保存的期限。至於爲何要包冰冷藏，這是因爲用冰覆蓋在魚的外表，可使魚體本身的水分不被脫乾。當然也要控制冰箱的溫度，使其始終保持在-18℃以下，才能確保魚的新鮮品質。

另外要說明的是，如果是在遠洋作業的漁船，因無法立即宰殺處理撈補到的漁獲，因此就會在船上裝設急速冷凍櫃，將撈補到的漁獲在最短的時間內凍藏冰存，一直等到靠岸後再行銷售，讓漁獲能儘量保持在最佳的鮮度。

至於要如何檢視魚類的新鮮程度，則需注意以下幾點：

1.魚眼：新鮮的魚眼睛呈現透明清晰狀，並有微微向外凸出的現象。反之，若魚的眼睛混濁凹陷，沒有上述的現象時則早已失去鮮度，有此類情形的魚切勿購買。

2.魚鰓：魚鰓爲魚的呼吸器官，也是過濾空氣及雜質的地方。因此若爲新鮮的魚，魚鰓應呈暗紅色，且無黏滑的現象。但是若死後過久，鰓的顏色就會轉爲灰色，不但有黏滑的現象，也是最先發出腥臭味道的地方。

3.魚鱗：魚鱗完整性的與否決定魚是否健康，因爲健康的魚其魚鱗緊密結實，不會有脫落的現象。因此新鮮的魚雖然已死，但其魚鱗仍應完整有光澤且未脫落，除非此魚已開始有腐敗的跡象，否則不會有魚鱗脫落的現象產生。

4.魚肉：若是新鮮的魚，其肉質飽滿有彈性，若用手指輕壓魚肉，會感應到反彈的力量。假如魚肉失去彈性，則壓下的指痕不會彈回，肉質呈現鬆散的狀態，因此輕壓魚肉也是辨別魚是否新鮮的方法之一。

5.魚身：不管魚是否新鮮，其身體的完整性也很重要。除非此類的魚特別巨大，必須分段、分量銷售，否則最好不要購買體型殘缺的魚。

三、淡水魚類

淡水魚類有自然生成的魚類與養殖魚類之分。因目前台灣河川、湖泊遭受污染的情形相當普遍，使得自然生成的魚類數量遽減，取而代之的是養殖魚類，而目前養殖魚類也是維持市場淡水魚供需主要的基本來源。常見的淡水魚類有鱸魚（perch）、鯉魚（carp）、梭魚（pike）、鰻魚（eel）、鮭魚（salmon）、鮭鱒（salmon trout）、鱒魚（trout）。其中比較特殊的魚類是鰻魚與鮭魚，這兩種魚的特性剛好相反。鰻魚是屬於亞熱帶魚類，它出生在淺海，長在河流中，最後又在海水裡死去。由於其生長環境多遭到污染，所以它的魚肉是無法生吃的。而鮭魚則是屬於溯溪而上的魚類，牠是生長在寒帶氣候的魚類。牠的一生中充滿了戲劇性的故事，因為牠是出生在溪流的源頭，然後順水而下最後流入大海。牠生活在冰冷的海水中，一直到長大後才進行交配。然而交配完後的鮭魚便會開始回游至溪流，沿著河口、下游、中游、直到奮力抵達溪流的上游後，再終其最後之力產下魚卵，便完成一趟生命的歷程死去。鮭魚喜好生長在寒冷乾淨的環境裡，加上其肉質鮮美有彈性，肉塊面積又大，所以不論是採生吃或清蒸、油煎、紅燴等，其口感都屬上上之選，因此鮭魚的市場銷路不會因其價格稍高而受到太多的影響。

四、海水魚類

由於海洋之大、幅員廣闊，面積占地球總面積的十分之七，所以海水魚類的種類也是多不勝數。不過若依照它們的生存環境來分，就比較清晰、明瞭。基本上海水魚類可分為淺海魚類、深海魚類、底棲魚類及養殖魚類等四種。

■淺海魚類

淺海魚類的生活空間主要是以靠近陸地的淺海地區為主，其種類有銀魚（whitebait）紅烏魚（red）、沙丁魚（sardine）、沙鑽魚（smelt）、海令魚（herring）、紅雕魚（red snapper）、灰烏魚（grey mullet）、牙鱈（whiting）、海鱸（sea bass）等。

■深海魚類

深海魚類有鱈魚（cod）、鯖魚（mackerel）、狹鱈（pollack）、和尚魚（monkfish）、黑線鱈（haddock）、鮪魚（tuna）、旗魚（swordfish）、白魚（whitefish）等。

■底棲魚類

底棲魚類有比目魚（flounder）、突巴魚（turbot）、多佛板魚（dover sole）、檸檬板魚（lemon sole）、哈立巴（halibut）、魟魚（skate）、琵琶

魚（monkfish）等。

■養殖魚類

養殖魚類有石斑魚（grouper）、海鱸魚（sea bass）、虱目魚等。

銀魚（淺海魚類）　黑線鱈（深海魚類）

比目魚（底棲魚類）　海鱸魚（養殖魚類）

圖片來源：《大廚食材完全指南》，貓頭鷹出版社，88年。

第二節　甲、貝、軟體類

海鮮中的甲殼類生物指的是，帶有硬殼、有肢截會爬行的底棲生物，如龍蝦、螃蟹等。而貝類則是指生長在海底，擁有上下兩堅硬含石灰質成分外殼的生物，如生蠔、牡蠣、文蛤、九孔等。至於軟體類海鮮指的是身體中完全沒有骨骼的浮游生物，如烏賊、花枝、透抽等。這些生物的經濟價值極高，有些甚至遠高於魚類及肉類的價值。它們除了含有豐富的營養成分可供人體消化吸收外，更可以製作成各類型標本，供教學或展示、裝飾用，可見其存在的經濟價值與實質的意義都很重要。以下便依照甲殼類、貝殼類、軟體類的順序分別介紹如下。

一、甲殼類

甲殼類生物指的是蟹類及蝦類，它們最大的特色就是有堅硬的甲殼做保護，加上他們都有兩隻大型的蟹（蝦）鉗在頭部的正上方。這對蟹（蝦）鉗不僅可作爲覓食用，更可作爲攻擊與防禦的利器。

選購蟹類及蝦類的時候，若無價格上的考量，最好能買活蝦、活蟹，因爲此時的肉質最爲鮮香甜美，且可由牠的活動力旺盛與否，直接由肉眼清楚的判定品質好壞。倘若選購的蝦、蟹類爲經過包冰處理的，此時便應特別注意其足肢部位與身體部位的連接處是否緊密結實，甲殼外表是否有黏滑的現象。若發現外表的色澤極爲不自然或有轉紅或發黑的現象，是因爲其體內的酵素與蛋白質已開始分解起作用的緣故。爲了安全起見，此類的蝦、蟹類最好不要購買食用。

蝦、蟹類的包冰處理雖是爲了保持鮮度而做，但要注意的是一定要選擇用海水製作成的冰塊來保鮮（或是一半海水加上一半冰塊），否則一樣無法達到保鮮的目的。因爲使用淡水製作的冰塊，會使肉中的鮮味及營養成分釋出，直接溶入在包冰中，導致蝦、蟹類變得平淡無味，此點應特別注意。

1.蟹類：雄性的蟹類腹臍呈三角形狀，雌性的蟹類腹臍呈半圓形狀。經常食用的蟹類有紅蟳蟹、三點蟹、花蟹、皇帝蟹、蜘蛛蟹、阿拉斯加蟹等。

2.蝦類：經常食用的蝦類可分爲一般的軟殼蝦類及硬殼蝦類兩種。

(1)軟殼蝦類：明蝦（prawn）、草蝦、對蝦、劍蝦、斑節蝦。

(2)硬殼蝦類：有小龍蝦（laugoustines）、螯蝦、波士頓龍蝦、錦繡龍蝦、青龍蝦、珍珠龍蝦、琵琶龍蝦。

圖片來源：台灣省漁會。

二、貝殼類

目前所食用的貝殼類海鮮，絕大多數都已是靠人工養殖的方式來供應市場。也由於養殖的地點是以河口、海岸邊爲主，所以愼選養殖的環境及避免環境遭到破壞是極爲重要的課題。一般來說，貝殼類海鮮都有上下兩扇（片）硬殼作爲保護，但也有些是單邊殼的貝類（鮑魚），或是生活在螺旋狀的貝殼中的貝類。市場上販售的貝殼類海鮮也有進口與本地產之分。進口的貝殼類海鮮通常是指體積較大、品質較佳、價格較高的扇貝（scallop，帶子、干貝）與牡蠣（oyster）、鮑魚爲主。本地產的則是以體積較小的蛤蜊（clam）、牡蠣（生蠔）、淡菜（mussel，貽貝）、蜆、魁蛤等。在此要說明的是，不論是進口的貝殼類海鮮，還是本地

產的貝殼類海鮮，購買時都必須注意它的硬殼有無緊閉，判定時可取一硬物敲擊蛤的殼，若發出的生響有沙啞的聲音，就是不新鮮的（分開或鬆動的品質都不佳），其表面沒有黏滑的現象，並陳列（儲存）在低溫（-1℃）處的地方。若能符合上述的要求，而且又是有信譽的廠商，就可以安心的購買。貝殼類海鮮在烹調前一定要先泡在乾淨的鹽水中讓牠吐砂，否則在食用時一定會吃到砂子，破壞其美味的口感。貝殼類海鮮的烹調法是以蒸與煮的方式爲主，因爲藉由蒸或煮的方式，最能品嚐到牠鮮美的滋味。但是也有些人喜歡將牠炸成外酥內柔多汁的口感後，再搭配胡椒鹽的方式食用。

三、軟體類

海鮮中的軟體類（亦稱頭足類）其最大的特色，就是軀體內沒有骨骼。它們的活動是靠著身體與觸鬚的擺動，來使軀體前後上下移位。而軀體與觸鬚的部分，也都是主要食用的部位。 軟體類海鮮在烹調前，必須經過去皮膜、去內臟、去頭（眼）部、去除墨囊、切割等的步驟後，才能進行後續的烹調動作。這類海鮮的肉質本身都具有不同程度的韌度

圖片來源：台灣省漁會。

與咬勁，若採用長時間的烹調法烹煮後，會使肉質更爲堅硬老化。因此先將肉質做規則的切割後，再採用大火蒸後食用的方式，或是先經油炸處理，再放入湯中的覆合式烹調法，都是保持肉質口感的好方法。

屬於軟體類（頭足類）的海鮮有花枝、小管、透抽、魷魚（squid）、章魚（octopus）、海參等。軟體類海鮮的保存方式與其他海鮮類的保存法都大同小異，唯有擺放在-18℃的環境中，方可維持牠的鮮度。不過要注意的是，當在陳列販售的過程中，一定要以包冰的方式擺放，否則若與空氣長時間的接觸後，一樣會流失營養與增加細菌感染的機會。

第十一章

蛋品類、乳製品類、油脂品類

- 蛋品
- 乳製品
- 油脂品

蛋品、乳製品及油脂品類的食材，是分屬於三種完全不同性質的食品。它們之間唯一的相同處，便是都會吸收其他食物的氣味。若將這三類的食品放置於海鮮類食物的旁邊，經過一段時間後，它們都會改變本身的氣味，而染上略帶海鮮腥臭的味道。因此對於專業的廚房而言，分開存放這三類的食品，就成了最基本的常識。在本章中將要針對蛋品、乳製品、油脂品三類食品，分別爲讀者作更進一步的介紹。

第一節　蛋品

蛋品在人類的飲食生活中占有極重要的地位，因爲它含有極高的營養價值成分，是人體內所需蛋白質的主要來源。

蛋品的種類繁多不下百餘種，有的大到要以公斤的單位來計算（鴕鳥的蛋），有的又小如彈珠一般可愛（鵪鶉的蛋）。基本上不論是何種蛋品，其構造或用途都大同小異，最大的差別只是在蛋的外觀或形體的大小不同如此而已，但是這對蛋的營養價值方面是毫無影響的。以下僅就蛋的構造、蛋的功能、蛋品的鮮度辨識及蛋品的儲存分述說明。

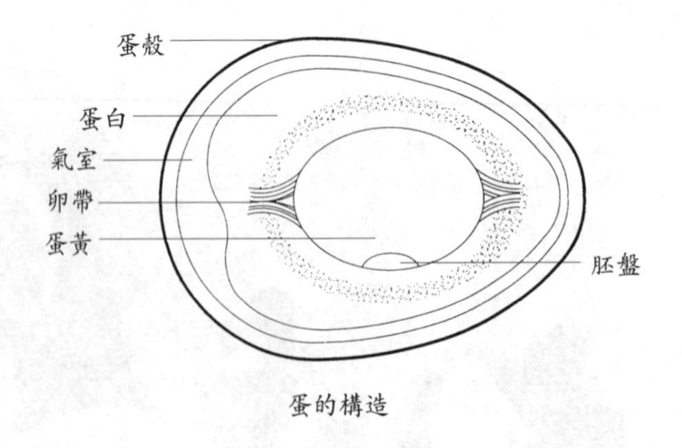

蛋的構造

一、蛋的構造

簡單來說蛋的構造概分爲蛋殼、薄膜、蛋黃、蛋白、氣室等五大部分，每一個部分都有其特定的功能或作用。分述如下：

■蛋殼

蛋殼的主要成分是石灰質，其外觀的顏色與形體的大小會依食用的飼料、出生的季節、本身的品種有關。蛋殼的表面有細小的氣孔可讓水分或氣體自由進出，所以蛋品在保存時一定要置放於陰涼乾燥處，否則極容易因潮濕遭受到細菌的感染或因溫度過高而變質發臭。

■薄膜

薄膜有蛋殼薄膜、蛋黃薄膜、蛋白薄膜等，其主要目的有保護與分隔的作用。但是若因外力介入（溫度、濕度）而破壞薄膜功能時則蛋黃與蛋白將會混在一起。

■蛋黃

蛋黃的主要成分是水、蛋白質、脂質及少量的維生素與礦物質等。其比例約爲5（水）：1.6（蛋白質）：3.2（脂質）：2（維生素與礦物質），其營養價值極高，但其膽固醇特別多，極易造成血管硬化，因此老年人應儘量避免食用。

■蛋白

蛋白的主要成分是水與蛋白質，其比例約爲9（水）：1（蛋白質），其營養價值雖低但是功能卻很多（黏結作用、膨大作用），用途也極爲廣泛（製作點心類食品），是不可缺少的食品原料之一。

■氣室

氣室的位置在蛋的鈍端部位，因此將蛋存放於冰箱內時，應將尖端朝下，讓氣室的位置始終保持在上端，避免讓蛋白與蛋黃壓迫到氣室，

表11-1　蛋殼、蛋黃、蛋白占全蛋之比例表

名稱	百分比重量	實際重量
全蛋	100%	65g
蛋殼	10%	6.5g
蛋黃	35%	22.75g
蛋白	55%	35.75g

導致氣室膨脹，影響蛋的品質，進而縮短蛋的保存期限。

若依照全蛋的重量比來說，則蛋殼約占10%、蛋黃約占35%、蛋白約占55%左右。若以常見的雞蛋爲例：則每顆蛋的平均重量爲65公克，換算的結果是蛋殼6.5公克、蛋黃22.75公克、蛋白35.75公克。若不含蛋殼只秤雞蛋的重量則是58.5公克。因此當得到此數據的時候，在秤取蛋黃或蛋白之前，就可以先大概換算出應該準備多少的雞蛋了。（如表11-1）

二、蛋的功能

不論雞蛋是在中式烹調、西式烹調、還是烘焙製品中，它的功用絕非只是提供身體所需的營養如此簡單。因爲蛋的性質極爲特殊，它可作物理的變化，也可以作化學的變化，算得上是一個神奇且無出其右的食材。以下就將蛋具有的黏結作用、膨大作用、柔軟作用、提供營養、提供顏色、乳化作用等的功能分別介紹。

■黏結作用

蛋白質經過一段時間的加熱後，會產生黏結的作用，最後會形成固體狀。所以蛋黃與蛋白在受熱時，都會產生不同程度的黏結作用，所呈現的外觀也會因溫度高低、時間長短而有所不同。有時廚師們也會利用蛋品的黏結作用，來控制sauce的濃稠度。

■膨大作用

蛋白本身具有抱氣性，可使蛋白在撞擊、攪拌下，產生較原先體積的數十倍大。其原理就如同將一整箱的氣球，擺放在一個固定的空間內，其所占的空間有限。但是當氣球充滿氣後，體積將會變大進而擠滿整個空間。相對的，若使用打蛋器將蛋白撞擊、打發灌入空氣，蛋白也會因體積變大而撐住整個空間，倒扣時掉不下來。但是若繼續撞擊蛋白的結果，蛋白也將會爆裂，恢復成液體的狀態，但此時的蛋白已失去原先的膨大及黏結的作用。總而言之，可將蛋白膨大的過程分為「起始發泡階段」、「濕性發泡階段」、「乾性發泡階段」及最後的「綿絮階段」。

1. 起始發泡階段：初期的慢速拌打可使蛋白逐漸產生粗大且不均勻的氣泡，蛋白也由原本的透明液態狀，慢慢地轉為不透明氣泡狀。
2. 濕性發泡階段：繼續拌打、撞擊蛋白，使蛋白氣泡開始由粗大轉變成細小，且數量逐漸增多。對於整體體積而言，已經為原本體積的二倍，此時的氣泡狀態極不穩定，經過試驗證明，這時若不繼續撞擊蛋白，已經打發的氣泡將會消失而回到原先的液體狀態。
3. 乾性發泡階段：完成濕性發泡階段後，可開始適度加入砂糖，此時的氣泡會變得更為細膩、紮實且帶有亮麗的光澤，體積膨脹的倍數將會比原本體積增加五至六倍。若要讓蛋白更潔白些，可加入蛋白量的0.5%的酸性塔塔粉，酸鹼中和後就可達到。完成乾性發泡階段後的蛋白，不但不會產生消泡的現象，還可以利用擠花袋塑造出各種不同的型體，放入低溫烤箱烤焙後也不會改變。
4. 綿絮階段：蛋白是由多數的細胞體所構成的，所以當細胞內的氣體增加到一定的程度後，便會成為上述飽和膨大的外型，此時若繼續撞擊，蛋白細胞將會被氣體撐破而產生類似蒲公英般的碎花狀現象，不但失去膨大的作用，也失去了黏結、柔軟的作用，這是因爲蛋白內的水分都被釋放出的緣故。

■柔軟作用

通常爲使產品的口感更加柔軟與具有咬勁，可在產品製作時摻入蛋白，這是因爲當蛋白質在產品中凝固時所產生的現象。至於蛋白的軟硬程度，是取決在水分含量的多寡。

■提供營養

蛋品內含有豐富的蛋白質及礦物質、維生素、油脂等，對於人體所需營養的補充能有效的供應。

■提供顏色

藉由高溫的燒烤，可使已刷上蛋漿產品的外觀（表面），燒出較美觀的金黃顏色，這樣可以增加產品的賣相。不過要注意的是，蛋漿的濃度越濃則燒上的顏色越深。

■乳化作用

蛋黃中所含的卵磷脂，可使水與油融合在一起，它是一種最佳的天然乳化劑。食品中的「美乃滋」，便是乳化作用中「油溶於水」最好的例子。而另一個「水溶於油」的乳化作用例子，則以「塊狀奶油」爲代表。

三、蛋品的鮮度辨識

蛋白pH值的最佳理想狀態是在7.6，儲存愈久pH值越高，蛋也就越不新鮮。要如何辨識新鮮的蛋，可藉由下列幾點說明：

1.蛋品的新鮮度可從外觀察覺，新鮮的蛋品蛋殼粗糙完整沒有裂縫，反之蛋殼光滑有裂縫則表示已不新鮮。要說明的是剛出生一週的蛋，它的蛋殼是完整且較軟的，同時它的鮮度也是最好的。
2.蛋殼除去後，蛋黃應高挺結實，蛋白量多緊密、柔韌有光澤。
3.蛋品外殼的顏色有白色、黃褐色、斑點等數種，只要符合上述1.、2.項的條件都是正常的顏色。這個現象與蛋品的新鮮度無關，其營養價值也相同。在台灣黃褐色外殼的蛋品比較少見，但在法國地區白色外殼的蛋品反而比較少見。

四、蛋品的儲存

1.蛋品中氣室的位置是在鈍端的部位，所以蛋品存放於冰箱內時，鈍端的部位應朝上，讓蛋內氣室的位置始終保持在蛋殼內的上端，這樣可以避免氣室受到蛋黃與蛋白擠壓，或因爲蛋黃的水分散失而膨脹變大，進而影響蛋的新鮮度。
2.新鮮的蛋品（出生一週）外殼雖然完整無裂縫，但是它仍有足夠的縫隙可讓氣體通過，來確保蛋品的鮮度，倘若將蛋品擺放在完全密閉的空間裡，蛋品則會因爲無法獲得新鮮的空氣而導致腐敗。
3.蛋品冷藏雖可以延長保存期限，但也可以放置於陰涼通風處，只要不要放置於高溫潮濕的地方且迅速用完是可以被接受的。
4.蛋品嚴禁放置於冷凍庫中儲存，否則將使蛋品凍傷，毫無食用的價值。

第二節　乳製品

乳製品類的食物含有豐富的鈣質和維生素B2，是補充人體健全發育的主要飲品，經常飲用乳品不但能強化生長激素，擁有強健的體格外，對於禦寒、抵抗病源也有不錯的功效。

雖然有些人飲用乳品後會有下瀉、腹脹或腸胃不適的情形發生，那是因爲飲食習慣尚未調適的因素，只要先從極少量（50c.c.）開始飲用，並有恆心的保持延續，再慢慢地增加飲量直到養成習慣，就能克服上述不適應的症狀。

乳製成品包括流質類、粉末類、固態類三種，這三種乳製品的食用方式從生飲到烹調入菜都有，三者之間的差異僅在於是否習慣乳品的味道，因爲經過烹調後的乳製品可降低本身特有的氣味。茲分述如下：

一、流質類

西餐中常用的流質類乳製品包括鮮奶、鮮奶油、調味乳、蒸發奶及煉奶等。在選購流質類乳製品的時候，一定要購買包裝完整、明確標示製造日期、使用期限仍超過一星期以上的知名廠牌。同時在購買時也應注意瓶內無結塊的現象，購買後必須存放於冰箱內低溫冷藏保鮮（≒5℃），並在使用期限內食用完畢。

流質類的乳製品有鮮奶（全脂鮮奶、脫脂鮮奶、半脫脂鮮奶）、鮮奶油、調味乳、蒸發奶、煉奶、冰淇淋等。

二、粉末類

粉末類的乳製品指的就是奶粉，它包括全脂奶粉、脫脂奶粉、半脫脂奶粉、特殊含量的奶粉（高鈣、高鐵）等。市面上生產奶粉的廠牌雖然很多，但是在西餐烹調中，使用奶粉的機率卻不多，除非是用在烘焙類的製品上，才有機會大量使用。

奶粉的成因是將鮮奶中的水分經過噴霧乾燥法脫去水分製作而成的。由於它搬運方便、儲存容易，只要注意防潮、防濕就可保存一年以上。在選購奶粉時一定要購買包裝完整、明確標示製造日期、使用期限仍超過三個月以上的可靠知名廠牌。同時購買後也必須存放於低溫、乾燥處（≒18℃），並在使用期限內食用完畢。

三、固態類（乳酪）

固態類的乳製品指的就是乳酪，其由來據說是約在西元兩千年前，一位阿拉伯的商人騎著駱駝外出經商時所發現。他使用羊的胃袋盛裝牛奶，用以橫越沙漠的旅程充飢解渴用。在旅途中不經意的飲用時，卻發現袋中有固體形狀的異物，而當他切開食用時，發現了有異想不到的獨特風味。經研判確定爲羊的胃袋中所含有的凝乳素的功效，使袋中的牛奶可以形成凝固狀的物體，此被視爲乳酪最初發現的雛形。

乳酪依照生產的方式，可分爲天然乳酪與加工乳酪兩種，兩者之間的差異在於製作過程中有無摻入不同的香料而定。

基本上乳酪的製作方式是將殺菌後的生乳，加入多種的乳酸菌種，經過酪蛋白沉澱、分離乳清後，再放入凝乳酵素使其凝固。初期的凝固狀還需要經過攪碎、填裝、壓榨、發酵、熟成等步驟，最後才得到所謂的「乳酪」。其製作過程如下：

生乳 → 殺菌 → 乳酸菌種 → 酪蛋白沉澱 → 分離乳清 → 加入凝乳素 ↓

熟成 ← 發酵 ← 壓榨 ← 填裝 ← 攪碎 ← 凝固

以下將乳酪分爲天然乳酪、加工乳酪及選購保存三方面分述說明。

（一）天然乳酪

天然乳酪又可分爲非熟成乳酪、軟質乳酪、半硬質乳酪、硬質乳酪及特硬質乳酪等五種。

■非熟成乳酪

非熟成乳酪也就是所謂的「新鮮乳酪」，它的性質接近「優格」，只是水分比優格還少些。由於此類乳酪可變化出多元的風味，所以也被廣泛的使用在西餐烹調及烘焙製品上。不過要注意的是，非熟成乳酪未經過醞釀的過程，所以保存期限很短，因此不論是用做烹調或烘焙，都應趁新鮮時馬上使用。義式甜點中的提拉米蘇（tiramisu）就是最好的例子。著名的非熟成乳酪有酸乳酪（cream cheese）、麥斯卡波內乳酪（Mascarpone）、綠可塔乳酪（Ricotta）、可塔乳酪（cottage）、巴穠乳酪（banon）及法式的布朗乳酪（fromage blanc）等。此類乳酪最常用來製作蛋糕（cheese cake）或點心（酥芙里）或起士火鍋等。

■軟質乳酪

一般來說軟質乳酪通常都會覆蓋一層白色的黴菌，所以它又稱爲白毛乳酪。雖然此類乳酪的質地很軟、風味獨特，但因它是熟成後的乳酪，所以保存期限也比非熟成乳酪來得長些。不過要說明的是，白毛乳酪有一個特性，就是它的風味會隨著存放時間的長短而變化。風味最佳、口感最棒的時間，應是在出廠

卡蒙蓓特乳酪

藍黴乳酪

圖片來源：富華股份有限公司提供。

後的一個月左右。著名的軟質乳酪有白毛乳酪（brie）、卡蒙蓓特乳酪（camembert）、藍黴乳酪（blue）等，其中以法製的卡蒙蓓特乳酪最具代表性。此類乳酪通常是配合麵包一起食用。

■半硬質乳酪

半硬質乳酪的含水量介於軟質乳酪與硬質乳酪之間，所以切割起來也比較容易，因此此類乳酪經常放在食物表面上焗烤後食用（披薩）。著名的半硬質乳酪有巧達乳酪（cheddar）、高達乳酪（gouda）、紅巧達乳酪（red cheddar）、愛摩塔乳酪（emmental）。它的特色是在內部有許多的坑洞，也是辨別此類乳酪的最好方式。

愛摩塔乳酪
圖片來源：富華股份有限公司提供。

■硬質乳酪

硬質乳酪需經過長時間的釀製才能得到成品，因此此類乳酪在製作時，都會製成較大的體積，同時久放也不易變質。由於硬質乳酪含有50%以上的油脂又擁有上述的優點，所以在早期的生活中，常是用來度過寒冬或行軍作戰的營養來源。著名的硬質乳酪有高達圓形乳酪（gouda mild）、艾登嬌乳酪（edam mild）等。

高達圓形乳酪
圖片來源：富華股份有限公司提供。

■特硬質乳酪

基本上「特硬質乳酪」的性質與「硬質乳酪」大同小異，只是堅硬的特硬質乳酪有時連刀都切不動，食用上非常不方便，因此常會用機器刨成薄片或製成粉末狀灑在麵食上食用。著名的特硬質乳酪有曼則格乳酪（manchego）、格瑞納皮達諾乳酪（Grana pdano）、帕米及亞諾瑞及亞諾乳酪（Parmigiano reggiano）等。

（二）加工乳酪

加工乳酪主要是指經過刻意整形或是銷售給特定族群所製作的乳酪而言，基本上它的成分與天然乳酪是一樣的，只有在外型、包裝及添加物（香料）些許不同而已。例如，軟質加工乳酪（chesse spread）、片狀乳酪（slice chesse）等皆是。而這些乳酪又分別製作成不同口味，以吸引顧客購買。

乳酪是由新鮮牛奶加入活乳酸菌和凝乳酵素，濃縮製成的高營養食品，含有豐富蛋白質、鈣質、礦物質及維生素等（如表11-2）。若以100公克的乳酪來說，其中含有蛋白質25.8公克（約牛奶的8.9倍）、維他命1,200IU （約爲魚的60倍）、卡路里380大卡（約爲蛋的2.3倍）、鈣質680毫克（約爲豬肉的113倍）、乳酸菌，其功能如下：

1.蛋白質：蛋白質能製造、修補身體的細胞。
2.維他命：維他命能預防疾病並養顏美膚。
3.卡路里：提供人體所需之熱量。
4.鈣質：鈣質對於骨骼、牙齒發育極有幫助。
5.乳酸菌：乳酸菌除了能促進腸胃蠕動、幫助食物消化，使腸道功能健全外，更有養顏美容、抗老化、預防大腸癌的神功效呢！

因此乳酪對於成長中的幼童、懷孕中的孕婦及老人家和健康素食者

表11-2 乳酪中的營養含量

名稱	單位數量	相對食物的營養
蛋白質	25.8 g	約牛奶的8.9倍
維他命	1,200IU	約爲魚的60倍
卡路里	380K	約爲蛋的2.3倍
鈣質	680 mg	約爲豬肉的113倍
乳酸菌	※	※

資料來源：富華乳酪公司提供

均能提供自然、健康以及豐富的高營養價值。

（三）選購與保存

由於固態的乳製品類都是屬於再加工製作後的發酵品，品質變化極不穩定且無法掌握，所以在選購時一定要購買包裝完整、標示明確、使用期限仍超過三個月以上的可靠知名廠牌。同時購買後也必須存放於冷藏冰箱內，低溫冷藏保鮮（≒5℃）並在使用期限內食用完畢。一般來說未開封的乳酪通常都會以臘紙或臘衣包覆，這是為避免與空氣中的水分接觸後產生變化。而開封後的乳酪在存放時最好也能先用錫箔紙包好再放入塑膠袋內封好，這樣也可避免水分散失而變質。

第三節　油脂品

依油類的外觀而言，可分為液態的油與固態的脂兩種。其主要成分都是由脂肪酸與丙三醇所構成。常見的液態油大多是植物油（如葵花油、沙拉油、花生油），它是一種由飽和脂肪酸與不飽和脂肪酸所組成的，由於不穩定的性質容易產生致癌的有毒物質，故不適合用來油炸，但其優點是可以降低血液中的膽固醇濃度、可預防心臟病、高血壓的發生。

而固態的脂通常是指動物油而言（牛油、豬油、奶油），是由飽和脂肪酸所構成，故烹調時較為穩定。固態的脂能耐高熱，適合用來油炸食物且不易產生致癌物質，但若是長期的食用卻可能提高血液內膽固醇的濃度，導致動脈血管硬化、破裂。

油脂的熱量很高，1公克就能產生9大卡的熱量，比1公克的醣類產生4大卡熱量及1公克的蛋白質產生4大卡熱量的總和還多。因此油炸的食物雖然味道及口感都非常吸引人，但基於健康的理由還是儘量少吃。因爲不論是動物油還是植物油過度的食用都會引起心臟病、高血壓、動脈血管硬化等病變。以下將就油脂的種類與油脂類的儲存分別說明：

一、油脂的種類

一般人都聽過「油脂」兩字，也知道它是用來做什麼的，但是將「油」、「脂」兩字拆開來說就未必能清楚瞭解。簡單來說，在室溫下呈液態狀的稱之爲油，而呈固態狀的稱之爲脂。至於油脂的種類可分爲液態油、天然固態脂及人造固態脂三類。

1.液態油：從常用的沙拉油、花生油、葵花油到價格昂貴的橄欖油、榛子油、各式香草油都是。
2.天然固態脂：天然固態脂包括牛油、豬油、奶油等。
3.人造固態脂：人造固態脂有酥油、白油、雪白油等。

油脂的種類雖多，但是西餐廚師做菜時，仍特別偏好使用奶油，因爲奶油的乳酪香味會讓烹調出的菜餚特別香純夠味。不過要注意的是，由於奶油的發煙點很低，處理不當很容易就會焦化過頭無法使用。所以有經驗的廚師在烹調時，便會在奶油內加入些許的沙拉油，來提高奶油的發煙點，解決上述的問題。也有些廚師會使用澄清奶油來烹調食物，也可以解決上述的困擾。

何謂「澄清奶油」？藉由加熱的方式將奶油分離出油脂、水分及奶脂質（乳清）三部分，就可得到「澄清奶油」。水分會因加熱而蒸發，奶脂質則會沉澱或浮起，清除水分及奶脂質後，所得到的就是澄清奶油。澄清奶油可提高奶油的發煙點，以及保有乳酪特有的味香、質純。澄清奶油的製作方法可分爲直接式加熱法與密閉式加熱法兩種。

1.直接式加熱法：將奶油放入鍋中慢慢加熱融化，經過攪拌、滾煮、攪拌、小火加熱、自然降溫就可得到浮起的澄清奶油。

2.密閉式加熱法：將奶油放入鍋中，直接放入180℃的烤箱內約十五分鐘後取出，採自然降溫的方式，就可得到浮起的澄清奶油。

二、油脂類的儲存

油脂類應儲存在陰涼乾燥處，並加以密封編號。避免因潮濕、高溫、氧化或陽光直射等因素，而使油的品質變差。油脂類在儲存時最忌諱與水接觸，一般而言，當少量的水遇上量多的油的時候，除了在乳化作用的情形下，油與水能夠融合在一起外，其他的情形都必定會產生程度不同的「水解作用」或「聚合作用」。爲避免發生油脂變質的現象，就應注意無論是在儲存、使用或烹調時都應避免與水或水氣（潮溼環境）接觸。

第十二章 保存性食品類

- 烹飪用酒類
- 酒類的烹調
- 醬汁類、浸漬類、乾貨及醃燻製品類之食品

保存性食品類通常是指經過特殊處理，可耐久存放的產品。所以基本上它沒有所謂新鮮與否的問題，只有產品是否過期、變質或遭細菌侵入的疑慮。甚至還有些保存性食品更以存放得越久品質越佳爲標榜（如酒類產品）。一般來說，保存性食品類都是必須經過眞空包裝處理或是脫去水分的乾燥處理，而且不論是瓶裝、袋裝或罐裝的產品，在包裝前也一定會採用高溫瞬間殺菌（U.H.T）的方式處理後才進行裝瓶、裝袋或裝罐。因此才會解釋說保存性的食品只有殺菌的問題，而沒有鮮度的問題，畢竟「保鮮與殺菌」是無法同時存在同一食品上的。

保存性食品類的儲存方式極爲簡便，只要是放置在無蟲、蟻、老鼠侵入的地方，且又能長時間保有陰涼、乾燥的特性，就能有效的控制食物品質。在本章中將以照片及文字對照說明的方式，分「烹飪用酒類」、「酒類的烹調」、「醬汁類、浸漬類、乾貨及醃燻製品類之食品」等三節次作介紹。

第一節　烹飪用酒類

以酒類來搭配飲食的習慣，在西方的社會中早已是屬於文化的一部分。西方人甚至認爲適度的飲酒不但能開味爽喉，更能促進血液循環有益身體健康。尤其是聰明的法國人，更會善用天然的酒香來入菜，烹調製作出許許多多膾炙人口、享譽世界的佳餚美食，其中以諾曼地半島的紅酒燴雞（coq au vins）最富盛名。

全世界生產酒類的國家，幾乎占了所有國家的三分之一。而他們所製造出酒的種類，實在是多得不可勝數。若要一一在此說明，恐怕是三天三夜也無法道盡，因此在本節中僅就「酒的分類」、常用的「烹調酒類」依序說明之。

一、酒的分類

一般社會大眾對於酒類的認知，大都還停留在帶有酒精成分的飲品便是酒類。對於酒的特性、酒精濃度及製造方式仍是一知半解，在此藉由簡單的介紹，讓學習者也能窺探酒的領域。基本上酒類的誕生可依照其製作的方式不同而分爲蒸餾酒、釀造酒、調製酒（強化酒）及單純發酵酒（啤酒）等四種。

■蒸餾酒

所謂的蒸餾酒是用蒸餾的方式所得到的酒類，其中以白蘭地、伏特加、威士忌及朗姆酒最爲知名。這些都是屬於高酒精濃度的酒類（約43%），而且都是以五穀類中的大麥、小麥和水果類爲主要的原料。其製作的過程非常複雜、嚴謹，所以其銷售的價格也高些。蒸餾酒製造的過程如下：

醣化 → 發酵 → 過濾 → 蒸餾 → 分離 → 調和 → 陳釀

■釀造酒

所謂的釀造酒就是指紅、白葡萄酒及水果酒等，他們是所有酒類飲品中所含營養素最高的酒類。在法國更有人將其視爲每日必備的飲品，並認爲它能滋補強身，是最自然的補品。釀造酒的酒精濃度約從4%~24%都有，不過數量上最多的仍集中在12.5%以上。釀造酒製造過程如下：

醣化 → 發酵 → 過濾 → 儲存

■調製酒（強化酒）

調製酒一般是指香料酒而言，通常是從釀造酒或蒸餾酒所衍生出來的酒類。所以調製酒出現的時期較晚些，屬於後期所研發出的酒類。但由於其使用性廣泛、銷售量大，因而也能獨樹一格，在市場上占有一席之地。較有名的調製酒有馬德拉酒、琴酒、利口酒等。調製酒的製造過程如下：

醣化 → 發酵 → 過濾 → 儲存 → 香料（如花瓣、蜂蜜、香料等）
醣化 → 發酵 → 過濾 → 蒸餾 → 分離 → 調和 → 陳釀

■單純發酵酒（啤酒）

啤酒是一種低酒精濃度、低糖分，適合在炎熱的天氣時飲用的消暑飲品，在全世界各國都十分盛行。但若用在西餐的烹調上，大多仍是用在浸泡肉類爲主。因爲將肉類浸在啤酒內，不但可吸收大麥的香氣，也可使肉質更爲柔嫩。啤酒的製作過程比較簡單，只有以單純的發酵方式一種，所以製造生產啤酒的時間，也較製造一般酒類的時間短上很多。例如，從選麥、製麥、發酵、儲存、裝瓶，約只需要二十天左右即可以完成，是一種利潤較大的酒類。啤酒的製造過程如下：

選麥 → 製麥 → 發酵 → 儲存 → 裝瓶

二、烹調酒類

經常用來烹調的酒類有白蘭地（brandy）、威士忌（whiskey）、葡萄酒（vins）及馬德拉酒（madeira）、坡多酒（port）等五種，這些酒類都是具備了高知名度的品牌。

■白蘭地

白蘭地酒的主要原料是採用葡萄製作，但也有使用蘋果、杏桃等其他口味製作。在所有白蘭地酒當中，仍以法國干邑產地出產的干邑（cognac）白蘭地酒最負盛名，有白蘭地之王的稱呼。白蘭地本身也有等級之分，其中以X.O（extra old）特製陳年白蘭地等級最高，依序是Napolean（拿破崙）白蘭地、 V.S.O.P（very superior old pale）白蘭地及三星白蘭地四種，其酒精濃度約為43%。

至於使用在西餐烹調上，只要是白蘭地酒就可以，不需使用價格昂貴的上品。

■威士忌

威士忌的酒精濃度約在40%左右，主要原料是採用穀類中的大麥所製成，其中以蘇格蘭威士忌最為知名，是威士忌中的佼佼者，它擄有豔紅的顏色、濃郁的酒香、醇厚勁爆的口感。

威士忌除了使用在烹調上有快速焦化食物表面的功能外，有時更會用在桌邊服務（table servise）的噱頭上，製造出另一種情境，提升用餐的質感。

■葡萄酒

在所有烹調用的酒類中，使用最多的就是葡萄酒。因為它柔美的色澤，不僅在烹調後可以增加視覺的效果，提升盤菜的風味與質感，更可以中和魚肉類中的酸性成分。這也是因為它是所有的酒類中，唯一帶有鹼性的飲品。

生產葡萄酒比較著名的國家有法國、西班牙、葡萄牙、瑞士、德國、美國、匈牙利、加拿大等。但是其中仍以法國的波爾多（Bordeaux）地區所產的葡萄酒最為知名，可說是極品中的極品。基本上葡萄酒可分為紅葡萄酒、白葡萄酒與玫瑰紅酒三種，他們的酒精濃度約在4%～18%之間。而紅葡萄酒的製造是選用顏色較深的紅葡萄或紫葡萄為釀製的原料。製作時是連皮帶仔一起榨成汁，再經釀造、發酵的過程，最後得到的便是葡萄酒。葡萄酒的製程約在六年左右，熟成後的產品口感較澀、顏色較深（呈紅棕色）、味道醇厚、甜度較低，所以較適合使用在禽肉類的烹調上。

白葡萄的釀製則是採用白葡萄或淡黃色葡萄爲原料，釀製時會先將果皮去除，所以得到的產品顏色會較淡些，通常都是呈淡黃透明的顏色。由於白葡萄酒的風味清新甘甜，所以比較適合用在海鮮的烹調上。白葡萄酒的釀製時間約是紅葡萄酒的三分之一左右。

■馬德拉酒

馬德拉酒主要的原料是以紅葡萄爲主，它的產地是在葡萄牙靠大西洋岸邊的馬德拉小島上，這個小島也是因爲生產馬德拉酒而聞名於世。雖然馬德拉酒是一種高酒精濃度的強化調製酒，但是馬德拉酒本身的酒精濃度，只有18%左右，其餘的酒精成分都是添加的。馬德拉酒可依照甜度區分爲馬爾美希（malmsey）、布雅爾（bual）、舍希雅爾（sercial）、凡得魯（verdelho）、雨水（rain water）五個層級，其中以舍希雅爾酒的口味最爲相醇，其妍麗的色澤及甜度適中的口感最適合烹調使用。

■坡多酒

坡多酒的酒名並非是以產地來命名，而是以集散中心坡多（Port）城命之。其主要產區是在葡萄牙北部的都羅河流域，坡多酒的製造方式是用紅葡萄的原汁，加上葡萄蒸餾酒（與威士忌製酒方式相同）調製而成的，所以說坡多酒也是強化酒的一種。坡多酒的種類也很多，主要是以顏色的深淺與味道的濃淡來區分。用在烹調時可依自己的菜色要求搭配選用，通常是用在野味類所製作出的菜餚或湯類中。

第二節　酒類的烹調

西方人對於酒的喜好程度，猶如生命般的重視，不僅用餐時要搭配酒來入菜，甚至在吃不同的食物時，還要搭配不同的酒來助興。當然對於用在烹調時的酒，也是格外的重視，馬虎不得。因此就西餐烹飪的廚師而言，要如何去善用這些酒類來烹調就成了必修的課程。以下僅就酒類在烹調時最常用的方式，如醃漬用（浸泡）（marinade）、烹調用（au cuisson）、調味用、溶解肉渣用（deglaze）、燃燒用（flamber）等分別說明之。

■醃漬用

西餐烹飪用酒的使用方式，就如同中式料理中的醬油，可作爲一般的調味料來使用。例如，用來醃漬魚肉類食品，其作用除了可作爲調味之外，也可以藉由在浸泡的過程當中，達到軟化肉質的功效。同時，浸泡後的醃汁（葡萄酒）也可以用來製作sauce，要注意的是，若不想影響食物本身的色澤，就不可以使用紅葡萄酒來醃漬海鮮類食品，或用白葡萄酒來醃漬牛、羊等紅肉類食品。利用酒類來醃漬食物的時候，可以搭配合適的香料，這樣調味浸泡後的效果會更佳。

■烹調用

在中餐烹調裡有一道「燒酒雞」的美味菜餚，它是使用大量的米酒來烹煮雞塊。相同的，在西餐烹調裡的烹飪用酒，也可以如法泡製的拿來烹煮魚肉類食品，其中便以法國菜裡的「紅酒燴雞」最爲知名。在使用紅、白葡萄酒作爲煮汁的時候，葡萄酒的芳香味道及酒精成分，會隨著烹煮的過程揮發散失，加上鍋內的水氣蒸發後，因此會有濃縮的現象產生。所以用來作爲煮汁的葡萄酒，只需選購一般的飲用酒即可，不需要購買價格昂貴、口碑極佳的名酒。因爲在長時間的烹調後，所得到的結果都是一樣的。

■調味用

有些講究的美食家及饕客，會要求在用餐時所喝的酒，要與該餐用來烹調的酒一樣。這樣的要求雖然在一般的餐廳裡有些苛刻，但是對於國外擁有三星級評價的高級餐廳裡，卻是理所當然的事。因爲這些高級的葡萄酒類，多是在烹調結束後才加入到菜餚內調味的，而且它不需要再經過烹煮，只要簡單的加熱後，仍可以完全保留葡萄酒的道地風味與精華，因此這些美食家及饕客會提出這樣的要求不是沒有道理的。

■溶解肉渣用

經過油煎、爐烤後的魚肉類食品，多少都會留下殘渣與肉屑，也由於這些都是食物留下的精華，所以只要倒去鍋內的殘留油汁後燒熱鍋子，就可利用葡萄酒來溶解這些殘渣肉屑，並用來製作sauce。由於此種烹煮的時間較短，不會破壞葡萄酒的風味，因此在這裡可選用較大衆口味的酒類來製作即可，如紅白葡萄酒、白蘭地、雪利酒等。

■燃燒用

若使用高酒精濃度的烈酒（如伏特加、干邑白蘭地、馬德拉……）來烹調食物，必須注意一定要將過多的酒精燃燒掉。否則烹煮出的菜餚會帶有苦澀的味道，客人在食用後也會有頭昏醉酒的困擾。「燃燒」的動作往往可以製造噱頭，營造出特殊的用餐氣氛。也可以藉由燃燒的過程，使食物表面達到焦化作用，進而散發出更佳更香的風味。所以常會選在客人的面前（桌邊烹調）點燃火焰，來顯現該餐廳服務的特色。

第三節　醬汁類、浸漬類、乾貨及醃燻製品類之食品

不論是在西方人還是東方人的家中，只要走進廚房內多多少少一定找得到瓶裝醋、醬、醃浸類及乾貨、醃燻製品類的食品，它的普及率可說是100%的遍及各地。人們對於它的依賴程度，猶如水與魚之間的關係。而這些食品的種類包括風行全世界的番茄醬、義大利人的烹調至寶橄欖油、法國人酷愛的芥末醬、中國人廚房必備的醬油、日本人飲食的最愛哇沙米、墨西哥人烹調習慣用的辣椒醬等，比比皆是。因此在本節中將分別介紹醬汁類、浸漬類、乾貨及醃燻製品類等食品。

一、醬、汁類食品

醬、汁類的食品大多是呈液態狀或濃流質狀，由於它的功能著重在調理食物的味道，所以它本身就是一個講求極端重口味的食物原料。若不當（過量）的使用，都會嚴重影響到食物烹調後的結果。基本上我們可將這類的食物分爲醬類、汁類與醋類三種。

■醬類

醬類製品大多是指經過加工釀造後的保存性食品，所製造出的成品更是以標榜濃度高、口味重、風味特殊爲訴求，所以會去購買食用的對象也都是以喜好重口味的民衆爲主。醬類製品的種類很多，有牛排醬（A1 stake sauce）、番茄醬（ketchup）、法式芥末醬（france mustard）、meaux 芥末醬（mautarde de meaux）、英式芥末醬（English mustard）、

第戎芥末醬

日式芥末醬（wasabi）、第戎芥末醬（Dijon mustard）、辣根醬（horse radish sauce）、薄荷醬（mint jelly）、楓樹糖漿（mapple sauce）、甜辣醬（chutneys ）、辣椒醬等。

■汁類

汁類製品除了濃度比醬類製品來得較稀外，其餘的特點大致相同。它的用途也是在強調食物特殊的風味，但是有時也會因食用者的過度偏好，而完全改變食物應有的風味，所以爲保有食物原汁原味的特色，此類食品也有適量取用的必要。汁類的製品有辣椒水（tabasco）、醬油（sauce soja）、香草精（vanilla）、濃縮檸檬汁（lemon juice）、濃縮柳橙汁（orange juice）等。

■醋類

基本上醋可分爲釀造醋與合成醋兩種。釀造醋的質地較香較醇，價格也較貴些，但是會有蛋白質沉澱的現象。反之，合成醋的質地較爲刺激嗆鼻，色澤也較不自然，但是由於其價格較低且不會有沉澱的現象，所以也有一定的消費群衆。醋的種類有白酒醋（wine vinegar）、紅酒醋（red wine vinegar）、義大利陳年老醋（balsamic vinegar）、蘋果醋（apple cider vinegar）、英國陳年黑醋（worcestershire sauce），以及用各式新鮮香料（百里香、鼠尾草、迷迭香）去浸泡數星期後所得到的香料醋。

二、浸漬類食品

浸漬類食品都有一個共通的特色，那就是味道非酸即鹹，因爲只有在這種情形下才能有效抑制細菌的滋長，達到延長保存的功效。不過開封過的浸漬類食品，雖然其風味仍具有酸與鹹的特性，但是當瓶（罐）中的汁液與空氣或唾液接觸後，就會遭到感染腐敗。其實這是因為浸漬類食品在封裝前，還是必須經過殺菌的步驟。若說單靠食品的酸味與鹹度，而沒有經過殺菌的過程就能保證其品質無慮，那是騙人的。浸漬類食品可分為瓶裝與罐裝兩種，其產品種類有：

1.瓶裝：酸豆（capers）、酸黃瓜（pickled cherkins）、櫻桃洋蔥（pickled onions）、紅心綠橄欖（olive stuffed with pimento）。
2.罐裝：鯷魚罐（canned anchovy）、黑橄欖（black olives）、鮪魚罐、整顆番茄、番茄糊、洋菇罐、黑櫻桃、酸櫻桃、德國酸菜、鳳梨罐、玉米醬。

黑橄欖

三、乾貨及醃燻製品類

所謂的乾貨、醃燻製品類食品，是老祖先對於延長食物食用期限所研究發展出來的保存方法。這種利用脫乾水分或是醃漬的保存技術誕生後，過剩的新鮮食物不再無端的被糟蹋浪費。雖然這些製成的乾貨與醃燻製品類的食物，已經失去原先鮮美多汁的外型而變得乾硬色深，但取而代之所呈現出的味道卻更為濃郁、強烈、有特色，成為另一種好吃的食物。對於這些傳統經驗所累積出的智慧成果，使我們不得不佩服老祖先對於食物保存所花下的心血與結晶。現今市場供應的乾貨種類繁多，不僅有傳統的南北雜貨類，更有許許多多的進口保存類食品。在此分別介紹乾貨類與醃燻製品類的食品。

（一）乾貨類

乾貨的種類有五穀類食品、豆類食品、麵條類食品、核果類食品、蜜餞類食品、烘焙類食品等，分述如下：

■五穀類食品

五穀類食品有圓米（pudding ruce，布丁米）、長米（converted rice）、黑（白）糯米（glutinous rice）、糙米（unpolished rice）、野米（wild rice）、義大利米（italian rice）、大麥（barley）、麥片（pearl barley）、小麥（wheat）、小麥粉（semolina）、燕麥（oats）、玉米（sweetcorn）、黑白芝麻（sesame）、西谷米（sago）、樹薯粉（tapioca）、麵粉（flour）、北非小米（couscous）、玉米糕（polenta）、麵包粉。

■豆類食品

豆類食品有蠶豆（broad bean）、扁豆（lentil）、黑大豆（black soybean）、黃豆（yellow soybean）、綠豆（rice bean）、紅豆（aduki bean）、花豆（borlotto bean）、腰豆（red kidney bean）、利馬豆（lima bean）。

■麵條類食品

麵條類食品一般可分爲進口麵類與中式麵類兩種。

1. 進口麵類：義大利麵（spaghetti）、通心麵（pipe rigate）、水管麵（rigatoni）、蝴蝶麵（farfalle）、貝殼麵（conchiglie rigate）、板麵（lasagnette）、寬板麵片（pasta secca）、螺旋麵（fusilli）、斜管麵（penne）、菠菜麵條（tagliatelle verdi）、日式綠麵（soba noodle）等。
2. 中式麵類：粉絲（transparent）、米粉（rice noodles）、雞蛋麵（fresh egg noodles）、麵線（wheat noodles）、速食麵（chinese noodles）。

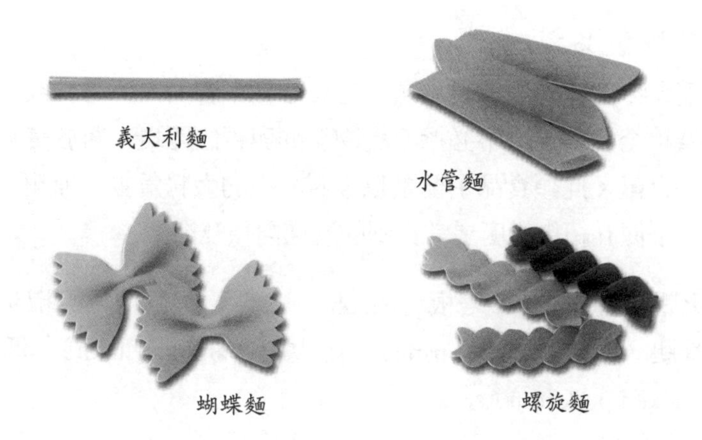

圖片來源：富華股份有限公司提供

■核果類食品

核果類食品有花生（peanut）、杏仁（almond）、巴西湖桃（brazil nut）、核桃（walnut）、椰仁（coconut）、開心果（pistachio）、松子（pinenut）、昆士蘭果（macadamia，夏威夷豆）等。

■蜜餞類食品

蜜餞類食品有黑棗（prunes）、杏桃（apricot）、桃子（peaches）、葡萄乾（raisins）、蘋果乾、芒果乾等。

■烘焙類食品

烘焙類食品有吉力丁片（gelatine）、杏仁麵團（almond paste）、巧克力磚（cooking chocolate）、香草棒（vanilla）、乾酵母（dried yeast）、泡打粉（baking powder）、洋菜（agar）、玉米粉（cornflour）、紅（綠）櫻桃（glace cherry）、蜂蜜（honeys）、糖粉（ice sugar）、杏仁粉（almond powder）、花生粉（peanut powder）等。

（二）醃燻製品類

著重風味獨特的煙燻製品類，它有著儲存容易、不易腐敗的優點，所以能廣銷全世界，而不必擔心食物新鮮與否的困擾，對於美食的推廣有重大的貢獻。此類食品主要是以肉製品中的臘腸爲主，種類之多不勝枚舉，以下便介紹幾樣廚房常見到的醃燻肉類及海鮮 。

1. 火腿類（ham）：培根（bacon）、三明治火腿、黑胡椒牛肉、燻骨腿、帕瑪火腿（parma）、燻火腿（smoked ham）、燻里肌（smoked pork loin）。
2. 臘腸類（smoked sausages）：小牛肉腸（veal sausages）、熱狗（hot dog）、啤酒腸、各式沙拉米（salami）、鵝乾醬（foie gras）、鵝乾慕斯（mousse de foie gras）等。
3. 醃燻海鮮類：燻海令魚（smoked herring）、燻鮭魚（smoked salmon）、燻鰻魚（smoked eel）、燻秋刀魚（smoked mackerel）、燻比目魚（smoked halibut）、燻鯡魚（smoked sprat）、燻鱘魚（smoked sturgeon）、燻鱒魚（smoked trout）、魚子醬（cavia）等。

第三篇　實務篇

食物切割的方法與烹調的好壞，往往是決定食物成品成敗的因跟果，兩者之間有著非比尋常的關係。因此從實務篇開始，就是要為讀者講解在廚房操作時的技術應用。簡單來說就是要教導學習者如何做菜、如何將理論與技術相結合。

本篇內容主要是著重於操作技術的原理解說，讓讀者瞭解「為什麼會這樣？」及「噢！原來如此！」的衷心感受。舉例來說，需要長時間燉煮的菜餚，如白汁燴小牛肉（blanquet de veau），切割時就務必將每一塊肉儘可能切成3～4立方公分體，否則切割太小的小牛肉還沒有「燉」到入口即化時，就會因為「結締組織」完全遭到破壞而分散開來，失去原來應有的形體，或是因肉塊太大久燉不爛，延長了烹調的時間。

因此不論是何種的烹調方法，都必須審慎留意其切割的方式，不然烹煮後的成品即使味香令人垂涎，卻也無法順利咀嚼而得到應有的口感。

在本篇中的第十三章與第十四章特別就「切割」與「烹調」作深入的探討。

第十三章

切割

- 切割概論
- 食材切割

提到食物的切割，不禁讓人連想到孔子曾說的一句：「割不正不食」的傳世名言。語義是說食物的切割也有一定的章法，相同的食物若採不同的刀法，就會得到不同的口感。反之，如果不按章法的胡亂下刀，則會導致烹調後的食物產生結構性的變化，嚴重時甚至會有難以下嚥、無法咀嚼或食物烹煮過爛的情形發生，因此不得不慎。本章將以切割概論、食材切割兩部分分作說明：

第一節　切割概論

「工欲善其事，必先利其器」旨在告誡世人做事時，除了要專心投入外，更要選對輔助的器具方能事半功倍。因此在切割食物時，首先就要選對適合切割的刀具。例如，手持廚師刀時，切割的對象就必須以沒有骨頭的食材爲主；反之，帶有骨頭的肉類就必須選用去（剔）骨刀或砍骨刀。本節中將以切割時應注意的「下刀方式」與「切割類別」分別說明。

一、下刀方式

基本上，西餐烹調食材的切割，主要仍是以廚師刀爲主。最常使用的下刀方式爲「滑刀推切法」、「刀尖拉切法」、「刀跟分切法」、「刀刃斬壓法」、「雙刀排斬法」、「斜刀片切法」、「直刀切片法」、「平刀切片法」、「前後推拉法」、「揀菜挑膜法」、「括骨去鱗法」、「截斷法」等十一種。每一種刀法的下刀要領及施力方式都不同，必須勤加練習、細細觀察，方能體會出用刀訣竅。

■滑刀推切法

滑刀推切法使用的刀具爲廚師刀。由於廚師刀的設計是採用一體成型的流線造型，使得切割時必須將刀柄向上提，使刀身與砧板呈45°角。再利用重力加速度的下滑推切方式，以刀刃的部分來切斷食物。如此反覆的來回推切，便可將切割時所產生的磨擦阻力降至最低，使廚師刀能靈活的在砧板上游走。這種刀法是有別於中餐刀上下的施力方式。滑刀推切法適合切絲、切小丁、切丁片。

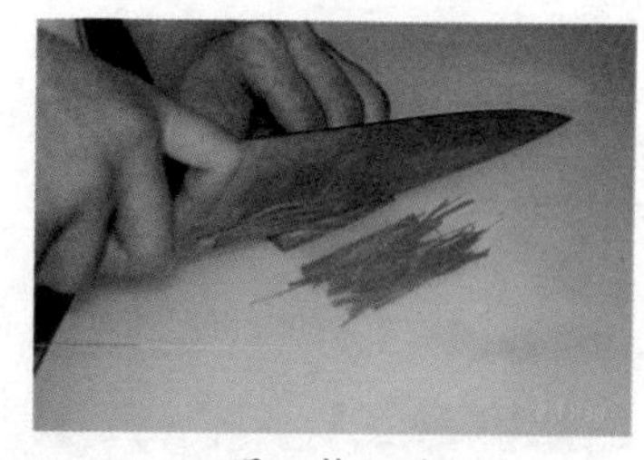

滑刀推切法

■刀尖拉切法

刀尖拉切法使用的刀具爲廚師刀，它是利用尖薄細長的刀尖快速向後拉切，把被切物切成間距相同的扇形狀即成。此法最常用在分切鱗莖類蔬菜（如洋蔥）或大顆狀的包心菜上。

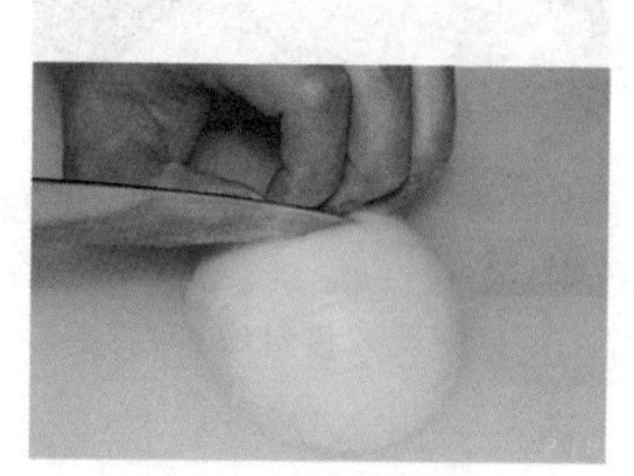

刀尖拉切法

■刀跟分切法

提起廚師刀並利用廚師刀刀跟的自然下墜速度，也可以很快的分切鱗莖類蔬菜。若能操作熟練，比起刀尖拉切法可省下更多的時間及力氣，是一種極實用便利的分切法。

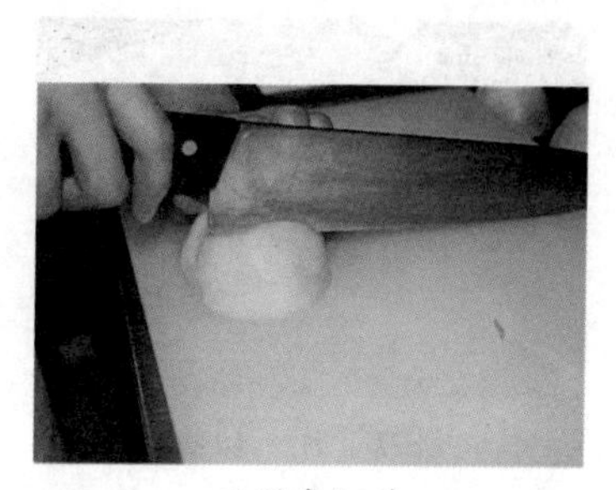

刀跟分切法

■刀刃斬壓法

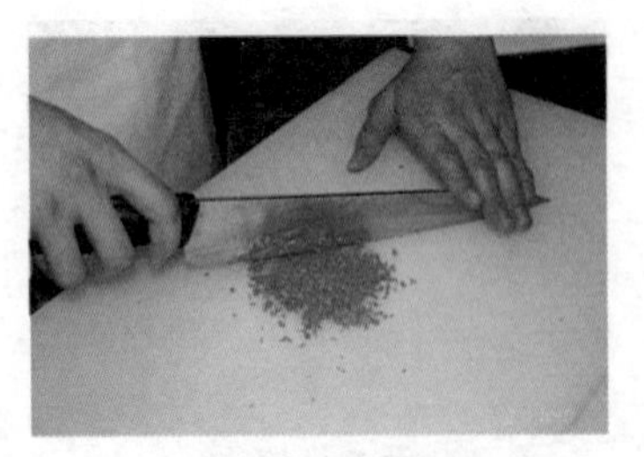

刀刃斬壓法

用左（右）手固定廚師刀的刀尖，再以右（左）手輕握刀柄，上下快速移動，便可利用廚師刀的刀刃輕易地將食物斬斷成細小狀，此刀法最常用來切末。

■雙刀排斬法

雙刀排斬法

雙手分持兩把同樣規格之廚師刀，以快速打鼓的方式，使廚師刀上下移動斬斷食物，雖然此法能加快斬壓食物的速度，但是操作起來十分危險，極容易傷及自己或他人，因此並不建議生手使用此切割法，此法大多是用來將食物斬成細末狀。

■斜刀（片）切法

斜刀（片）切法

使用斜刀片切法的主要目的，是將體積較小的食材切出最大的面積，例如，細小的辣椒如果採用滑刀推切法切割，切出的辣椒圈直徑將小於斜刀片切法切出的直徑；又如菲力牛肉的尾端及鮭魚片的尾端，都可以用斜刀片切法切出較大的面積。斜刀片切法可使用廚師刀、片刀及菲力刀。

■直刀切片法

直刀切片法主要是將塊狀食物切成片狀或直接截斷的方式，例如，胡蘿蔔的切片就是使用直刀切片法切割，其使用的刀具為廚師刀。

直刀切片法（一）

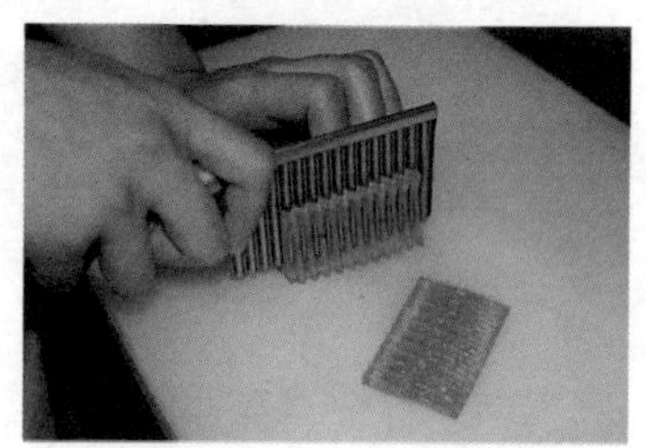

直刀切片法（二）

■平刀切片法

以水平橫切下刀的方式，將體積較長較扁的物體切成片狀，例如，西芹的切片就是使用平刀切片法切割，其使用的刀具為廚師刀。

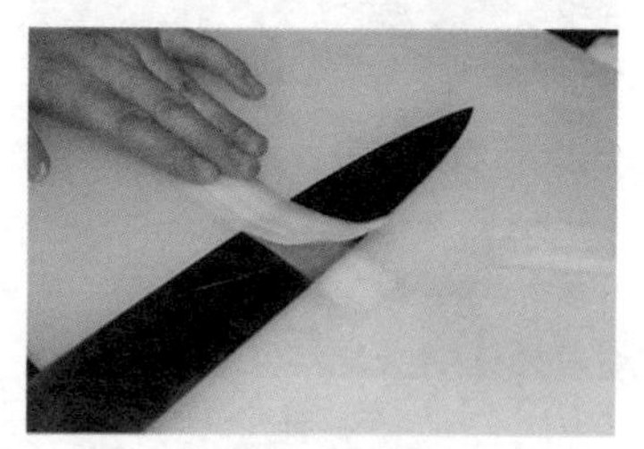

平刀切片法

■前後推拉法

有些食物的構造特別鬆軟（如吐司麵包），若使用其他的切割法切割，會因無法順利切斷，而改變（壓壞）其原有的外型，此時可採用前後推拉法，便可輕易且精確的切斷鬆軟食物。前後推拉法使用的刀具有鋸刀、麵包刀等。

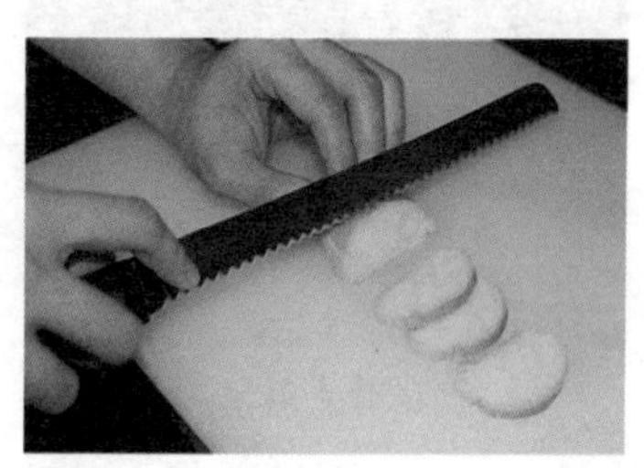

前後推拉法

■揀菜挑膜法

揀菜挑膜法的操作主要是針對揀菜及去膜兩個動作，其使用的刀具爲小（削）刀。

揀菜

1.揀菜：蔬菜的表面（如花菜、洋菇蒂）常帶有很粗的纖維素，這些纖維素非常不易咀嚼，常會塞在牙縫中，因此在烹調前就應將它挑去，此時便可使用操作靈巧的小刀先行挑去。

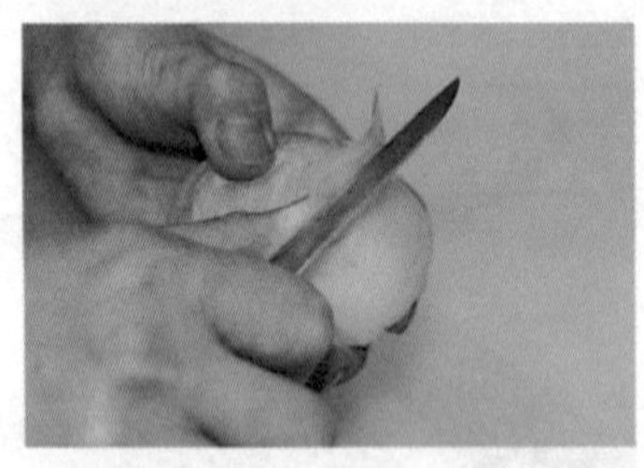
去膜

2.去膜：洋蔥、紅蔥頭、大蒜之類的食材，表面都包覆著一層葉膜，此層葉膜不可食用，因此在備菜時就可利用小刀操作時的靈巧性來挑去此層薄膜。

■括骨去鱗法

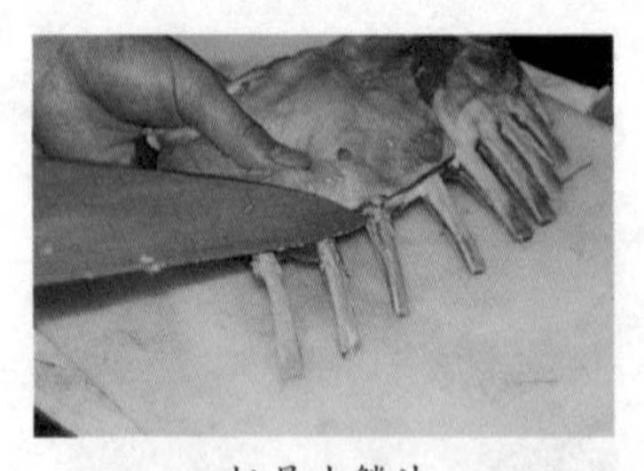
括骨去鱗法

刮骨去鱗法的操作方式有兩種，一是利用鋒利的刀刃刮去骨頭上的肉渣，一是使用刀背刮去魚身上的魚鱗。刮去法使用的刀具爲魚刀及去骨刀。

■截斷法

截斷法主要是將堅硬帶骨的食物一分爲二或二以上時，所使用的刀法。雖然使用的刀具爲砍骨刀，但是並非所有堅硬帶骨的食物都可以

「砍斷」。如果是比手指頭還粗的食物，應改用電鋸來截斷，不然強行用砍骨刀來截斷食物一樣會傷及刀刃，嚴重時甚至會因反擊的力道過強，而發生意外事故傷及自己或同僚。

二、切割類別

雖然上述各類食物的切割法加起來不下十幾種，但是嚴格的劃分起來，也只有三大類。一是順紋切割；一是斷紋切割；一是只重視刀工的雕工型切割（如表13-1）。藉由以下分述說明：

■順紋切割

順著食物纖維走向的切割法，不論是肉類或蔬果類，都可以維持食物本體間的相互抓力。所以此切割法能耐長時間的烹煮，且烹煮後的形體不易改變。因此想要維持食物在烹煮後的形體仍然完整，又能享有入口即化的口感，使用順紋切割法是有其必要的。

■斷紋切割法

斷紋切割法主要是針對肉類與蔬果類的切割。

1.肉類：將纖維切斷的橫向切割法，有助於增加肉類食物柔軟的口感，尤其是用在煎、炒、炸等短時間的烹調法中特別明顯。要注

表13-1　各切割法適用的部位

切割法	種類	適用部位
順紋切割法	肉類	運動量大的肩、臀、腿、足、尾
	蔬果類	塊根、莖
斷紋切割法	肉類	運動量小的里肌、腹部
	蔬果類	塊根、莖、葉
雕工型切割法	肉類	無
	蔬果類	塊根、莖、各類水果

意的是此切割法不耐長時間烹煮，極容易將食物煮得太乾太老難以咀嚼。

2.蔬果類：將纖維切斷的橫向切割法，有助於增加蔬菜食物清脆的口感，雖然會失去食物本體間的相互抓力，但是用在生菜沙拉的製作上，卻是不錯的切法。要注意的是此切割法不耐長時間烹煮，極容易將食物煮爛。

■雕工型切割

通常雕工型的切割法是用在裝飾與盤飾的部分，而非用來烹調。所以要求的重點是講究一體成型，或先做部分切割再組裝成型。至於雕塑成品的內容包括各類造型，如十二牲肖、鳥、蟲、花、草、魚等，這些成品的用途多爲展示用，所以在乎的是保存及保鮮的期限，因此不會用來烹調，而且只講究形體美觀卻不重視咀嚼口感的雕工型切割法，是無法兼顧到烹煮後食物各部位的連結力。只要是連結力不同，經過烹調後就會毀壞原有的形體，因此將食物以雕工型切割法切割後再來烹調，對食物本身並不具有任何的意義。

雕工型切割

第二節　食材切割

食物切割的好壞，在於下刀的要領掌握是否明確而定。有些經驗豐富的廚師不僅切割的速度快，切出的食物更是精準確實。探就其原因除了勤練生巧外，就是對於食物本身結構有充分的瞭解。例如，在切割鱗莖類的洋蔥時，若不知它的結構及使用正確的切割方法，非但不能切得快、切得漂亮，反而會切得淚流滿面、疼痛不堪。

因此在本節中僅針對肉類的切割、海鮮的切割及蔬菜的切割分別介紹，對於雕工型切割法就不在此作討論。

一、肉類的切割

肉類的切割主要是以家畜類及家禽類為主。

（一）家畜類的切割

家畜類的切割法主要是以截肢、分割、蝴蝶刀法、切絲、切塊等五種。

■截肢

切割肉類（家禽）時常會有碰到骨頭的困擾，倘若使用蠻力硬砍、硬切，極容易造成刀具的損壞，甚至一不小心會有受傷的顧慮。因此若能先瞭解骨骼的結構，就能避開使用危險的切割方法了。骨頭與骨頭間的交接處一般稱為關節，只要找到這個部位，再用指尖觸及凹陷的地方沿著凹陷切下，就可以輕易的切斷，若為大型的肉塊（家畜），無法採用上述的方式分割時，最好能改用電鋸分割較妥。

■分割

不論是雞、鴨、豬、牛、羊體內的肉塊周圍，都有結締組織分隔作為保護。在分割此類部位的肉塊時，只要用刀刃沿著結締組織層遊走，就可以輕易地將肉塊完整的分割開來，分割肉塊時也可利用「刀尖拉切法」的要領，輕易將肉塊與肉塊分離。

■蝴蝶刀法

蝴蝶刀法常用在里肌肉（瘦肉）的切割，其目的是將較小較厚的肉攤開呈肉片狀，來增加肉的面積。切割的方法為第一刀先切取厚約1.5公分的肉片，第二刀時再由1.5公分厚度的二分之一處切開，但是不切斷，就可以把肉片攤開，這樣的切割法可方便製作成各類製品（如肉捲）所用。因此下刀時必須先觀察其紋路走向，避免施力不當劃破肉片無法使用。

蝴蝶刀法

■切絲

切絲基本上可分爲「切肉絲」與「切肉柳」兩種，此兩種的切法一樣，只是大小不一樣而已，分述如下：

1. 切肉絲：切肉絲時的手感拿捏要準確，不論粗、細、長、短都應一致。否則若以相同的時間來烹調時，所得的食物口感絕對不一樣，不是有的太老太硬就是有的半生不熟。因此要使切絲的技巧拿捏精準，唯有勤練一途。
2. 切肉柳：肉柳切割的長度，通常是以小指頭的大小爲基準。此類的切割法，多用在中長時間的覆合式（燴）烹調法上。切絲與切柳所使用的刀法都是先切片再切絲（柳）的「滑刀推切法」。

不論是切肉絲或切肉柳，若能將肉塊先冰過一下，切出來的肉絲或肉柳都會很漂亮。

■切塊

肉塊切割的大小，通常是以成人一口的量爲基準切割。此類的切割法多用在長時間的燉煮上，因此在切割時可稍微切大些，因爲肉塊經過長時間燉煮後，會先有收縮的現象。切塊所使用的刀法為「前後推拉法」。

（二）家禽類的切割

家禽類的切割主要是以雞、鴨、鵝為主，不管是生鮮時的切割還是煮熟後的切割，都大同小異，要注意的是動作的熟練度，避免破壞肉品的表面完整，影響產品的賣相。以下便以禽類的切割與縫綁分作說明。

■切割

禽類宰殺的流程為放血、脫毛、去頸、去內臟、去腳筋、去爪、去翼尖、大部解剖（一開八）、背骨（船骨）、臀部（尾椎）。

1.放血：將頸部羽毛拔除，並由頸部內側劃上一刀，讓禽血流出。

2.脫毛：待禽血流盡後，把禽類放入滾水中數十秒後撈出，浸入冷水片刻，就可將毛脫去。

3.去頸：將頸背的皮用單手握住並向下繃緊，再取一小刀由繃緊處劃開，挑起頸部並由上下兩端處截斷，取下頸部。

4.去內臟：用小刀在腹部劃開一長約三公分的缺口（肛門旁），再用中間三指由缺口伸入，並沿腹腔壁遊走，將內臟與腹腔壁分開，就可將內臟全部拖出。然後再用中指，由頸部截斷處伸入背夾骨內側（手掌朝上），找到滑滑的肺（左右各一片），施點力道便可將藏在背夾骨內側的肺取出。

5.去腳筋：用小刀將腳背的皮劃開，找到腳筋後拉起，再用磨刀棒穿過腳筋，旋轉磨刀棒一圈後，便可將腳筋拉出。

6.去爪、去翼尖：腳筋拉出後，便可取小刀沿著膝蓋交接處切下切去腳爪。翅膀的尖端（翼尖）在西餐烹調上並無作用，故可一併切去。

7.大部解剖（一開十）：大部解剖可將禽類切割成胸部、腿部兩部

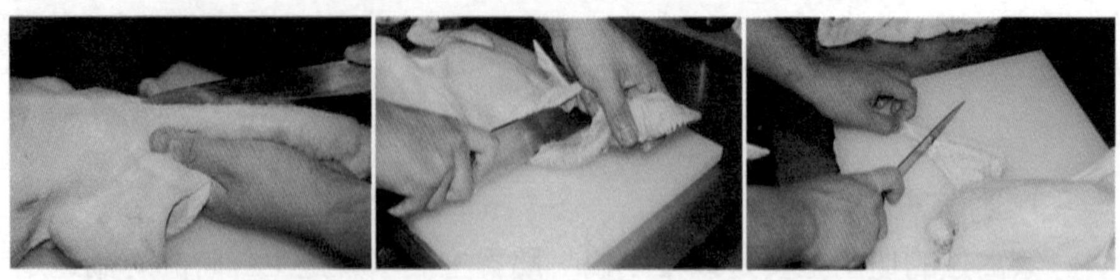
劃開頸背　　去頸　　去爪、去翼尖

分，其中又可細切爲雞翅二份、胸肉四份；腿肉又可分切爲大腿肉二份，小腿肉二份，合計十份，故稱爲一開十。

8.背骨（船骨）、臀部（尾椎）：經過上述的步驟分解後，剩餘的部分便是船骨及尾椎兩部分，船骨通常用做煮高湯，而尾椎則無他用。

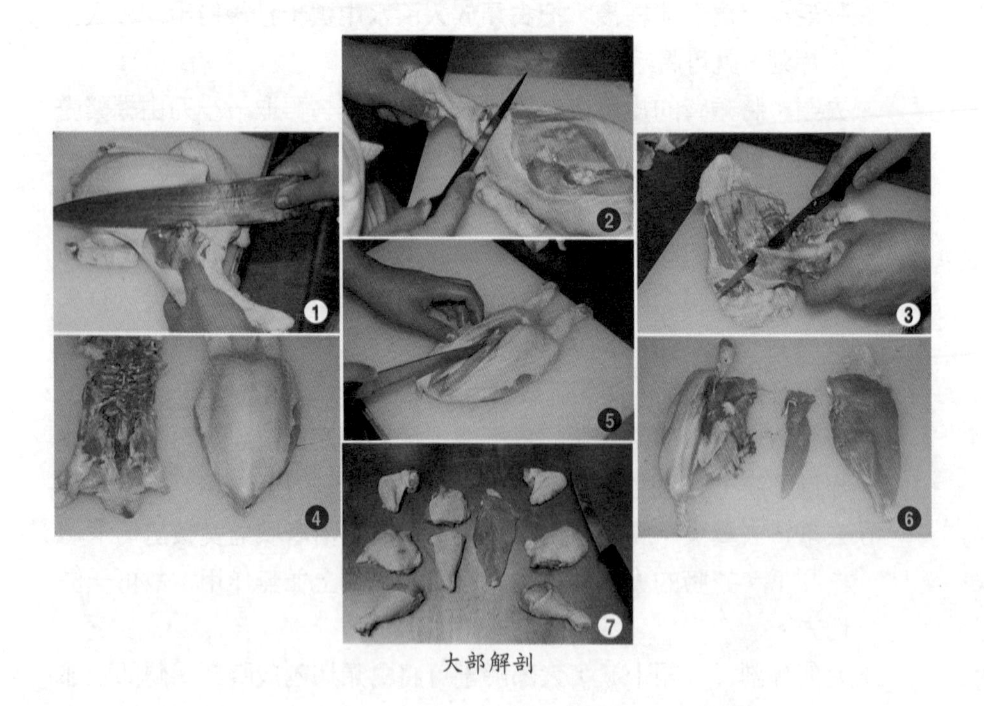

大部解剖

■縫綁

縫綁禽類的目的，主要是爲了使禽類在烹調後，仍能保持體態的完整與肉質的彈性，所做的預防措施。而烹調的方法不外乎爲蒸、煮、烤等方式。

1.縫：

(1)以縫針穿過右大腿，並穿過胸腔由左小腿穿出。

(2)縫線繞過左小腿後，平行穿過腹腔及右小腿後穿出。

(3)縫線繞過右小腿後，並穿過胸腔由左大腿穿出。

(4)縫線繞過左翅，並穿入左翅、頸皮、右翅後，繞過右翅，與右大腿上的線頭交會。

(5)將右翅與右大腿上的線頭拉緊，調整禽類的體態後，打上繩結即可。

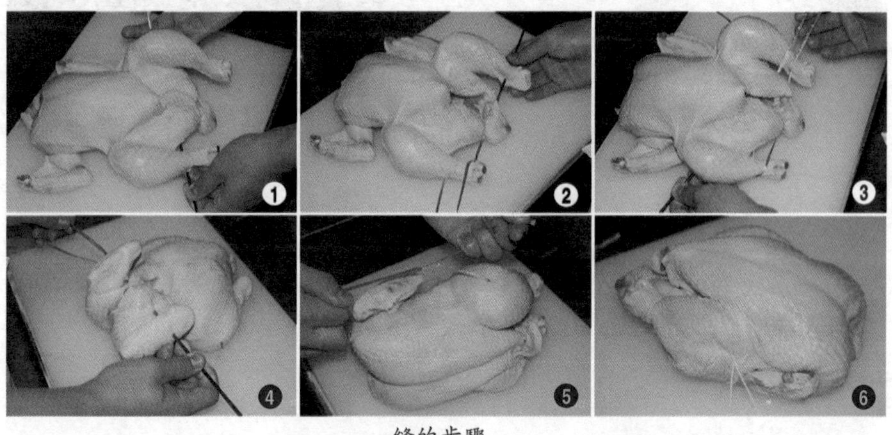

縫的步驟

2.綁：

(1)取一長八十五公分之棉繩對折，並以對折處綁住禽類的尾椎（禽胸部朝上）。

(2)再將左右兩足踝拉至尾椎上端處綁緊，並將棉繩沿著禽腿內側往上拉緊。

(3)將禽類翻轉禽背朝上，將兩端棉繩分別繞住兩邊禽翅後，拉緊棉繩並在頸背上打上一繩結，調整禽類的體態後，即完成綁的動作。

(4)若繩結在綁時會彈開，只要在綁緊前多繞幾圈即可。

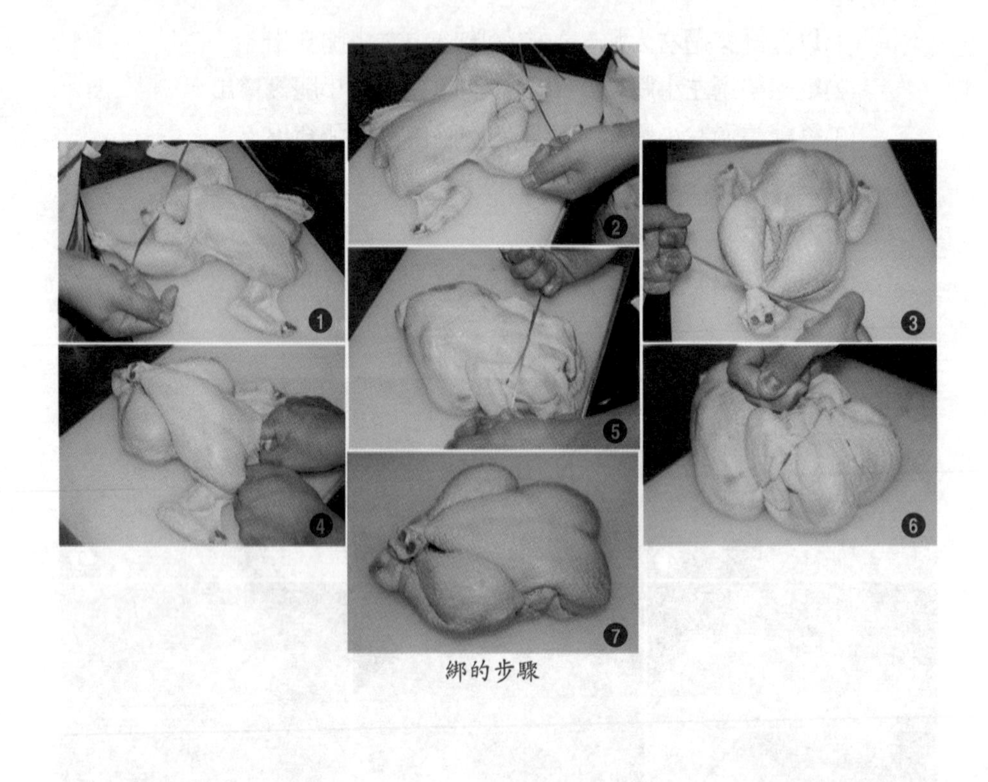

綁的步驟

二、海鮮的切割

海鮮的切割主要是以鮮魚、軟體、甲殼及貝類四類爲主，切割技巧的好壞往往會影響到烹調的結果，甚至無法進行烹調的動作，所以不得不愼。以下便以鮮魚類、軟體類、龍蝦類及生蠔的順序分別說明。

（一）鮮魚類的切割

魚類的形體較單純，不像家畜類的形體構造那麼複雜，但是在切割前仍必須先將魚體做初步的處理後，才能進行所謂的魚體解剖，這些動作包括去除魚鱗、魚鰓、內臟、魚鰭等動作。接下來才是剔去魚皮後的切肉柳、切斜片、切菲力或是直刀橫切（剖面）大型魚類（如鮭魚、石斑）的身體等。當然切割的變化也有難易之分，在此所介紹的都是基礎的切割方法。以下便以魚體的清潔與切割分述說明。

■魚體的清潔

1.擊昏：活魚在切割前仍會跳動掙扎，爲避免在處理魚時發生意外（刀傷），可先取重物擊向魚頭，使其暈倒，便可安心處理後續動作。

2.去魚鱗：通常在處理數量較多的魚類時，由於必須去除大量的魚鱗，所以都會使用專門去除魚鱗的打鱗器，但若只有一兩條魚時也可以使用魚刀的刀背來括去魚鱗。括去魚鱗時，最好能先戴上棉質的手套（或乾布）抓住魚尾，另一手手持打鱗器，逆著魚鱗方向括去，便可輕易括除魚鱗。要注意的是有部分死角的魚鱗常會被忽略，例如，魚肩上方、魚鰭四周、魚腹下方、魚尾四周、魚鰓上面，都必須清除乾淨。

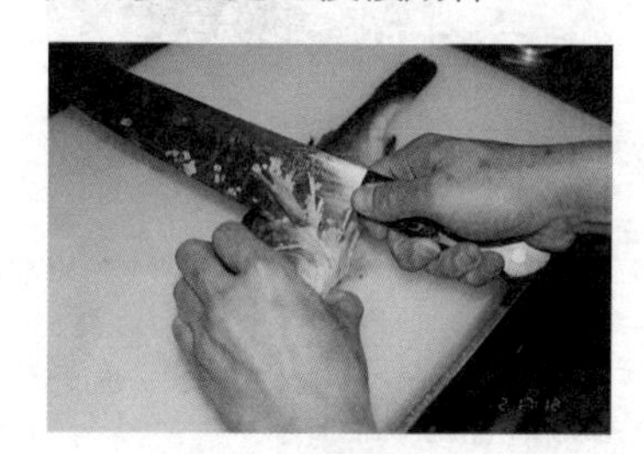

去魚鱗

3.去魚鰓：魚鰓是魚的呼吸器官，內藏有大量的細菌，加上其無食用價值，對人體有害無易，因此有必要除去。挑去魚鰓時最好不要直接用手指，因爲極容易刺傷手指引起發炎，尤其是大於手掌的魚更要使用

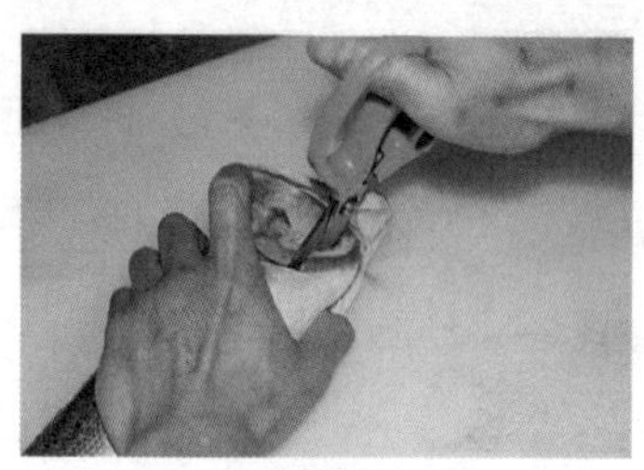

去魚鰓

魚剪去除。魚鰓有兩邊，它的連接處在上下兩端，只要將上下兩端的連接處剪開，就可以將魚鰓取出，或是用鉗子夾住魚鰓旋轉360°，也可以輕易取出。

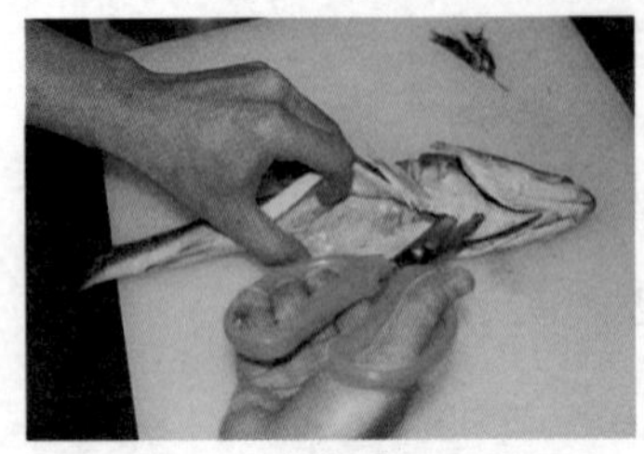
去內臟

4.去內臟：一般魚類的內臟都無食用價值，除了少數魚類（如鮭魚）的魚卵可製作成魚子醬外，幾乎都是丟棄，因此在切割時只要劃開魚的腹部（肛門口附近）約十公分長，就可以將內臟取出。

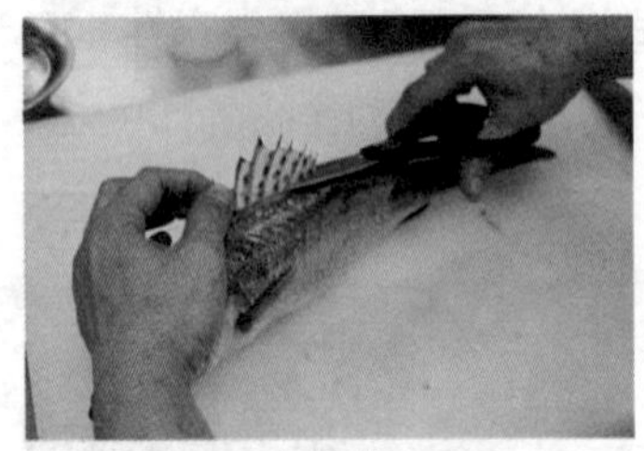
去魚鰭

5.去魚鰭：一般魚類的魚鰭食用價值不高（鯊魚鰭除外），頂多是用來熬煮高湯，所以在處理魚體時都會用專業魚剪將它剪除，要注意的是，剪魚鰭的時候逆向剪會比較好剪。

■魚體的切割

1.一般魚類切割：

(1)切取菲力

·由魚肩部頂端順著魚鰓往胸部劃去，直至觸及魚骨位置。

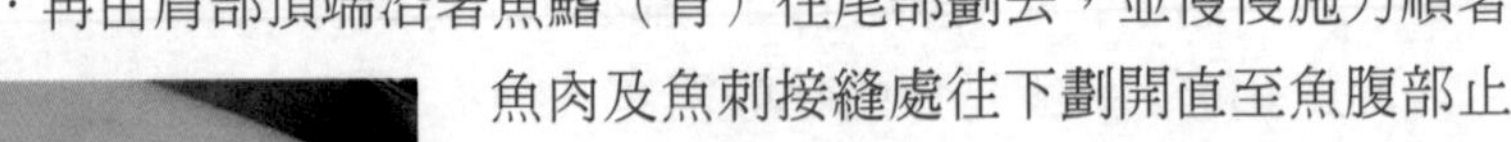

·再由肩部頂端沿著魚鰭（背）往尾部劃去，並慢慢施力順著魚肉及魚刺接縫處往下劃開直至魚腹部止。

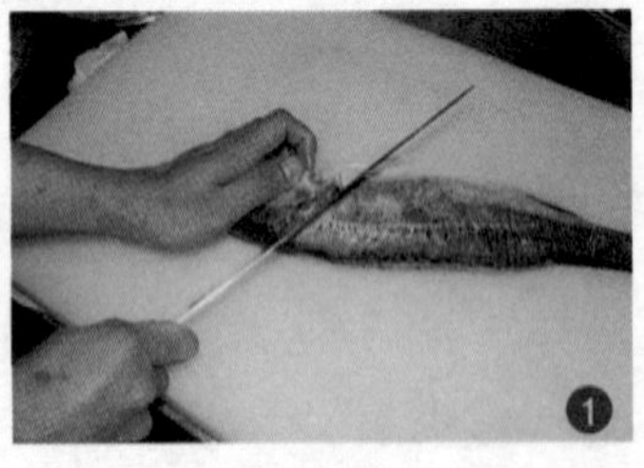

·持魚刀沿魚肉及魚刺接縫處刺穿，並往後方劃開直至魚尾部止，便可將魚菲力取下。

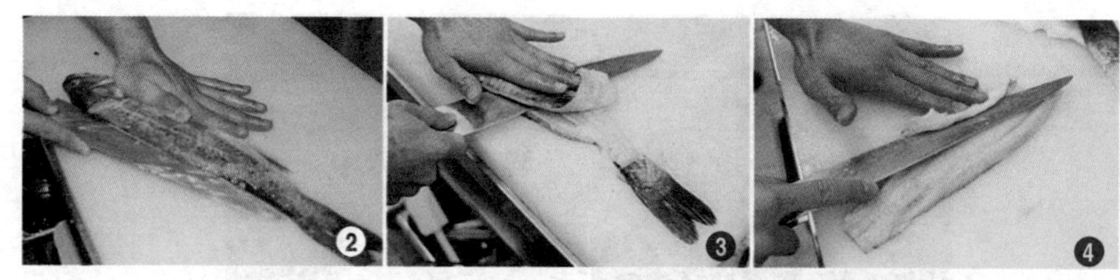

一般魚類切取菲力的步驟

(2)剔去魚皮

·持魚刀朝魚菲力尾端往後方輕輕劃開至魚皮止（不切斷）。

·再將刀刃反轉朝下約15℃，沿著魚皮與魚肉間，朝魚菲力前端劃去，便可將魚皮與魚肉分開。

·切魚柳：先將魚菲力修成菱形狀，再切割成長短、粗細一致的魚柳即可。

·直刀橫切：中大型魚類（如鮭魚、草魚）的重量往往都在3.5公斤以上，通常無法整條出售給一般顧客，所以商家會先將魚體以直刀橫切的方式，將魚身切割成數段後，分開銷售。

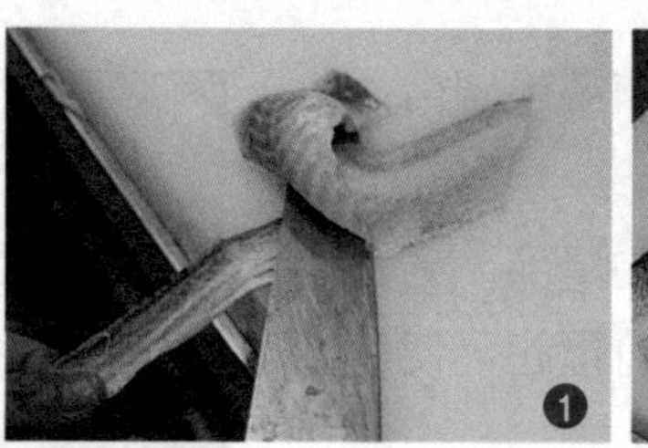

剔去魚皮

2.底棲魚類切割：

(1)切取腓力

·手持魚刀由魚肩部頂端順著魚鰓往兩邊劃去，直至觸及魚鰭的位置（不切斷）。

·再由肩部頂端中心位置沿著魚骨（脊椎）往尾部劃去。

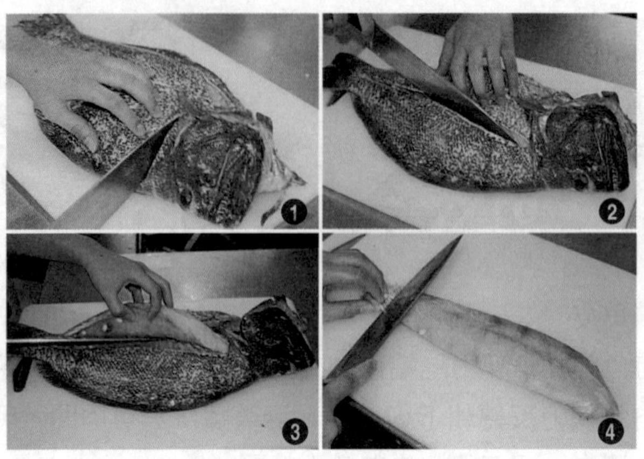
底棲魚類切取腓力的步驟

·再慢慢施力由脊椎部位的魚肉及魚骨接縫處，分別往左及右兩方向劃開，直至魚鰭止。再反轉魚身，在臀部與腹部操作相同的動作。

·最後再沿著魚鰭內側由前端往後端劃開，即可取下魚菲力。

(2)拉去魚皮

·持魚刀朝魚鰭兩邊內側由前往後方輕輕劃開。

·一隻手壓住魚的尾部，另一隻手挑起魚皮往前拉起，便可輕易拉去魚皮。

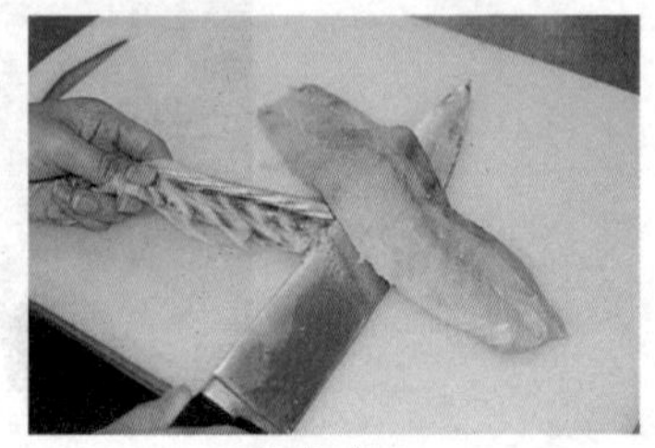
拉去魚皮

（二）軟體類的切割

基本上軟體類的海鮮一般也稱爲頭足類海鮮，它通常是生長在淺海的海域中。至於軟體類的切割主要是指在魷魚、花枝、透抽的身體內側，藉由直刀或斜刀等的切割法，並有規律的交錯運用，再經過滾水汆燙

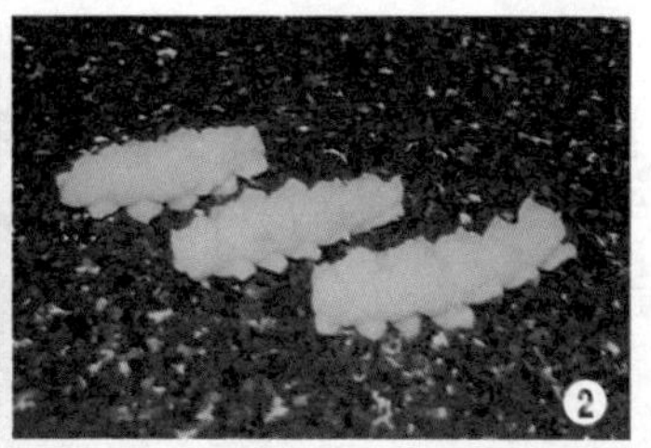

軟體類的切割

後，便可呈現棋盤狀、螺旋狀等變化較多的造型。要注意的是刀痕與刀痕間的距離越密（等距）汆湯後的造型越漂亮。

■龍蝦類

切割龍蝦的方式有採電鋸切割法、廚師刀切割法。說明如下：

1.電鋸切割法：利用電鋸高速的轉動所產生的切割力，將龍蝦由頭部中間的部位向尾端均等份的切開， 即可將龍蝦一分爲二。
2.廚師刀切割法：用廚師刀的刀尖，刺入龍蝦的背部後，再分別由頭部及尾端均等份切下，即可將龍蝦一分爲二。
3.蝦箝的部分只需取硬物（如刀背）輕輕敲裂，取出蝦箝肉即可。

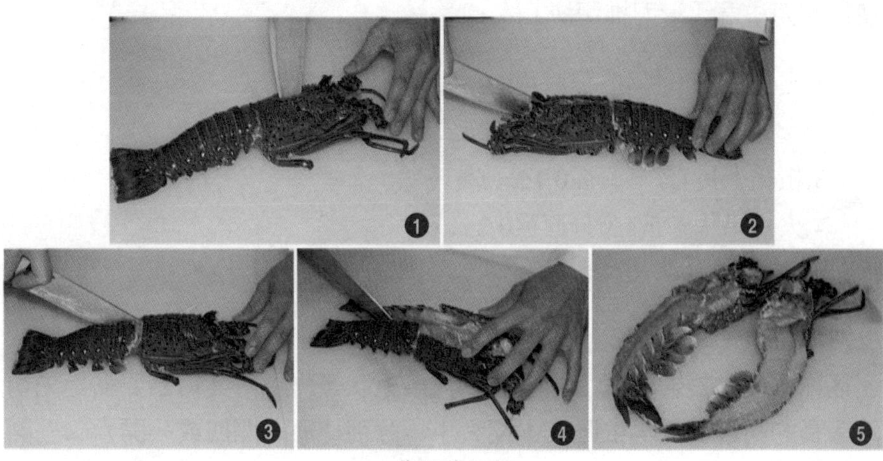

龍蝦的切割

■生蠔

另外還有一種方法雖稱不上切割法，但卻是經常用得到，便是開取生蠔的方式。開生蠔時最好雙手都要帶上棉質的手套（避免刮傷或刺傷），然後再一手握住生蠔，一手持生蠔刀開啓。開啓時應選取生蠔前端的細縫插入，再徐徐往後端移動，移動時刀刃應貼於較平的殼壁，這樣可避免傷及蠔肉，待移至尾端時，將刀刃完全插入並反轉刀刃，將殼敲開。

三、蔬菜的切割

蔬菜切割法的應用，主要是以塊根與塊莖類的蔬菜爲主，因爲這類的蔬菜有較大的面積，可以作各種的造型變化，因此經過切割後的蔬菜就可以呈現多樣的造型，其中也包括切絲、削橄欖、切丁塊、切片、精切洋蔥與特殊造型等。

■切絲

切絲可分爲順切細絲、橫切細絲、粗絲、火材棒狀等四種，切絲所使用的刀法爲「滑刀推切法」。

1.順切細絲：長4公分直徑0.06公分。

2.橫切細絲：長4公分直徑0.06公分。

3.粗絲：長4公分直徑0.1公分。

4.火材棒狀：長4公分直徑0.2公分。

■削橄欖

將蔬菜（胡蘿蔔）削成橄欖狀時，依照大小可分爲薯條狀、橄欖狀、迷你橄欖、長形橄欖、城堡橄欖、烏龜狀等六項。其切割要點是先切取等長的胡蘿蔔，再依照其半徑大小，分別切取一開四或一開六、一開八的份量。再以左手（拇指、食指、中指、無名指）持被切物，右手持小刀（平握），由前向後反覆削取，直至橄欖形狀爲止。橄欖的形體大小不同，名稱也不同，說明如下：

1.薯條狀：長6公分直徑0.8公分。
2.橄欖狀：高4公分直徑1.6公分。
3.迷你橄欖狀：高2.8公分直徑1.4公分。
4.長形橄欖狀：高4.5公分直徑2.2公分。
5.城堡橄欖狀：高5公分直徑3公分。
6.烏龜狀：爲長形橄欖的縱向對切。

削橄欖

■切丁塊

切丁塊可依照切出形體的大小分爲末、碎、小丁、大丁、調味蔬菜、滾刀塊、散狀等七項。

1.末：0.05公分不規則體。
2.碎：0.1公分不規則體。
3.小丁：0.2公分立方體。
4.大丁：0.4公分立方體。
5.調味蔬菜（切大丁）：1～1.5公分立方體。
6.滾刀塊：約2.5公分不規則立方體。
7.散狀：不規則體。

切丁塊

■切片

切片可依照切出形體的大小分爲丁片、圓形厚片、圓形薄片三種。

1.丁片（梯形薄片）：長1公分寬1公分厚0.1公分。

2.圓形厚片：直徑3公分厚0.5公分。

3.圓形薄片：長1公分寬1公分厚0.1公分。

■精切洋蔥

1.切洋蔥絲：洋蔥切絲基本上可分爲正切洋蔥、反切洋蔥、分頁切洋蔥三種，其中以分頁切洋蔥絲的刀工最細緻，可切成正立方體的小丁。

2.切洋蔥塊：直接將洋蔥以滾刀法切成塊狀即可（煮高湯用）。

3.切洋蔥末：先以刀跟或刀尖分切洋蔥（不切斷），再以平刀法橫切三刀，再將洋蔥以切小丁的方法切碎。

正切洋蔥

反切洋蔥

■特殊造型

特殊造型有圓球狀、蜂巢網狀、齒溝槽狀、流星鎚狀、小籠包狀、星型指南針狀、菱形齒狀（dents de loup）、取果肉（segments）等六種。

1.圓球狀：使用挖球器挖出圓球狀的造型。

2.蜂巢網狀：使用多功能刨刀（mondeline）刨出蜂巢般的透空網狀。

3.齒溝槽狀：使用齒溝刀刻出溝痕，再用廚師刀切片。

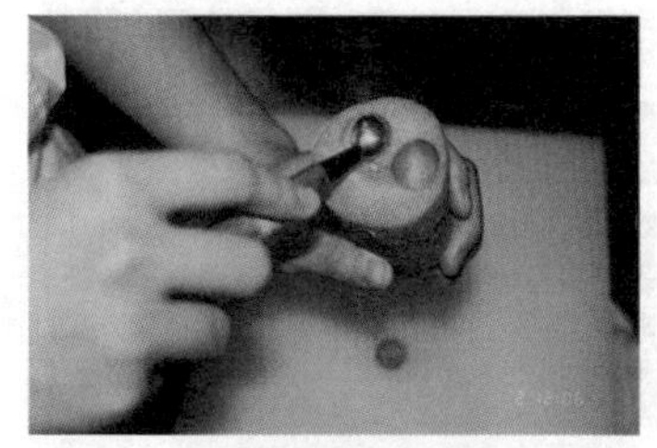

圓球狀

蜂巢網狀

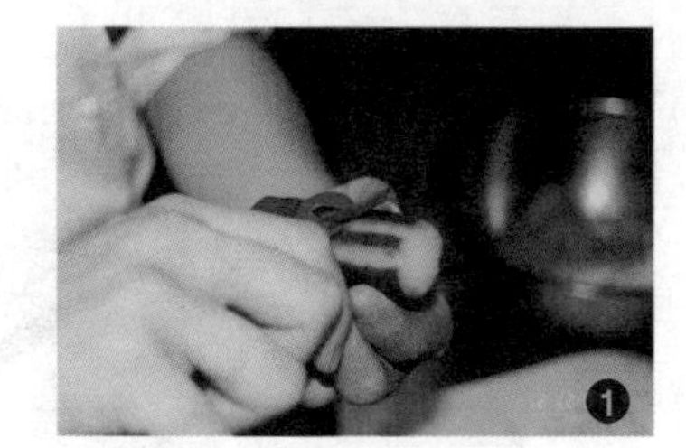

齒溝槽狀

4.流星鎚狀：先將被切物以直刀片切法切出一正立方體，再將立方體的六面分割劃上「田」字，再持小刀或菲力刀沿任一面之中間線向前及向後各切45°角之斜刀，如此反覆動作直至六面全切割完後，剝去被切的部分後即成。

流星鎚狀

5.小籠包狀：以右（左）手反持小刀或菲力刀，並以洋菇頭的中心點爲基準，左（右）手輕握洋菇頭順時鐘旋轉，右（左）手持刀逆時針依序旋切洋菇表面。每次旋切的距離約0.1公分，使洋菇頭在切割完成後，能呈現小籠包的外型。

小籠包狀

6.星型指南針狀：持小刀或菲力刀，在新鮮香菇的表面用斜刀淺切（不切斷）的方式，三次六刀的對角切割，就可得到星型指南針狀的香菇。

星型指南針狀

7.菱形齒狀。

8.取果肉。

此外，表13-2爲各種切型之中、法、英文對照表。

表13-2 各種切型之中、法、英文對照表

切型	中文	法文	英文
切絲 Julinne	順切細絲	julinne	julinne
	橫切細絲	chiffonnade	chiffonnade
	粗絲	paille	paille
	火材棒狀	allumette	stick
削橄欖 Turning	薯條狀	pont-neuf	strip
	橄欖狀	tourner	turning
	迷你橄欖	cocotte	cocotte
	長形橄欖	anglaise	anglaise
	城堡橄欖	chateau	chateau
切丁塊 Cube	末	hacher	chopped
	碎	ciseler	small Chopped
	小丁	brunoise	small Dice
	大丁	macedoine	dice
	調味蔬菜	mirepoix	mirepoix
	塊	cube	cube
	散狀	concasser	concasser
切片 Slice	薄片	slice	emincer
	圓形厚片	rondelle	rondelle
	丁片（梯形薄片）	paysanne	paysanne
特殊造型	圓球狀	noisette	noisette
	蜂巢網狀	gaufrette	aufrette
	齒溝槽狀	canneler	canneler
	流星鎚	étoile	super star
	小籠包狀	tourner	turning

第十四章

烹調

- 烹調概論
- 烹調種類

烹煮、調味，使食物由生到熟、由血腥到味美、由簡單到繁複、由粗獷到精緻，滿足人類食的欲望，就是烹調的精神。所以要想成爲一個專業廚師，第一步就是要先瞭解基礎烹調的原理，進而善用各式烹調的技巧，製作出香味四溢、口感十足、膾炙人口的佳餚美食。在本章中將以深入簡出的方式，分別介紹烹調概論及烹調種類。

第一節　烹調概論

經過溫度高低的變化，可使生鮮的食材轉變爲色香味美的佳餚美食，這就是烹調的定義。當食物經過烹調熟成後，都會散發出一股淡淡的香氣，例如，新鮮的魚、肉類食品，本身並沒有香味，甚至會有血腥的味道，但經過單純的水煮、燒烤、油炸或煎炒後，即使不加任何的調味料，也會散發出肉的香味。

另外在烹調的過程中，也可以藉由溫度的升高來殺死病菌，避免在食取食物時，遭到食物中的細菌感染，引發食物中毒的現象。

根據衛生署的資料指出，當溫度上升到85℃以上的時候，一般的細菌是無法存活的。因此在此建議，除非有十足的把握，千萬不要生食食物。以下僅就烹調原理、烹調熱源與熱對食物的感溫分別討論。

一、烹調原理

烹調的原理是因「熱傳遞」而達成的，而經由「熱傳遞」可使食物的結構、組織、氣味、口感及外觀產生微妙的變化，這些微妙的變化，是可以刺激人體器官做出不同的反應。例如，唾液的分泌、腸胃的蠕動、血液循環加速，都是促進人體消化、吸收的主因。

熱是能量的一種，熱能傳遞指的是「能量轉變」的過程，轉變的方式是以對流（如烤）、傳導（如煎）、輻射（如微波）等三種方式達成，但這只是傳遞的方式，單靠傳遞而無介質仍舊是無法使食物熟成，因爲傳遞好比是車，介質好比是路，有了車卻沒有路，一樣是無法抵達目的地的。

什麼是介質呢？其實介質指的是水、油、蒸氣、空氣、覆合式及其他介質，所達到烹調的目的。以下分述說明：

1.藉油爲介質的烹調方式有：炸（friture）、煎（polere）、嫩炒（saute）、過油（blanche）。
2.藉空氣爲介質的烹調方式有：燒烤（rotier）、柵網烤（碳烤）（gril babecue）、烘烤（爐烤）（au four）、焗烤（gartin）。
3.藉蒸氣爲介質的烹調方式有：蒸（a la vapeur）。
4.以水爲介質的烹調方式有：煮（cuisson）、過水（blanche）、慢煮（pocher）。
5.以覆合式爲介質的烹調方式有：燜（砂鍋）（en cocotte）、燉（braise）、燜（a l`etuver）、燴（上光）（glaze）。

其他爲介質的烹調方式尚有：岩塊（麥飯石）、竹桶等。

二、烹調熱源

烹調時的熱源供應主要是以電能、瓦斯、煤炭等三種方式，這三種方式各有其優缺點，可依自己所需選擇使用。以下分述說明：

1.電能：使用電能的廚房設備有電磁爐、電烤箱、微波爐、冷藏室等，這些設備都具有安全性高、控溫簡單及操作便利的優點，唯有經濟性與機動性不佳是其缺點。

表14-1 煤炭、瓦斯、電能之優缺點

安全性	控溫性	方便性	經濟性	機動性	味道	備註
煤炭	×	×	×	○	◎	◎
瓦斯	○	◎	◎	◎	○	○
電能	◎	◎	◎	×	×	○

圖例說明：× 差　○普通　◎ 佳

2.瓦斯：使用瓦斯爲熱源的廚房設備，幾乎占了所有設備的半數以上，最主要的因素還是其經濟實惠、成本低廉，其次才是操作與控溫。安全性差一向是大家所擔憂的問題，所以完備的職前訓練與每日的巡查是務必要做到的。瓦斯的供應方式有兩種，一爲天然瓦斯，一爲桶裝瓦斯。

3.煤炭：隨著時代的進步，以煤炭爲熱源的廚房設備，可說已走進歷史，因爲它的缺點幾乎涵蓋所有的項目（安全性低、控溫性差、經濟性低、方便性差）。不過此類的熱源並非一無是處，比如說機動性高、烹調後的食物味道特別香，都是它的優點。因此我們於戶外活動時，只要注意安全，仍可享受那份悠閒愉悅的戶外燒烤。原子碳與黑木炭是目前最常見的煤炭種類。

藉由表14-1說明三種能源的優缺點。

三、熱對食物的感溫

當食物接觸到熱源時，會產生微妙的變化，有時劇烈，會留下焦化的痕跡；有時溫和，則有軟化的現象；全由溫度的高低來決定。當然有些食物必須生吃才夠味，有些食物可以生吃也可以熟食，也有些食物非煮熟後才能食用，這雖說明了不同的熟度就會有不同的口感，但是它們卻沒有一個共同的規範，因此在西餐烹調中，才會訂定出肉類食物熟度的層級標準。

基本上若以美式肉類食物的熟度可分爲五個層級：

1.兩分熟以下（rare）：外熟內生，切開時會流出血來。

2.三分熟（medium rare）：切開時，肉塊中央呈桃紅色，有時也會滲出血來。

3.五分熟（medium）：切開時，肉質中間的顏色爲淡紅色。

4.八分熟（medium well）：此時的肉質已沒有紅色的跡象，取而代之的是略爲灰清色的肉汁。

5.全熟（well done）：肉質老澀，已無汁液，除非是特殊的喜好，不然一般人是無法接受的。

若爲法式肉類食物的熟度，則只有分爲：生的（saignant）、剛好（à point）及八分熟（cuit）、全熟（bien cuit）四種。

藉由表14-2食物感溫變化表說明之。

表14-2　食物感溫變化表

食用肉類／中心溫度／熟度		生帶血 rare	三分熟 medium rare	五分熟 medium	七、八分熟 medium well		全熟 well done	備註
紅肉類	牛肉	45℃	50℃	60℃	65℃		70℃	沒有鉤、絛寄生蟲可生食
	羊肉	50℃	62℃	74℃	*	*	80℃	
	鴨肉	*	*	74℃	*	*	80℃	
	鵝肉	*	*	74℃	*	*	80℃	
	可生食魚肉	3-8℃	*	*	*	*	*	
白肉類	小牛肉	*	*	*	*	*	75℃	有鉤、絛寄生蟲不可生食
	豬肉	*	*	*	*	*	85℃	
	雞肉	*	*	*	*	*	80℃	
	兔肉	*	*	*	*	*	80℃	
	一般魚肉	*	*	*	*	*	75℃	

第二節　烹調種類

烹調的目的在於讓食物熟成散發出香味。但若選用錯誤的烹調方式，就算烹煮後的食物外貌是如何令人垂涎三尺，但在食物的口感上也許會令人有食不下嚥的感受。因此在本節中將針對烹調的種類詳述說明。

常見的烹調種類有高溫烹調法、常溫烹調法、覆和式烹調法及低溫烹調法四種。

一、高溫烹調法

高溫烹調法又稱為焦化烹調法，也有人稱之為乾熱烹調法，名稱雖不同，但是將極高的熱能（180～220℃）在短時間內輸入食物內部，使食物熟成的定律卻不變，由於熱能的傳遞是先接觸到食物表面，再傳送到內部，因此表面就會先產生焦化的跡象，促使蛋白質急速凝固，包覆住食物的汁液，將食物的口感控制在外脆內多汁的鮮嫩滋味，這就是高溫烹調法的特色。

使用高溫烹調法的項目有「炸」、「煎」、「煎炒」、「烤」等方式。若再細分上述烹調法，又可分為以油脂為介質的「炸」、「煎」、「煎炒」及以空氣為介質的「烤」兩種型態。

（一）炸

「炸」的溫度約在170～200℃之間。「炸」是利用大量加熱後的油作為介質，使被炸物能夠達到熟成的方式稱之。「炸」不僅可使食物達到熟成的目的，也可以使食物產生特殊的味香，不同於其他烹調方式的口感。

一般來說「炸」大致可分爲足夠覆蓋被炸物的「深油炸」、淹及食物腰部的「淺油炸」和密閉式的「壓力炸」等三種。其中使用最廣的是深油炸的方式。因爲深油炸法可以同時處理較多的食物原料，且不需要準備特殊的器材鍋具，只要備有任何一種熱源供應的條件，就可以進行油炸動作。 油炸的種類及油炸食物的原則如下：

■油炸種類

油炸的種類有深油炸（deep-fry）、淺油炸（fry）、壓力炸（pressure frying）、過熱油（blanching）及過冷油五種。

1.深油炸：深油炸的油溫約在170～200℃之間，而油量必須完全蓋過食物，使食物能全部浸於炸油內，充分進行焦化作用。

2.淺油炸：淺油炸的油溫約在155～180℃之間，油量僅需位於食物三分之二處的高度，並採用中火慢炸、隨時翻動被炸物，避免因一時疏忽而焦化過度。

3.壓力炸：壓力炸的油溫約保持在200℃以上，此炸法採用的是密閉式壓力鍋，此法可提高炸油的溫度，並縮短油炸的時間。 讓鍋內因高溫產生的壓力，使食物快速分解，因此炸出的食物特別香酥、多汁。

4.過熱油：過熱油的油溫在180～200℃之間，它是先將大塊的食物切割成小塊（條、絲）狀後，再瞬間汆過熱油後取出。這樣可使食物中的蛋白質迅速凝固，將汁包在內部（可增加多汁的口感），不至於外流。通常這樣的處理手法，並非是最終的烹調，而是覆合式烹調法的一個步驟。

5.過冷油：過冷油的主要目的是預炸食物，讓食物能預先受熱至七、八分熟後備用，待客人點餐後，再用較高的油溫快速炸出金黃的顏色，這樣不僅可縮短客人的等餐時間，也可以增加成品的銷售數量，如坊間流行的 鹽酥雞便是過冷油的最好例子。

上述各類油炸法之優缺點，我們可參考表14-3。

表14-3　各類油炸法之優缺點比較表

油炸法	油炸溫度	油炸時間	食物水分	油炸技術	使用鍋具	油量高度	可炸數量	優缺點
深油炸	170～200℃	普通	散失50%	難度普通	深底油炸鍋	7/10鍋身	多	油炸時，食物的味道會融入油中，因此不同類型的食物，最好能使用不同的油炸鍋，才不會影響食物品質。
淺油炸	155～180℃	較長	散失65%	難度較高	淺底油炸鍋	1/10鍋身	少	油炸時，不需要油鍋分類，因爲炸後的油所剩不多，其優點也是耗油量較少。
壓力炸	200℃以上	較短	散失25%	難度較高	壓力油炸鍋	7/10鍋身	多	油炸時，食物的味道會融入油中，必須要油鍋分類，才不會影響食物品質，其優點是炸出的食物特別好吃。
過熱油	180～200℃	較短	散失25%	難度普通	深底油炸鍋	7/10鍋身	多	利用高熱的油溫，瞬間凝固食物表面的蛋白質，將水分包住，防止流失，以利覆合式烹調進行。
過冷油	140～160℃	普通	散失50%	難度普通	深底油炸鍋	7/10鍋身	多	利用普通熱的油溫來預炸食物備用，待客人點餐後，再經高熱的油溫炸至酥脆後，即可出菜。

在進行油炸動作前，必須注意選用油脂的發煙點。例如，超過210℃以上的玉米油（233℃）或黃豆油（221℃）都是不錯的炸用油。炸用油所含的游離脂肪酸較低、耐炸熱度較高，油炸食物時比較安全（游離脂肪酸過多會降低發煙點的溫度)。

■油炸食物原則

油炸食物時必須遵照下列注意事項：

1.避免持續高溫加熱：無論使用何種烹調法，烹調時都必須按照煎、煮、炒、炸等方式，去選擇使用不同耐熱程度的油脂作爲介質，因爲不論是何種油脂，只要是持續的高溫加熱後，都會對油脂產生不良反應，油溫過高就會出現冒白煙的現象，且容易產生有毒的膠狀物質。

2.避免油炸調味過的食物：調味過的食物往往含有足量的鹽，而當炸油碰上鹽的時候，就會加速油的分解進而產生變化，因此若無法避免要油炸調味過的食物，應先沾上一層薄薄的粉衣再行油炸的動作。

3.維持基本油量：執行油炸動作時，應維持基本油量（最低標準線與最高警戒線之間)，若油量因揮發或被油炸物吸取而低於最低標準線時，應該立即補充，避免油脂的濃稠度增加（游離脂肪酸比例增加）出現異味，影響油炸物的品質與顏色。若油量超過最高警戒線時應立即杓去，以防止油炸物入鍋後致使高溫中的油溢出，造成可能的意外傷害。

4.徹底清除油炸後之油渣及殘留物：在油炸的過程當中，每當取出被炸物時，就應該立即以濾網清除殘留碎屑，這樣可避免因反覆的油炸動作，致使殘留碎屑遭到炭化而產生苦味，污染炸油。

5.炸油出現泡沫：若炸油出現微量泡沫時（會立刻散去)，是屬於正常的現象，但若是異常出現大量泡沫且無法消散，就應立即汰換舊的炸油，啓用新油，這樣可防止炸油產生有毒的膠狀物質。

6.消除油脂異味：如果在濾網清除殘留碎屑後，仍留下細微的浮渣，這時可將澱粉類的食物，如剩飯、削下的馬鈴薯皮、屑等物品，放入油鍋內慢慢的加熱，這個方式可吸附炸油中的細微浮渣及消除炸油中異味。

7.徹底清洗擦拭乾淨：油炸鍋使用完畢後，應完全漏去炸用油並徹底清洗擦拭乾淨，同時應避免清潔劑殘留於鍋內，影響油的品質。清洗油炸鍋時禁止使用尖硬器具刮洗，若傷及鍋具表面的特殊防鏽處理亦會造成油質污染。

■油炸食物要點

至於要如何才能炸出顏色漂亮、口味香酥的食品就必須注意以下事項：

1.油炸溫度未達適炸標準時，不可下鍋油炸食物，適合油炸所需的溫度約在170～200℃之間（最好的油炸溫度爲180℃）。衡量油炸食物時的溫度高低，可取決於被炸物的大小與數量。

2.若被炸物體積過大，則需用較低的油溫及較長的時間炸之（或以兩次低溫加上一次高溫的油炸法炸之），不然被炸物一下鍋後會迅速吸取高油溫的熱量，內部還未感受到熱度，外表的顏色已經超過金黃顏色，等到內部感受到熱度時，說不定外表的顏色早已經過碳化作用而焦黑了。

3.當被炸物的體積小、數量多時（如薯條），油炸溫度則需要相對調高，否則被炸物一下鍋後，會迅速將油溫吸收掉，使油溫瞬間下降，此時非旦無法利用高油溫的優勢立即給予顏色，並可能使被炸物的蛋白質凝固速度減緩，使水分外流機會增加，導致被炸物喪失口感。因此爲避免這種情形發生，除需要調高油溫外，更要控制被炸物的數量。

4.若使用的是傳統油炸鍋，炸油與被炸物最好的比例是10：1。

5.若使用的是新式油炸機，炸油與被炸物最好的比例是6：1。

6.被炸物的形體大小必須一致，不可差距過大，否則在同一時間內，所炸出食物的顏色與熟度都會不均勻。

7.體積較小的冷凍食品（如薯條、麥克雞塊）不需解凍，只須注意使用較高的油溫，就可以直接下鍋油炸，若經解凍再行油炸動作，不但會使食物水分及營養流失，也會因爲解凍後的型體太軟而擠壓變形，影響到油炸後食物的外觀與質感。

■油炸鍋的選用

油炸鍋的選用（不含油炸機）必須注意要挑選鍋深較深、口徑較小的爲宜。鍋深太淺、口徑太大的油炸鍋，炸出的效果較差。

■油炸時應注意的安全事項

1.若情況許可儘量避免使用單柄鍋行使油炸動作，否則需注意將單柄部位朝向內側，防止圍裙的綁繩勾拉到，或因人員走動碰撞而打翻油炸鍋，造成燙傷的意外事件。

2.油炸鍋的炸油量不得超過鍋身高度的三分之二處，以防止油炸時油泡溢出造成危險。若使用瓦斯爐爲熱能來源的供應方式，應注意火焰的高度，不可超過鍋身高度的二分之一處，以防油鍋起火。

（二）煎

油煎食物其最主要的目的是使食物表皮能夠得到酥脆的咬勁，及多汁的內涵。這種烹調法主要是利用大火先將鍋子燒熱至高溫狀態後（220℃以上），將處理好並已調味或未調味後的魚、肉類食物放入鍋內。待表面燒上均勻的顏色後，即算是完成了焦化作用，就必須立即取出（在食物未焦化上色之前應避免翻動食物，否則將影響食物表面的美觀及平整）。

由於煎採用的是高溫瞬間加熱的方式，所以油煎食物時，爲防止食物表面焦化後，會迅速碳化產生苦味，故烹調的時間不得過長。爲此就必須注意切割時的肉塊厚度，通常切割的厚度以不超過三公分爲宜（紅肉類及可生食的魚肉除外），否則在煎時不易熟透，尤其是白肉類的食物若未煎熟則會帶有細菌，易遭受到感染或中毒。若食物厚度超過三公分以上，油煎後最好能再送入烤箱內，爐烤直至所需的熟度及口感後取出即可。

新鮮的高級魚類食物，其肉質鮮嫩多汁，但因其結構多爲鬆散，結締組織的功用，也沒有肉類食物來的明顯，所以較適合用來蒸食或煎食。此類的食材大多無法像肉類食物一樣可以煎後再烤，因爲烤後的魚肉會特別乾澀。油煎魚、肉類食物時可將食物表面先打上一層薄薄的粉衣，這樣煎出的效果更加也更美觀。

（三）煎炒

在西式料理中煎炒（saute）的烹調法並非單指一項動作而言，它可以解釋爲煎炒與嫩炒兩種方式。除了兩者之間的烹調方式截然不同外，烹調時間的長短也大有不同之處。

煎炒與嫩炒的烹調方式最大的不同點，就是採用煎炒方式的食物通常會切成相同體積大小的細條狀，如炒洋菇、炒洋蔥、豬里肌肉等。因爲這些食物通常都必須烹調至全熟後方可食用（紅肉類食物除外）。若僅靠煎的方式是無法均勻的使口感與熟度都相同。爲避免因疏忽吃到生的食物，烹調前應先將食物的體積切成相同大小的細條狀，再來烹調是有其必要的。

煎炒食物講究的是鍋子的溫度要高、手的動作要快、時間的控制要短三要素，這樣煎炒出的食物才能保有柔嫩多汁的口感。要符合上述的要求最好能選擇操作靈活的單柄平底炒鍋，同時利用手挽與手臂的抽送技巧，使食物可以在鍋內翻滾、跳動，達到煎炒時溫度高、動作快、時間短的三項要求。此外，saute的原義在法文中就是指跳躍的意思。

嫩炒則是指對於溫度變化特別敏感的食物言之，例如蛋的料理。因此除了溫度高的這項條件外，只需要注意動作快、時間短、剛好炒熟起鍋即可。

（四）烤

「烤」（roti）的溫度使用範圍，約在120～250℃之間，其受熱方式是藉由空氣傳導熱能，使食物達到熟成的過程。這種烹調法著重的是食物能否均勻受熱，倘若無法確實掌握均衡的受熱要領，是絕對無法烤出理想的成品。

原則上「烤」的方式仍可分爲燒烤、爐烤、焗烤等三大部分。不管是用那種方式，都要注意外在環境的條件，如食物的大小、切割的方式來作爲考量。因爲這些因素都會影響到食物是否能夠均勻的受熱，以及熟成時間的速度快慢。由於食物本身對於熱的感應本就緩慢，外表感受到的熱，不能夠馬上反應到食物內部，必須經過一段時間才能傳達到。因此在進行焦化作用的過程當中使用的溫度，一定要與食物的體積大小成反比，與時間成正比，也就是說要秉持「食物體積大的溫度要低、時間要長；食物體積小的溫度要高、時間要短」的要訣。

由於體積較大（超過一公斤）的食物，熟成的時間比較長，只能利用持續的低溫來將食物烤熟，但這種方式是無法將食物烤出漂亮顏色。因此可利用先煎後烤的方式，先取得表面的顏色後，再進行低溫爐烤的動作。

另外若先將烤溫調成220℃以上的高溫，待食物烤上色的時候，再將烤溫調回120℃也是一種變通的方式。相對體積較小的食物則需要使用高溫、短時間來烤製食物。這樣烤出的食物，才能夠保有味美多汁的口感。

食物是一種不良的導體，其感溫速度較慢、散溫的速度也慢。所以剛出爐的食物，由於內部的溫度仍會盤據、集中，甚至會再爬升10℃以上。因此烤後不必急著進行切割工作。在判定烤箱內食物的中心溫度時，可以提高約10℃的判定標準。

還有一點必須特別注意的是，剛出爐的肉類食物，其內部的肉汁，絕大部分仍集中在肉的中心，若馬上切開則將導致肉汁四處流散的現象。因此體積較大的肉塊，在烤後最好能休息（保溫）三十分鐘以上。因爲有足夠的時間，才能使肉汁由中心內部回流到各部位，這樣食物在切割後的切面才不會發生肉質乾澀、肉汁分布不均的情形。

一般來說在烤紅肉類的食物時，會預先將其烤至三分熟的熟度備用，而白肉類的食物則會先烤至七分熟的熟度備用。因爲這樣不但可以立即烹調到客人所要求的熟度，也可以縮短客人等餐的時間，算得上是一舉兩得。

基本上「烤」可分爲：爐烤（rotisage）、燒烤（grillade）、烘烤（sécher au feu）、焗烤（gartin）

■爐烤

一般而言爐烤可分爲密閉式爐烤與開放式爐烤（babecue）兩種。但提到爐烤時，除非有特別說明外，通常仍是指密閉式爐烤爲主，因此我們先從密閉式爐烤談起。

所謂的密閉式爐烤是指在密閉的空間內加熱空氣，強迫食物受熱達到熟成的方法。爐烤的對象，通常是以大塊狀的魚肉類食品爲主，而爐烤動作的進行要點，就如同烤焙蛋糕一樣，必須格外注意到控溫的過程，若不能有效的掌控溫度，很容易就會使食物內的汁液外流，使肉塊收縮有焦化不完全、肉質乾澀及脫水過度等現象。

在前述的章節裡曾談到，要使肉類表面的蛋白質能夠迅速的凝固，並包覆住食物、留住汁液，唯有靠高溫的焦化作用方可達成。因此在烤前就必須將烤箱的溫度預熱至220℃以上，才可將食物放入烤箱內，利用爐內的高溫，先進行凝固蛋白質的動作後，再降低烤箱溫度至120℃時，進行剩餘的熟成動作。

調高爐溫的烤法，雖然會將食物的表面封住，但若持續使用高溫而未做降溫動作，反而會使食物表面焦化過度，進而碳化至不能食用的地步。因此在爐烤動作的進行中，適度的降溫是有其必要的。

爐烤前的準備動作，包括先前所提的預熱烤箱外，還有食物的調味、去脂（防止太油太膩）、加脂（避免乾澀）、隔熱等事項。分述如下：

1.調味：烤前的調味可使食物內外的味道一致，也有助於得到均勻漂亮的顏色。調味料的基本項目有油、鹽、胡椒、糖及各式的香料。使用的方式是將上述的材料混合均勻後，抹在食物的表面上一起進爐烤製。若想達到更好的效果與香味，也可搭配調味蔬菜（mirepoix）一起爐烤。不過若是需要長時間爐烤的大塊狀食物，只需在爐烤時間的一半時放入即可。太早放入調味蔬菜不但無法達到預期效果，反而會使調味蔬菜碳化產生苦味進而影響肉的品質。

2.去脂：過多的油脂（肥肉）必須適度的剔除（只需留0.5公分的厚度）。因爲油脂經過高溫融化後，會將油脂及調味料一起滲進肉中，可增加肉質的口感及豐富肉的溼度。但是如果不剔除過多的油脂，則會有太膩、噁心的感覺。爲使肉質的口感得到最佳的狀態，可在肉類放入烤箱時將油脂部位朝上，讓油脂融化後，能夠沿著肉塊的上方向下流。

3.加脂：有經驗的廚師常會注意到，上等的肉質會太瘦沒有油脂，若用來爐烤會缺乏口感，無法大快朵頤。爲讓客人同時享用上等肉質的咬勁及鮮美多汁的口感，這時只要適度的加入油脂（加脂）

便可解決上述情形。加脂可分爲包脂法（barde）及穿脂法（pique）兩種：

(1)包脂法：包脂法是將薄片的脂肪，覆蓋在肉的表面上，再取綿繩綁住固定（與肌肉纖維呈垂直）即可。

(2)穿脂法：穿脂法則是將肥肉切成細長條狀，放入導脂針或穿脂刀內後，插入肉中，將細長條狀的油脂留在肉的內部後拔出。

4.錫箔隔熱：有些魚肉類本身的形體（粗細）大小不一，且無法用修飾外型的方法改進（如雞的腳踝、菲力的尾端）。若使用相同的時間與溫度烤之，較細、較小部位就會先行焦化或碳化。因此我們可先用錫箔紙包住較細、較小部位，就可避免烤焦食物了。

■燒烤

燒烤也稱爲開放式爐烤。也許提到燒烤（碳烤）這個名詞，有些人也許仍會一頭霧水，說不出個所以然來。但是如果換一種方法來描述說明，相信就能夠撥雲見日。簡單來說：燒烤就是指中餐烹調裡的「扒」，而在日常生活中，最常見的「扒」，就是廟會及夜市裡的烤香腸、烤透抽、烤魷魚、烤花枝、烤秋刀魚等。這些燒烤方式主要是靠來自於下方的熱源，能夠持續供應熱能，使食物可以進行焦化作用，進而達到熟成味香的目的。燒烤的熱源有木炭燒烤爐、電能燒烤爐、瓦斯燒烤爐三種。

1.木炭燒烤爐：木炭燒烤爐指的是生火引燃木炭，產生熱能來燒烤食物，這種燒烤法，除了能使食物熟成外，也會將木材本身特有的香味燒出，並融入食物內。所以經過木炭爐燒烤後的食物，味道特別美味。但是由於使用到火，就必須考慮到安全的問題。木炭燒烤爐的生火是件麻煩的事，火溫的掌控更是要靠經驗的累積才能操控自如。加上木炭燃燒初期會有黑煙的產生，不僅對人體健康不佳，對食物烤後的品質也會有不良的影響。現今木炭的價格昂貴早已是不爭的事實，這些都是使用木炭爐的缺點。也許只剩機動性強，無論身處何處都可以使用是其僅存優點。

2.電能燒烤爐：最新式的電能燒烤爐，是採用齒溝狀的斜面鐵板設計，不僅保有傳統燒烤爐的功能，也增加了導油的功能。它可將食物滴下的油脂，沿著斜板上的導油溝流入集油槽內，可避免油脂直接滴入燒烤爐內產生異味，這樣非但不衛生也不易清洗。

3.瓦斯燒烤爐：瓦斯燒烤爐雖然是以瓦斯爲燃料，但並非是直接燒烤食物，而是透過夾層中的火山岩（麥飯石）感溫、導熱，使食物達到熟成。瓦斯燒烤爐由於方便耐用、可移動，再加上使用的熱能成本較其他兩種來說便宜很多，因此它也是目前市場上使用率最高的燒烤爐。

無論是利用何種熱源的燒烤爐，最大的共同特點就是能將魚、肉類食物的表面，烙上規則的網狀焦痕。因此燒烤爐的溫度必須控制在280℃左右。食物在燒烤時，就如同「煎」的動作一樣，必須等到食物燒上色後，才能翻面或移動。因爲太早翻面和轉動，都會影響到蛋白質的凝固情形。

食物未經焦化上色前，蛋白質的凝固面就越不均勻，肉汁滲出流失的機率也越大。肉汁流失越多，肉質也就相對乾澀、堅硬。因此燒烤前的溫度如果未達標準，就不得進行燒烤動作。

■烘烤

在西餐烹調的方法中，烘烤的應用常會令客人有驚嘆的感覺，不僅能在視覺上，作出精彩的表演（presantation），在口感上也能襯托出食物的咬勁與味美。至於香味方面，除了食物本身的味道外，更能融入西點烘焙類特有的香氣，在還沒有吃之前就會令人食指大動。其中著名的「威靈頓牛肉」與「酥皮巧達濃湯」就是最佳的代表。

在這裡所指的烘烤動作，其實只能算是爐烤的一種，而非烤焙西點、麵包、蛋糕中的烘培技術。「烘烤與烘培」兩者之間還是有段差距。因爲在所有的烘焙產品中，所用的材料幾乎都是麵粉、奶油、雞蛋、砂糖等。只是材料使用的比例、操作方式、烤焙時間與烤焙溫度上有所不同，就可以變化出種類繁多的成品。比起簡單的烘烤而言，「烘焙學」可是一門需要精準計算的專業技術。

烘烤技術在西餐調理中雖非絕對必要，但它往往可以成爲產品賣相的賣點，因此身爲一個專業廚師，能懂得善用烘烤的優點，必能製作出更好的佳餚美食。

烘烤的理論基本上與爐烤相同，都必須注意被烤物的油脂多寡、溫度高低與時間長短等因素，最大的不同只是烘烤比爐烤多了麵團或麵糊的包覆（使用麵團不需烤模，使用麵糊則需烤模）。在使用麵團或麵糊包覆被烤物時，應將被烤物表面的水分與油脂，用棉紙徹底吸乾，否則過多的水分與油脂，都會影響到食物烤後的外觀與口感，不得不愼。

食物在包覆之前，通常都是已經過烹調後的半成品，所以可在包覆後的麵皮上，做出各式各樣的圖形或特有的招牌造型（如威靈頓牛肉），再行送入烤箱內烘烤。由於是半成品的緣故，所以不必擔心烘烤的時間太短，食物會烤不熟。另外在塑型完成後，可在被烤物的表面刷上蛋漿後，再送入烤箱烘烤，這樣成品在出爐後，外觀的顏色會更吸引人。

■焗烤

談到焗烤這個動作，應算是難度較低的烹調方法，不論是處理過程和烹調技術，都比其他的烹調動作來得簡單。但要說明的是被焗烤的食物有90%以上，都是先經過其他烹調方式完成後的全熟成食品。

「焗烤」也稱爲「面烤或炙烤」，它是利用極高的溫度（250℃～）將食物表面燒上金黃微焦的顏色。雖然如此，焗烤的方式也可分爲開放式焗烤與密閉式焗烤兩種。

開放式焗烤使用的焗烤爐是「明火烤箱」(salamander)。焗烤的對像是已準備出菜的菜餚。處理的方式是將菜餚上方撒上麵包屑或乳酪絲焗烤上顏色。

密閉式焗烤使用的焗烤爐與一般的烤箱相同。焗烤的食物絕大多數是已製成半成品的狀態。同時有的會先與奶油麵醬(bechaml)均勻混合後,再一起進入烤箱內烘烤。待出爐前會再取出焗烤物,撒上麵包屑或乳酪絲,推回烤箱內再焗烤上色即可。例如,焗海鮮、焗馬鈴薯、焗烤千層麵等皆是。

二、常溫烹調法

常溫烹調法也稱爲軟化烹調法,但也有人稱之爲溼熱烹調法。它是利用水爲介質,讓食物在烹調的過程中被熱水滲透、軟化、分解,最終可達到入口即化的口感。

常溫烹調法的溫度約在90～110℃之間,會依照當時外在的氣候略爲變化。因爲當室外的溫度很低時,水的沸點相對就會降低,大約在90℃左右時就產生汽化的現象。因此若處於低溫的環境時(如下雪),爲避免食物煮不熟或烹煮的時間過長,可改用密閉式的壓力鍋來烹煮食物,就可以解決上述的困擾。

在常溫的烹調法裡,我們將依序爲各位介紹滾煮(cuisson a d`eau)、過水(blanche)、蒸(a la vapeur)等各種烹調方式。

(一)滾煮

滾煮的最大功效就是可以完全破壞肉類中的結締組織及蔬菜類中的纖維素,並將食物中的營養完全析出,達到軟化作用的水解功效。幾乎所有的食物都可以進行軟化作用,但必須考量的是,是否有必要這樣做，因爲經過長時間滾煮後的食物，營養會流失在湯中，且外形外貌都會改變，當然也就談不上什麼質感，除非所烹煮的東西是不重外貌只重營養的湯類、米飯類食品。

食物中的蛋白質會在溫度超過65℃時便開始凝固（溫度越高蛋白質凝固的速度越快）便形成保護層，以減緩食物營養流失的速度。因此若烹煮的對象爲高湯、清湯等湯品類食物，滾煮的烹調動作就應採用冷水起煮的方式。因爲這樣才能防止蛋白質一開始就凝固，並可在較短的時間內破壞食物的組織結構，完整的析出食物營養。

雖然食物的組織結構在持續的滾煮下，最終仍會被破壞析出營養，但相對的不也浪費了更多的能源及時間，這樣並不划算。

滾煮食物時，可在水中加些塊狀的根莖類蔬菜（洋蔥、胡蘿蔔、西洋芹、青蒜、巴西力）或香料，這樣可以增強湯的風味，並提升食物的美味。這種的烹調方法在法文中稱爲gourt bouillon，也就是所謂的速成高湯。

滾煮也稱爲沸煮，所以在烹調時的溫度必須維持在100℃以上，同時水或高湯的量也要完全覆蓋過食物。滾煮時湯中浮起的泡沫、血渣應該立即撈掉去除，這樣才可避免湯品更加渾濁。其次要注意的是，滾煮的過程中不需要加蓋，藉由持續的滾煮動作可以讓食物的氣味釋放出來（包括不好的氣味），同時也能讓水分蒸發掉，達到濃縮湯汁的效果。

（二）過水

過水（blanche）在中式烹調裡稱之爲殺青或汆燙，雖然名稱不同但意義卻是相同的。因爲它們都是將切割好的食物，利用極短的時間內，汆過高溫的滾水或熱油，經由這個動作可使食物達到初部的處理階段。blanche有兩種一，爲過水，一爲過油。

■過水

過水的水溫應保持在100℃以上，其功能有：

1.減少食物的體積：葉菜類食物的細胞內含有大量的水分，遇熱後細胞組織遭受破壞便會釋出水分。藉由水分的釋出，便可減少體積所占的空間。

2.保固顏色：在沸騰的滾水內加入適量的鹽，可中和綠色蔬菜在細胞組織遭破壞後所釋出的酸，並防止食物顏色產生變化，使蔬菜能保持更鮮更翠綠的顏色。

3.去皮、去膜：有些蔬果類食物有一層又薄又韌的皮（如番茄），食用時常會影響口感。這時可準備一鍋滾水與一鍋冰水（冷水效果較差），利用熱脹冷縮的原理，將過水後的食物立刻浸入冰水內，就可使外皮自行脫去。另將過水後的食物立刻浸入冰水內，可防止離水後的食物溫度繼續上升，抑制氧化酵素產生變化進而導致之變黃變黑的現象。

4.稀釋鹽分：鹹味過高的食物，可藉由過水的方式來稀過多的鹽分。不過得先在水中加入微量的鹽，使兩者的性質較為接近後，再將食物放入，鹽分析出的效果會更好。

5.殺菌：一般細菌無法在高熱下（80℃以上）生存，過水的方法可有效執行殺菌的動作。

■過油

過油的油溫應保持在140℃左右，其功能有：

1.預炸食物：預炸食物可使食物達到較接近熟成的階段，可省下很多的烹調時間。坊間流行的鹹酥雞攤販，就是利用此法備製食物。

2.殺菌：一般細菌無法在高熱下（80℃以上）生存，過油的方法也可有效執行殺菌的動作。

3.包住肉汁：瞬間的高溫可使蛋白質凝固，封住食物表面，使肉汁無法外流。

無論是過水還是過油，溫度均須保持在最佳狀態。水（油）量與食物的量應成反比。水（油）量越多則食物受熱溫度就越平均，溫度下降的幅度就越小、過水（油）的效果就越佳。但就經濟層面而言卻未必划算，所以水（油）量與食物的量最好的比例是10：1。

（三）蒸

在所有的烹調方法中，最能有效保持食物的顏色、風味、外觀與外貌的烹調法，莫過於蒸的方式，蒸是利用持續加熱沸騰的滾水而產生的水蒸氣來使食物熟成。因此爲讓食物在熟成的過程中平順，溫度就應始終保持在100℃以上。

若將蒸汽加壓來調理食物，食物熟成的速度就會更快，水蒸氣可以持續的高溫加熱，是使食物快熟的主要原因。用加壓蒸汽的方式來烹調食物，可以使烹煮的時間減少一半左右。因爲加壓後的水蒸汽溫度可高達120℃以上，要注意的是溫度高、壓力大，雖然可以加速食物軟化分解的速度、縮短烹調時間，但是加壓的溫度越高、壓力越大，若處理不當，會造成的危險性也越大。因此除非能充分瞭解專業壓力鍋的使用方式及操作過程，不然還是使用傳統「蒸」的烹調法也是不錯的。

水蒸氣中因所含的水分較少，所以穿透食物的過程溫和平順。不需要像滾煮般，使用大量的水去破壞食物的外觀、型體、組織結構及營養成分，便可達到軟化作用中的水解效果。因此蒸是可以保護食物的營養、外觀、外貌、顏色及原汁、原味、鮮嫩口感的最佳烹調方法。

蒸的方式不適合用來烹調油脂過多、味道較重的肉類食物。因爲高溫的水蒸氣水分較少，無法完全的浸淫肉質，去破壞結締組織，只會使表面油脂的不良氣味融化滲入肉內影響肉質，使肉質變得更膩、更腥、更硬、更難以入口。

不過「蒸」的烹調方式，卻適合用來烹調塊狀的根莖類食物，因為它不僅可以保持原有的營養、外觀、外貌、顏色及原汁原味，更可以事先大量備置。一般來說，蒸的方式較適用於烹調新鮮的魚類、甲殼類（蝦、蟹）、蛋類及塊狀蔬菜與米等少油脂的食物。須注意的是蒸的烹調方法雖可保有原汁原味，但也包含會保留難聞的原汁原味。因此慎選適合蒸的食材，也是必須注意的要點之一。

三、覆合式烹調法

何謂覆合式烹調法？覆合式烹調又有何功用？其實說穿了，覆合式烹調法只是將各類烹調法整合在一起的烹調方式。例如，先煎後烤再焗、先煮（過水）後炸、先炸後燉等，皆是覆合式烹調法的一環。這種烹調方式常會帶給食物濃郁的香氣，但這些香氣也不完全是來自食物本身，而是因為添加特殊香料（如咖哩）所造成。

經由覆合式烹調法使食物熟成的烹調法有「燉」（braise）、「燜」（a l`etuver）、「釉汁」（glace）、「紙包蒸烤」（cuisson à papie ou papil-lote）等四類，分述如下：

（一）燉

在製作肉類的烹調時，應注意該部位的性質為何？通常適合用燉的方式所進行的烹調，大多是屬於結實、緊密、多筋或運動量大的部位。因為只有利用長時間的燉煮方式，才有機會去破壞肉類食物的結締組織，進而軟化肉質、分解食物，甚至達到入口即化的境界。

其中要注意的是，燉的火侯一定要適宜，太過與不及都會影響食物的外觀及賣相。尤其是在燉煮肉類之前，一定要先用大量的滾水汆燙一下，再倒去汆燙後的髒水（血漬），這樣可以去除血水中的腥味及做初步的殺菌。待重新注入乾淨的水後，才放入所有的食材（肉、調味料、香料、調味蔬菜）開始燉煮。同時在開始燉煮的起初過程中，應隨時撈去浮在表面上的血渣、泡沫，因爲這是個會影響成品質感的極重要動作。

燉煮期間，每隔十五分鐘可打開鍋蓋撈去浮渣，並小心翻動、改變食物位置，使食物受熱均勻，不至於焦黑。待浮渣撈去後即可蓋上鍋蓋，改用小火慢燉，一直燉煮到所需的口感爲止。

（二）燜

燜的烹調方法可使食物在固定的時間內，先經焦化作用後，再用軟化作用的水解方式，徹底破壞食物結構，並能使食物與湯汁的味道完全融合在一起。

燜的主要對象是大塊狀、帶脂的肉類食物。燜的烹調原理是先將大塊狀的食物浸泡在調味汁（通常是用葡萄酒、香料、調味料所組成）內六小時以上，讓食物有足夠的時間去吸取調味汁的精華，醃泡後的食物必須完全瀝乾，並用吸水紙拭乾後，再入高溫的煎鍋或煎板檯上（210℃以上），均勻地煎上顏色。倘若食物表面仍有水分存在，就算煎上了顏色，也會使焦化不完全，同時在燜的烹調動作進行中，也無法保留先前在焦化時所烙下的焦化痕跡與焦化所得到的風味。

燜烤（煮）時鍋具的選擇，應以食物大小及數量爲準，不需要太大，剛好即可。烤箱溫度應保持在80℃左右，利用持續的低溫，便可將溫度慢慢滲入食物內部，而不至於讓食物燒焦。食物接受到熱時，會將熱往溫度較低的內部傳送，直到聚集的溫度高於食物外表後，溫度又將回流到食物外表。藉由溫度這樣的反覆流動，便可使肉類的結締組織及蔬菜的纖維素徹底破壞，進而達到軟化作用的水解效果。

食物送入烤箱前，可將醃泡時所用的調味汁煮沸，一併倒入鍋中，並撒些麵粉，這樣在烹調結束後製作sauce時，便可輕易的使sauce成形。由於燜的時候煮汁並不多，所以在燜的過程中會運用外力（如用麵團封住鍋沿或使用壓力鍋）緊緊封住鍋蓋與鍋體間的縫細，避免讓微弱的蒸汽推開鍋蓋，使外界的冷空氣流入。若鍋內溫度大量流失，便無法同時達到既可軟化水解食物又能保持食物原形的烹調方法。至於食物與湯汁的味道，更別說能完全融合在一起了。在法式烹調中的en cocotte（鍋燒）即是一例。

（三）釉汁

什麼是「釉汁」，釉汁爲何會與烹調有關？其實「釉汁」只是一個形容詞，它是形容一個發光的濃縮液體。這種液體是利用大火滾煮「棕色高湯」或「奶油糖水」（不加蓋）後，使多餘的水分有足夠的時間蒸發掉，進而漸漸使鍋中液體濃縮成濃稠的液態狀，最後所得到的就是「釉汁」。

釉汁的種類可分爲「賦予肉類光澤的釉汁」，及「賦予蔬菜光澤的釉汁」兩種，分述如下：

■賦予肉類光澤的釉汁

經過上述濃縮成濃稠的液態狀後，可再用極細目的篩網，濾去汁液中更細微的雜質，並更換乾淨的鍋子， 改用極小火來慢慢熬煮、緩和其波動狀態，最後所得到的液體，已是原先「棕色高湯」量的十分之一左右。由於此濃縮液體的外觀色濃、汁稠、發亮的緣故，所以才稱爲「釉汁」。釉汁的主要作用有：

1.澆潤肉類食材：反覆並多次澆潤肉類食材，可使肉類能夠均勻吸附釉汁，並滲入肉類內部讓肉類達到軟化、分解的目的。

2.使外觀發亮：經反覆多次的澆潤肉類，也可使釉汁的光澤附著在肉的外表上，使肉類有亮麗、引人垂涎的外貌。

3.調味的功能：味醇、色濃的釉汁，在製作的過程中，並不摻放任何的調味料，這是因爲加入調味料的釉汁不易久存，但由於釉汁是肉汁（高湯）的濃縮體，所以在製作菜餚、煮湯或作sauce時，可放入少許的釉汁，便可使湯、sauce或菜餚，增加豐富的肉香味，其作用就如同放入加工後的牛精粉（黃汁粉）一樣。

4.盤飾：無論是冷盤、沙拉或主菜，均可將釉汁加入少許的熱水稀釋後，再裝入擠壓瓶內，利用擠壓出的線狀流體，在食物上或盤內作裝飾。

5.著色：由於釉汁色濃（棕黑色）味醇，只要一小點，就可改變湯汁或菜餚的色澤，若使用得當，其作用就如同可食用的天然染色劑。

■賦予蔬菜光澤的釉汁

爲使經切割、整形後的根莖類蔬菜，能夠在上盤時發出光澤，襯托出主菜的質感。必要時我們也會將蔬菜打上蠟，給予亮麗、光澤的外表。 其製作的方法是將削成橄欖形的胡蘿蔔（節瓜或蘋果），放入大小適中的sauce鍋內，並注入清水或高湯，直到與胡蘿蔔頂端等高處。再覆蓋上抹過油脂的圓形紙張，用中火煮至水分散去一半時，加入適量的奶油和糖，並繼續煮至水分完全散去。

此時胡蘿蔔已有九分熟的熟度，接著只要在鍋內放入少許的清水，便可使已融化的糖與奶油立即產生金黃色的汁液。這時只要迅速的搖晃鍋內的胡蘿蔔，就可使胡蘿蔔均勻的沾上金黃發亮的顏色，完成「上蠟」的動作。如果是要將馬鈴薯上臘，則一定要注意熟度是否剛好，因爲超過七分熟以上的馬鈴薯會有糊化的現象產生，此時便不適合「上臘」，否則將會全黏在一塊兒，造成慘不忍睹的結果。

另外，glace在法文中可解釋爲「清涼」及「冰塊」的意思。當然也可翻譯成「鏡子」或「玻璃」，因爲它們都具有會發亮的外觀與詞意。因此在閱讀原文食譜時，必須先對照前文、後語，再作出正確的判斷。

不要到時候請你去拿濃稠的「釉汁」時，而你卻提著一桶「冰塊」，是會鬧笑話的。

（四）紙包蒸烤

「紙包蒸烤」是一項比較特別的爐烤方法。最主要是用在少油脂的魚類食品，因爲魚的口感在烹調後講究的是鮮美滑嫩、入口即化的感覺。所以無法使用長時間的低溫烹調法烹之，否則將會使肉質過老且乾澀無汁，失去風味與口感，因此必須採用短時間的高溫烹調法才行。但溫度太高又容易使魚的表皮焦化過度產生苦味。因此爲避免上述的情況發生，就可採用「紙包蒸烤」的方法來解決問題。

「紙包蒸烤」是利用耐熱的油紙或錫箔紙包住魚身，並在油紙或錫箔紙內加入少許的魚高湯、白酒、奶油及切絲的調味蔬菜，一起放入烤箱內用高溫的方式蒸烤。如此不但可解決上述可能焦化過度的問題，更能得到鮮美滑嫩、入口即化的品質。

藉由「紙包蒸烤」後的魚類，體型完整、味道鮮美，是兼顧到「蒸」的效果，與擁有「燜」的風味，是一項不錯的「覆合式烹調法」。

四、低溫烹調法

「低溫烹調法」不外乎就是利用低溫的方式，使食物達到熟成的目的，它使用的溫度約在75～90℃左右。低溫烹調法使用的時機與對象，都必須經過篩選，並非是所有食物都適合。例如，若是選取上等的菲力牛肉爲烹煮對象，則經烹煮熟成後的菲力牛肉，必定乾澀、無味、食不下嚥。因爲肉中的水分早就因長時間的低溫烹調流失殆盡，當然會覺得食不下嚥。因此若未遵循「低溫烹調法」的使用原則，一樣無法烹調出味美鮮香的食物。

「低溫烹調法」也可以分爲低溫煮（pocher）及隔水加熱（bain-marie）兩種，分述如下：

（一）低溫煮

低溫煮是將需要烹煮的食物，放入已經事先煮沸過的水中或高湯裡，利用75～90℃ 低於沸點溫度，慢慢將食物浸泡到熟成的烹調方法。由於這種方式非常的溫和，食物與食物之間也不會互相碰撞。所以對於食物的結構、組織及營養破壞的情形也很小，有時也可使食物本身保有較多的水分（特殊食材如雞蛋）。

一般來說經低溫煮烹調出的食物，都具備有口感清新、口味清淡、質地鮮嫩、原味多汁的特色。適合低溫煮的食物有去殼後的生雞蛋、魚類、蝦類等。這裡要注意的是，雖然低溫煮不會破壞食物營養，但卻可能會因浸泡時間過長，反而將食物中的水溶性營養素給稀釋出，因此有下列幾個方法可以解決這個困擾。

1.選擇與食物相同性質的高湯當煮液，這樣便可以保留食物原本的風味。

2.保留低溫後剩下的煮液並作高湯或sauce使用。

3.將被煮物與煮液一起食用。

4.經低溫煮後的熟成食物應立即取出，避免長時間的浸泡流失太多的水溶性營養素。

5.有時低溫煮的烹調方式，也可以用來稀釋食物中過多的鹽分，若食物太鹹，只要多換幾次水就可以了，另外若能秉持鍋子大、水量多的要訣那就更理想了。

6.低溫煮的動作要點：

(1)質地鮮嫩、體積嬌小的食物可以用較低的溫度（但不得低於70℃）煮之。

(2)低溫煮進行時不需要加蓋鍋蓋，這樣可避免因熱氣無法排出，而提高水的溫度。

(3)低溫煮進行時，應持續保持相同的水溫，儘量避免有忽高、忽低的現象。

(4)低溫煮的對象若是魚類，必須注意溫度的變化，避免因疏忽而破壞魚的體形外貌。最好的方式是用長形魚類專用煮鍋煮之。

(5)低溫煮的對象若是大塊狀的肉類食物，煮後也不必急著切開，同樣的道理，可讓肉類在休息回溫後再行切割的動作。不過很少廚師會選擇肉類食材作爲低溫煮的對象，除非有特殊的原因，否則是不會考慮的。

（二）隔水加熱

嚴格來說，其實「隔水加熱」並不能算是烹調法之一。但是它的功能卻可以彌補所有的烹調法不足的地方，也算一種延長食物「保鮮」的作法，因此對於「隔水加熱」也有其必要詳加介紹。

「隔水加熱」的功能可分爲保溫（garder）及溶解（fondu）兩類，分述如下：

1.保溫：將完成烹調程序的醬汁、湯品、馬鈴薯泥及所有可以出菜的菜餚，放置於熱水保溫槽（85℃）內，便可持續維持食物的熱度，並不需要去擔心食物會燒焦。但要注意的是，應在食物上先包覆一層保鮮膜，這樣可防止食物表面的水分散失，產生乾裂、硬皮的現象。若在保鮮模上戳上幾個洞，也可以防止蒸發後的水汽無法排出，回滴到食物表面影響食物品質。

2.溶解：有些食材的性質極爲特殊、敏感（如奶油、巧克力、糖），會因外在溫度的變化，而改變形體的外觀。若直接用熱源加熱，很容易就會燒焦這些對溫度敏感度極高的食材，因此就會採用隔水加熱中的「溶解」來緩和其變化的過程。「溶解」的動作主要是用在烘焙製品的製作上，西餐中雖也有用到，但情形較少，除非這個廚房中也必須製作一些簡易的餐後點心。

「隔水加熱」時應注意的事項有：

1.不論是保溫還是溶解，都必須準備一個大鍋、一個小鍋，同時大鍋中注入的水，不得高於小鍋鍋深的五分之三處（略高於小鍋鍋深的二分之一），避免搖晃時水濺入小鍋內。

2.大鍋內的水不得煮沸，最好能保持在60～90℃上下，避免水滾時水濺入小鍋內。

3.為加速溶解的速度，可先將食材切成較小的體積，再另取一木鏟輕輕攪拌。

4.欲將小鍋取出時應先備妥一擦手布，擦拭鍋底的殘留水漬，再將擦手布置放在桌台上後，才把小鍋放置於擦手布上，這樣可避免鍋底直接接觸冰冷的桌面，使溫度流失過快。

五、微波爐烹調

微波爐（micro-wave）在近代廚房的烹調廚具中是屬於較新穎的設備，雖然它被歸類在廚房的設備內，但是由於微波爐擁有使用方便、加熱迅速、安全性高的優點，且不需一定要懂得烹調的專業廚師才能操作，所以在觀光飯店裡，反倒是客房服務部門使用的機率最高。因為深更半夜常會有嘴饞的客人，或是剛抵達飯店仍飢腸轆轆的旅客需要用餐。此時客房服務部門的服務人員，只需要將晚班廚師在下班前所烹調製備好的簡餐，利用微波爐加熱即可供應。所以在飯店初期的規劃設計上，均會將微波爐列為客房服務部門的標準配備。

微波爐主要是利用爐內精密的磁控管（magnetron）來產生電磁波，並經由導波管射至爐壁內部四周（市售微波爐的內部上下四周都有可密閉的金屬壁，具有反射、折射的作用），使電磁波可由四面八方，直接且平均的穿透食物，讓食物中的水分子與油脂產生急速、劇烈的震動，相互撞擊、摩擦、震盪（分子間的摩擦次數可達每秒二十四億五千萬次），因而瞬間產生熱能，讓食物內外同時受熱，達到解凍食物、加熱食物、烹調食物或乾燥食物的目的。

微波爐使用前，必須先熟讀使用說明書，瞭解微波爐的特性、功率。因爲不同廠牌的微波爐，射出的功率大小都不相同，從500W、600W到700W都有。

基本上微波爐所射出電磁波的強度與時間長短成反比，也就是說電磁波輸出的功率越強，所需的時間就越短；電磁波輸出的功率越弱，所需的時間就越長。不正確的使用微波爐，非但不能達到預期的效果，反而會使食物直接產生碳化作用，造成食物浪費，甚至可能會造成微波爐的損壞。

微波爐雖然可以使食物內外同時受熱、水分散失較少、營養不易流失，但是在烹調後的風味，卻仍比不上傳統的烹調方式。所以一般人仍不太習慣使用微波爐來烹煮食物。

說穿了，「微波爐」其實就是一種將電能轉變爲熱能的工具。就像瓦斯爐與電磁爐烹調食物一樣，只不過是使用能源形式不同罷了。由於微波急速加熱時也會產生熱漲冷縮的物理現象，所以會造成一些帶有外殼、帶皮、密封式食品及食器產生爆裂的現象。這是因爲外表無法承受來自於內部的壓力（溫度急遽上升，水汽受熱後膨脹），所產生的必然結果。

因此像雞蛋、罐頭食品、飲品及木製的漆器類（如筷子、盛器）等，都不適合放入微波爐內。反倒是一般人認爲不能放入微波爐的金屬盛器，是可以放入的。不過要說明的是，微波爐所發射出的電磁波，是無法穿透金屬物質的，若使用金屬材質的盛器去加熱食物，只會阻擋盛器內食物的受熱機會。換言之，用金屬材質的盛器去加熱食物雖不會造成危險，但是卻會因「阻擋受熱機會」，而消耗更多的能源與時間來加熱食物，就經濟層面而言未必划算。

不過有一點必須特別聲名，上述所指的金屬盛器是指一體成型的器物，不包括帶耳的便當盒或類似造型的器物。因為金屬器與金屬器之間，若有可活動的間隙存在，也會因電磁波的反覆撞擊爆出火花，引起意外事故。

最後要提的是微波爐有解凍食物、加熱食物、烹調食物、脫乾食物水分等功能。

參考書目

1.《西洋烹飪理論與實際》，薛明敏著。

2.《餐飲服務》，高秋英著，揚智文化。

3.《西餐烹調技術》，郭應東著。

4.《香辛佐料事典》，驊優出版社。

5.《健康飲食 GO.GO.GO》，郝龍斌著。

6.《飲料與調酒》，呂永祥著。

7.《廚務百事通》，葉明著。

8.《名廚的畫像》，彭怡平著，商周文化。

9.《怎樣選購好水果》，王禮陽著，文喬社。

10.《食品安全與餐飲衛生》，易君常、劉蔚萍著，揚智文化。

附錄一　生活小典

◎造成經營成本浪費的原因

1.廚師對於客人食的份量沒有概念的時候，會造成食物原料的浪費。

2.出菜制度的管理不當，會造成產品的浪費，成本無形中增加，如員工隨意招待親友。

3.設備功能不佳、老舊，也會造成損失，例如無法冷藏、冷凍導致食物敗壞。

4.烹調技術不佳、工作習性很差，都會造成成本上的浪費。

5.未落實在職訓練、員工情緒低落、待遇偏低、福利不完備、無升遷管道，都會造成人員流動率過大，也會造成人事訓練成本的浪費。

6.人員組織架構不明確、具體責任劃分不確實、過度的人員浮編，更會造成人事成本上的浪費。

7.員工生活習性不佳，如未養成節約能源的習慣，或有順手牽羊的行為。

◎醋酸的功用

1.去酸味：高醋酸的食品，可藉由浸泡在低濃度的醋水中釋出它的酸味。

2.保存：藉由醃泡的方式，搭配糖汁，可以延長保存期限，增加美味。

3.去腥味：醋酸可以去除手上的魚、肉腥味及異味。

4.提味：除可壓制海鮮類的腥味，也可以使海鮮類的氣味更鮮美。

5.清腸：在飲用水中加入適量的醋，可促使腸子蠕動，幫助排泄。

6.軟刺：醋酸可以分解魚刺中的鈣質，促使魚刺軟化，並可促使蛋殼在醋水浸泡七至八天後消失。

7.保固顏色：將蘋果放入醋水中浸泡數十秒，可防止氧化、發黑。

8.加速凝固：蛋白遇酸時會加速蛋白凝固的速度，使外型完整，如水波蛋。

◎被魚骨魚鰭刺傷

被魚骨、魚鰭刺傷時，爲防止細菌感染導致發炎，可取熱水（溫度爲自己可忍受的上限）加漂白水浸泡刺傷部位數分鐘消毒殺菌即可。浸泡完後仍需用清水洗淨刺傷部位，並擦拭乾淨後上藥。熱水與漂白水比例，請見本書第三章。

◎熱鍋

爲避免烹調操作時有沾鍋的現象產生，可先將鍋子洗淨拭乾，放置於爐檯上，再將50公克的舊沙拉油倒入，待油溫與油鍋的溫度都提高後，除去舊沙拉油倒入新沙拉油，即可避免在煎、炒的過程裡發生沾鍋的現象。

◎鑄鐵鍋的使用

一般以營業爲性質的廚房，在選購鍋具時，都會以其耐用性、實用性、方便性與價格昂貴與否爲考量依據。基於上述因素，最後都會捨棄使用方便但價格昂貴經特殊處理過的不沾鍋，而選擇價格便宜的鑄鐵鍋。

雖然鑄鐵鍋沒有不沾鍋的特性，但是可藉由熱鍋的技巧一樣可以達到不沾鍋的效果，新的鑄鐵鍋在使用前一定要先燒去防鏽漆（出廠時所做的防鏽處理）否則在烹調時會產生有毒氣味及物質，引起食物中毒。防鏽漆的去除，只需藉由高溫的持續燒鍋即可去除，要注意的是必須將鑄鐵鍋的每一部分均勻燒到，在燒鍋的過程中會有大量的異味及濃煙產生，這是正常的現象。只須將窗戶及抽風設備打開，讓異味及濃煙排出即算完成。

如需處理已生鏽的鑄鐵鍋，可先將鑄鐵鍋用火燒熱，倒入粗鹽，待粗鹽因受熱跳動時，再取乾布用力搓刷鍋底四周，磨去鏽渣洗淨拭乾即可使用。

◎斜放儲存的葡萄酒

葡萄酒存放時應斜放儲存，其主要原因是要避免封瓶的軟木塞會乾燥、收縮或變形，導致空氣進入瓶內與酒接觸後，產生酸敗現象。

◎分取蛋黃與蛋白

分取蛋黃與蛋白時，若不小心將少許蛋黃滴入蛋白內，可用蛋殼的斷裂處輕易的將蛋黃撈出。

◎米其林美食評鑑協會

在歐洲的國家中，有一個極具餐飲權威代表的米其林美食評鑑協會（1900年初版），他們依照餐廳的環境衛生、服務態度、烹調技術、用餐氣氛、擺設裝飾、餐廳位址等整體評價結果，將餐廳依序分爲最高級的★★★（3星）、其次的★★（2星）、★（1星）及不列入評比等四級。評比方式爲不定期、不定點、無預警的派出評論員，假扮食客到各地的大小餐廳用餐，並在用餐時，藉由他們敏銳的觀察、記錄及彙集多位評論員的報告再評定出最客觀的結果。

因此餐飲業者無不爲此評定項目，盡心盡力去改善所有可能的缺失，並將其每年公布的評定結果，視爲年度盛事。曾經就有一位餐廳老闆因年年皆被評定爲2星級的餐廳而引以爲傲，怎知有一年的評比被降爲一星級餐廳後，無法接收事實，竟然羞愧而上吊自殺。

◎食物解凍時應注意事項

1.先將要冷凍的食物截斷成為每次取用量的大小，再行儲藏冷凍，待食物解凍時方便取用。

2.解凍後的食物應該迅速烹調處理，禁止再放回冷凍庫內重新冷凍。

◎如何分辨蟹類雄雌

1.蟹腹殼呈三角尖形狀為雄性。

2.蟹腹殼呈橢圓半形狀為雌性。

3.蟹肉（黃）味美、味鮮、高膽固醇、患心臟病、高血壓者切勿食用，食用時可拌水果醋或薑汁，味道更佳。

◎何謂粉衣

1.粉衣的作用最主要是防止在進行油煎動作時，能避免產生沾（黏）鍋的現象。

2.油煎後的食物（如魚、肉類）不僅表面特別平整、美觀，還可以增加產品的賣相。

3.使用粉衣時，必須將魚肉類食材先切割處理好，再將表面上的水分用抹布紙或餐巾紙充分吸乾後，再均勻沾上高級麵粉（若使用低筋麵粉則容易結塊），待均勻沾上高級麵粉後，便以手掌輕拍食物，使多餘的麵粉能夠掉落，留下一層薄薄的麵粉附著在其外表。

◎砧板

新的木質砧板在使用前須浸泡在鹽水中一至三小時（視砧板大小）這樣可使木頭產生收縮效應，使木質砧板更為堅硬耐用。同時每星期最好也能將砧板浸入水中二至三次，保持砧板濕潤。

◎何謂手粉

手粉乃指製作烘焙類食品時，爲防止麵團與桌面沾黏所撒出的潤劑。通常採用高筋麵粉，因爲高筋麵粉含水量較低，不易結塊。

◎汆燙

1.汆燙綠色蔬菜時，可在水中加入一些鹽，這樣可使汆燙後的蔬菜退去青澀的苦味，並即時放入冰水中（冷水），也可使蔬菜本身的顏色更加鮮綠，反之，未將汆燙後的蔬菜浸泡於冰水中，則溫度將會繼續延續一段時間，會導致蔬菜變黃，產生褐變現象。
2.汆燙的動作可以將食物中會導致腐敗的細菌殺死。
3.汆燙可以節省二次烹調的時間，如冷凍蔬菜就是先經過高溫汆燙殺菌後再分裝儲存的，等到要食用時直接取出烹調即可。
4.汆燙的動作加上冷（冰）水浸泡可以退去番茄等的外皮，這是利用不同物質對熱感應（熱脹冷縮）的差異所得到的結果。因爲任何物質都無法在相隔很短的時間內，去接觸極冷與極熱而不產生變化。

◎澄清奶油

西餐廚師做菜時特別偏好使用奶油，因爲奶油的乳酪香味，會讓烹調出的菜餚特別香純夠味。但是由於奶油的發煙點過低，處理不當很容易就會焦化過度、無法使用。所以便會將奶油以加熱的方式分離出水分及奶脂質，所得到就是能提高發煙點及保有乳酪香味的澄清奶油。

◎洗米水

洗米時所剩下來的水，不要立刻倒掉。因其仍含有少量的蛋白質與澱粉，用來洗手、洗菜、澆花、去味、擦拭原木家具都是不錯的選擇。

◎羊肉去腥味

去除羊肉的腥味可分烹調前與烹調中兩種：

1.烹調前：用薑汁浸泡三十分鐘；用醋水洗過 。

2.烹調中：放入丁香、豆蔻、酒 。

◎防止食物酸敗

需要保存至隔夜甚至數天後使用的食物成品，在儲存前一定要加熱至滾煮的狀態後才可以開始降溫儲存。雖然降溫的方法很多差異也很大，但是不論採用何種降溫的方式都應該注意一點，就是絕不可以用攪動的方式來加速散溫，因爲這樣會將空氣中不潔的物質及氧氣一塊打入食物內，是造成食物產生酸敗的因素。

◎穩定蛋白pH值的塔塔粉

新鮮蛋白的pH值爲7.6，是處於極「中性」的狀態。但是蛋白經存放的時間增長，其pH質將漸漸轉爲「鹼性」，此時若想將蛋白打發，是一件不容易的事。因此可摻入少許酸性的塔塔粉，平衡蛋白的pH質。同時加入塔塔粉後撞擊的蛋白，色澤也比較亮白，組織也較先前緊密紮實。

◎蛋白回溫

蛋白的起泡與溫度的高低也有關聯，溫度過高與太低，都會影響蛋白的膨脹速度。蛋白膨脹的最佳理想狀態是在32～36℃上下。因此剛從冰箱取出的雞蛋，最好能先回溫後再來使用，會較容易打發。

◎圓形紙鍋蓋

將紙抹上油脂可防止白報紙溼透破裂，可防止水流附著、凝聚在紙上，避免水汽直接蒸發、流失過快。

附錄二　中、英、法語對照應用

1.香辛料類

項次	中文名稱	法文名稱	英文名稱
1	茵陳蒿（龍蒿草）	estragon	tarragon
2	月桂葉	laurier	bay leaver
3	肉桂	canelle de loureire	cinnamon
4	丁香（粉）	girofle	clove
5	蒔蘿草	anete fetide	dill
6	大茴香	boucage anis	anise
7	小茴香	cumin	cumin
8	大蒜	ail	garlic
9	杜松子	genevrier commun	juniper berry
10	芥菜子	moutarde	mustard
11	小豆蔻	cardamone	cardamon
12	奧利崗	origan	oregano
13	瑪鳩茲（馬郁蘭）	marjolaine	marjoram
14	巴西力（荷蘭芹）	persil	parsly
15	藏紅花粉	safran	saffran
16	迷迭香	romarin	rosemary
17	百里香	thym	thyme
18	鼠尾草	sauge	sage
19	百味胡椒粉（甘椒）	poivre de piment	allspice
20	西洋菜	cresson	cresson
21	新鮮茴香	fenouil	fennel
22	白胡椒	poivre blan	whit pepper
23	黑胡椒	poivre noir	black Pepper
24	青胡椒	poivre vert	Green pepper
25	紅胡椒	poivre rouge	red pepper
27	辣椒	piment	chilli

項次	中文名稱	法文名稱	英文名稱
28	咖哩粉	cari	curry powder
29	黃薑粉（薑黃）	curcuma	turmeric
30	香草	vainille	vanila
32	香料束	bouquet garni	bouquet garni
33	豆蔻粒	muscade	nutmeg
34	元荽（胡荽、香菜）	coriandre	coriander
35	九層塔（羅勒）	basilic	basil
36	香薄荷	sariotte	savory
37	生薑	gingembre	ginger
38	山葵	raifort	wasabi
39	紅椒粉	paprika	paprika
40	蝦胰蔥（細香蔥）	ciboulette	chive
41	番茄糊	concentré de tomate	tomato paste
42	八角	anis-étoile	star anise
43	黃汁粉	demi-glace	demi-glace
44	桂皮	cannelle	
45	新鮮薄荷	menthe frisée	
46	香蒜粉	l'ail poudre	garlic powder
47	鬱金香粉	tulipe	

2.蔬菜類

項次	中文名稱	法文名稱	英文名稱
芽菜類	苜蓿芽	tréfle	mustard and cress
	綠豆芽	lupin	beam sprouts
	銀芽		alfalfa sprouts
夾豆類	扁豆（蠶豆）	fèves	mangetout
	碗豆	petit pois	garden pea
	四季豆	haricots vert	monguete
	長豆莢		mature runner bean

項次	中文名稱	法文名稱	英文名稱
根類蔬菜	牛蒡	salesifis	scorzonera
	胡蘿蔔嬰	carottes nouvelles de jardin	mini-carrot
	胡蘿蔔	carottes	carrot
	馬鈴薯	pomme de terre	potato
	白蘿蔔嬰	navets nouveaux de jardin	turmip
	黑甜蘿蔔	radis noir	black radish
	甜蘿蔔嬰	radis roses	red radish
	地瓜	patate douce	
莖類蔬菜	西洋芹菜	celeri-blance	celery
	茴香芹	fenouil	fennel
	塊芹	celeri-rave	celeriac
	蘆筍（紫白綠嫩）	asperge	aspargus
	竹筍	jeune pousse de bambou	
	中芹菜	le celery chinoise	
包心菜	紫高麗菜	chou-rouge	red cabbge
	皺甘藍菜	chou-vert frise	savoy cabbage
	葡萄牙包心菜	chou-Bortugais	chou-Boutugais
	布魯塞爾包心菜	choux de Bruxelles	brussels sprouts
	大白菜	chou-chinois	pe-tasi
	高麗菜	chou-blance	cabbage
	菊苣	endeves	endive
鱗莖類	洋蔥	oignon	onion
	櫻桃洋蔥	pétit oignon	pichling onion
	紅蔥頭	échalotes	shallot
	紅洋蔥	oignon rouge	italian red onion
其他類	朝鮮薊	artichaut	globe artichoke
	胡椒朝鮮薊	artichaut poiverade	pepper artichoke
	蒜頭	l'ail	garlic
	秋葵	okra	okra

項次	中文名稱	法文名稱	英文名稱
果實類	玉米（筍）	maïs	sweet cron
	青椒	le poivron vert	sweet peppers
	紅、白綠紫橘黃椒	le poivron(rouges, blancs, violets, Jaune)	sweet peppers
	辣椒	piments	chilli perper
	聖女小番茄	tomates olivettes	cherry tomato
	阿波蘿小番茄	tomates ceris	salade tomato
	番茄	tomate	beefstek tomato
	小黃瓜	concombre	cucumber
	大黃瓜	concombre de serre	hot house cucumber
	酸黃瓜	cornichons	pickle
	茄子	l' aubergine	aubergine
	南瓜	potiron	golden nugget squash
	股節筍瓜	courgette	courgette
	胡瓜		snake squash
	綠皮鄂梨	avocats a peau lisse	avocado
花菜類	西蘭花	brocolis	brocoli
	迷你白花菜	chou-fleur miniat	mini cauliflower
	白花菜	chou-fleur	cauliflower
葉菜類、生菜類	水甕菜（西洋菜）	cresson	water cress
	菠菜	l' épinard	
	史卡蘿生菜	scarole	scarole
	蘿沙生菜	lollo rossa	lollo rossa
	巴塔維雅生菜	batavia	batavia
	美生菜	laitue	crusphead lettuce
	野苣生菜	mâches	
	翡翠生菜（黃鬚捲）	frisee	frisee
	泰維斯生菜	trevise	trevise
	酸模	oseille	oseille
	蘿蔓生菜	romaine	romaine

項次	中文名稱	法文名稱	英文名稱
菌菇類	香菇	le champignon chinois	chines mushroom
	木耳	champignon noir	wood ear
	龍葵菇		morel
	黃菌菇	chanterelles	chanterelle
	金針菇		rubber brush
	乾香菇	le champignon par fumé	chiitake
	黑菌菇	truffe	trufflre
	洋菇	champignon	mushroom
	小洋菇	petit champignon	button mushroom

3.海鮮類

項次	中文名稱	法文名稱	英文名稱
蝦蟹類	草蝦	creveffes roses	prawn
	劍蝦	gambas	shrimps
	龍蝦	langouste(歐), l'homard(美)	lobster
	螯蝦	langoustines	crayfish
	淡水螯蝦	ecrevisses	
	螃蟹	crabe	crab
軟體類	章魚	pieuvre	octopus
	花枝	calamars	squid
	烏賊		cuttlefish
	青蛙腿	cuisse de grenouille	froqs’legs
	海參	holothurie	
	海膽	oursins	
魚類	鱒魚	truite	trout
	鮭鱒	truite de mer	salmon trout
	鰻魚	anguille	eel
	鯖魚		maokerel
	海令		herring
	沙丁	sardine	sarding
	鯛魚	dorade	sea bream
	金線		red mullet

項次	中文名稱	法文名稱	英文名稱
魚類	紅鯛	dorade rose	red snapper
	比目魚	sole	sole
	突巴	turbot	turbot
	鮭魚	saumon	salmon
	黑線鱈	haddock	aiglefin
	青花魚	maguereau	
	魚	poissons	fish
	鰜秤	carrelet	sole
	鯧魚	pomfret	
	鱸魚	loup or bar	sea bass
	鱈魚	morue	cod
	鮪魚	thon	tuna
	魚骨	arête	
	蝸牛	l' Escagots	snails
貝類	蛤蜊	clam	clam
	干貝	la coquille saint-Jacques	scallop
	生蠔	l' huitre	oyster
	淡菜	la moule	mussel

4.肉類

項次	中文名稱	法文名稱	英文名稱
牛肉	牛臀肉	romsteck	
	牛菲力	faux filet	beef tenderloin
	牛沙朗	entrecôte	salom
	牛和尙頭（腿）	gîte ala noix	
	牛腩絞肉	poitrine haché	
	牛小排	côte	
	肋眼牛排		rib-eye steak
	牛骨髓	os a moelle	
	小牛肉	vinde de veau	
	牛腩排	poitrine	
	牛絞肉	steak haché	

項次	中文名稱	法文名稱	英文名稱
豬肉	豬大里肌	filet mignon	
	豬後腿肉	rouelle	
	腩排	travers	
	豬瘦肉	viande maigre	
	豬絞肉	mignon haché	
	帶肋骨豬排	côte première	
	五花肉	poitrine fraîche	
	豬網油	crépine	
火腿	臘腸（粗）	saucisson	
	火腿	jambon	
	火腿片	jambon torchon	ham
	培根	bacon (le jambon fume)	sliced ham
羊肉	羊肩	épaule	
	羊腿	gigot raccourci	
	羊肋排	carré	lamb chop
	羊菲力	cótes filet	lamb tender loin
禽肉	全雞	poulet	chicken
	光雞	poulet vidé	
	雞胸	filet de poulet	chicken breast
	雞翅	aileron de poulet	
	雞腿	cuissf de pouler	chicken leg
	雞骨	carcasse de volaille	
	公雞	coq	
	母雞	poule	
	小雞	poussin	
	老雞	vieille poule	

5.水果類

項次	中文名稱	法文名稱	英文名稱
漿果類	覆盆子（風信子）	framboise	rubusberry
	櫻桃	cerises	cherry
	草莓	fraises	strawberry
	藍莓	casise	blueberry
	歐洲越桔	myrtilles	black currant
	醋栗	groseilles	red currant
	野莓（野草莓）	fraises des bois	wild strawberry
瓜類	西瓜	melon d'eau	water melon
	小玉西瓜	pastèque	water melon
	香瓜	melon jaune d'espagne	melon
	哈密瓜	melon gallia	cantalope
	木瓜	coing	papaya
	蜜世界		honey green melon
	青香瓜	melon verts	musk melon green
可剝皮類	葡萄柚	pamplmousse	pear
	柳丁	oranges	orange
	檸檬	citron verts	lemon
	萊姆	limon	lemon
	椪柑（橘子）	clémentines	pon kan
	桶柑（海梨）	clémentines corses	tan kan
	柳橙（香吉士）	châtaignes	sweet orange
	奇異果	kiwi	kiwi
	酪梨（鄂梨）	avocado	avocado
	枇杷	nèfle	loquat
	芒果	mangue	mango
	蘋果	pomme	apple
	桃子	pêches	peach
	水蜜桃	pêches	juicy
	葡萄	raisin jaunes	carpe
	香蕉	banana	banana
	杏桃	abricots	

項次	中文名稱	法文名稱	英文名稱
可去殼類	紅龍果	pitaya	pitaya
	榴槤	durain	durain
	山竹	manga steen	manga steen
	紅毛丹	rambutan	rambutan
	鳳梨	ananas	pineapple
	荔枝	litchis	lychee
	龍眼	longan	longan
	文旦（柚子）	pamplemousse taiwan	wentan pomelo
	百香果	friute passion	passion
	椰子	coco	coconut
無須去皮	番石榴（芭樂）	guava	guava
	石榴	pomeqranate	pomeqranate
	水梨	beurré-hardy grosse	persimmon
	楊桃	granbola	granbola
	蓮霧	jambu	lien-wu
	柿子	kakis	
	釋迦	sucre pomme	sugar apple
	棗子	pruneaux	jujubi
	李子	plum	plum

6.乳製品、蛋類

項次	中文名稱	法文名稱	英文名稱
乳製品	奶油	beurre	batter
	起士片	chesse slice	chesse slice
	披薩起士	emmenthal français	pizza chesse
	奶粉	lait poudre	milk powder
	乳酪	fromage	chesse
	鮮奶油	créme friche	cream
	奶油乳酪	fromage blanc	cream chesse
	帕瑪森乳酪		parmesan chesse
	巧達乳酪		chedder chesse
	牛奶	lait	milk
	藍霉乳酪	bleu d'auverghe	blue chesse

項次	中文名稱	法文名稱	英文名稱
蛋類烹調	蛋	oeuf	egg
	水煮蛋	oeuf dure	hard boiled eggs (wedge)
	半熟蛋	oeufs mollets	soft boiled eggs
	炒蛋	oeufs brouilles	scrambled eggs
	蛋包（蛋捲）	omelette	omelet
	水波蛋	oeuf poches	poached eggs
	太陽蛋（單面煎蛋）	oeuf a la poele	fried eggs

7. 用餐

項次	中文名稱	法文名稱	英文名稱
用餐	早餐	petit dejeuner	breakfast
	中餐	dejeuner	lunch
	晚餐	diner	dinner
	下午茶	tea time	tea time
感覺	熱的	cest chaud	hot
	涼的	cest froide	cold
	溫的	tiède	warm
	冰的	glacé	icy
口味	太多了	de trop	too much
	口味清淡的	doux	plain
	酸	acide aigre	sour
	甜	sucré	sweet
	苦	amer	bitter
	辣	piquant	spicy
	鹹	salě	salt
	糖醋	sucré et aiqre	sweet and sour
	蒜味	goût dáil	smelling of garlic
	蔥味	goût d'oignon	smeuiuy of spring onion
	無味	pasde goût	tasteless
	普通的	ordinaire	so-so
	很棒的	trés bien	great
	重口味	creamy	heavy taste
	可口的	cest bon	delicious
	難吃的	cest mal	hard to eat
	燒焦的	burned	burned

項次	中文名稱	法文名稱	英文名稱
口感	溫和	doux	mild
	強烈	trés fort	strong
	油膩	gras	oily
	脆的	fragile	crisp
	鬆軟的	lâche	soft
	多汁的	asse d'eau	juicy
	乾澀的	séc	dry
鮮度	新鮮的	frais	fresh
	腐敗的	pourriture	rotten
家畜類	牛肉	boeuf	beef
	小牛肉	veau	veal
	牛排	biftezk	beef steak
	菲力牛排	tourinedos	tenderloin steak
	燉牛舌	ragout de langue de boeuf	tongue stew
	燉牛肉	ragout de boeuf	beef stew
	羊肉	mouton	mutton
	羔羊肉	agneau	lamb
	豬肉	porc	pork
家禽類	鴨胸	magret de canard	
	鴨腿	cuisse de canard	
	鴨肉	canade	duck
	火雞	dinde	
	鵝肉	oie	goose
	雞肉	poulet	chicken
	兔肉	lapin	rabit
	肝	foie	
	胗	gésier	
	野味	gibier	

項次	中文名稱	法文名稱	英文名稱
附餐	咖啡	café	coffee
	紅茶	the noire	black tea
	點心	dessert	dessert
	提拉米蘇	tiramisu	tiramisu
	義式濃縮咖啡	espresso	espresso
	卡布其諾	cappuccino	cappuccino
	帕馬森起士粉	parmesan chesses	parmesan chesses
蔬菜類	蔬菜	l'egumes	vegetable
	沙拉	salade	salad
臘腸類	火腿	jambon	ham
	培根	bacon	bacon
	大型臘腸	sausage	sausage
	臘腸	saucisse	sausage
	義式肉腸	salami	salami
	義式風乾火腿	parma ham	parma ham

8. 烹飪用語

項次	中文名稱	法文名稱	英文名稱
專用術語	攪拌棍（輾棒）	pilon	
	盛	dresser	dish up
	混合	melange	mix
	清洗	laver	wash
	沾外衣	pane	coat
	將酒精燒去並釋出香味（桌邊烹調）	flambé	flamh-bay
	用紅酒（或白酒）去稀釋殘留鍋底的肉末	déglacer	
	著色	scorch	
	洗淨	laver	wash
	清除浮渣泡沫	écumer	
	打發起泡	fouette	whip

項次	中文名稱	法文名稱	英文名稱
專用術語	上盤時將奶油丁混入sauce內使sauce更亮麗柔順	monter au beurre	monter au beurre
	撒些麵粉入鍋有黏稠作用	singer	
	將奶油炒至微焦時會產生榛子的味道	beurre noisette	beurre noisette
	似魚肉丸子的做法	quenelle	
	橄麵皮	abaissage	
	將小魚炸酥後醃製	escabeche	
	過篩	passer au tami	straine
	清洗血漬雜物	degorger	
	去筋	denerver	
	錐形體濾勺	chinois	
	煎上色（硬皮）	rissoler	
肉的熟度	全生的	cru	raw
	生的（1、2分熟）		rare
	半生的（3、4分熟）	saignant	medium rare
	玫瑰色（5、6分熟）	à point	medim
	7、8分熟	cuit	medim well
	全熟	bien cuit	well done
烹調專有名詞	自製的	à la maison	
	刷蛋液	dorure	
	填餡	farce	
	發煙點	smoke point	smoke point
	海鮮、蔬菜類的煮汁（速成高湯	court bouillon	court bouillon
	裝飾	décore	decorate
	沾外衣	pane	coat
	調味蔬菜	mirepoix	mirepoix
	烤蛋白（舒芙里）	soufflé	soufflé
	麵糊	roux	roux
	內餡	farce	
	起酥	feuillete	feuillete

項次	中文名稱	法文名稱	英文名稱
烹調專有名詞	釉汁（冰塊）	glace	scorch freeze
	肉凍	gelee de viande	
	甜sauce的一種	bavarois	bavarois
	裝飾	decore	decorat
	冷凍	glace	freeze
	冷藏	au frigorifier	refrigerate
	油炸（煎）的麵包丁	croûton	
	果凍	gele	
	錫紙包	papillote	
	微波爐	microwave	
	輻射傳熱	rodia tion	
溼熱法	中火煮	cuire d'eau bouillante	simmer
	燉	braisrt	stew
	燴（煨）	fricasse	braised
	過水（汆燙）	blanchir	boil lightly
	煮	bouillir	boil poach
	慢煮	étuve	boil
	蒸	a la vapeur	steam
	蒸＋煮	braise	culin to braise
	蒸過的	étuve	steam
	小火煮（水波）	pocher	poach
煎炒	煎	poele	pan fry
	大火快炒	rissoler	
	炒	saute	saute
	嫩炒逼汁（不上色）	suer	suer
炸	炸	frire （Friture）	fry
	深油炸	frire	deep fry

項次	中文名稱	法文名稱	英文名稱
乾熱法	爐烤	rotisage	roaste bake
	網烤、扒（網烤）	geiller grillade	grill
	爐蒸烤	rotisage et éture	roast and steam
	燒烤	barbecure	barbecure
	面烤上色	gratiné	cratiné
	焗上色	gratiner	cratiné
	煙燻	fumé	smoked
	烤至膨脹	soufflé	soufflé
醃浸	醃	mariner	pickle
	醃泡汁	marinade	
刀工	切末	hacher	chop
	去骨	desosser	bone (a fish)
	切末	hacher	chop
	去骨	desosser	bone (a fish)
	切	couper	cut
	切絲	emincer	slice
	切小丁	couper en petit des	cut
	切不規則小丁	concasser	concasser
	切丁片	paysanne	paysanne
	切	couper	curve
	去骨	desosser	
	將魚蝦、肉類切圓片	medaillon	

誌謝

茲因版面所限，對於提供圖片之相關單位未能一一列舉，特在此銘申謝忱，若有疏漏之處尚請海涵，不吝指正！

Lejeune

M.O.R.A

TIGER COMPANY LTD.

三能食品器具股份有限公司

東遠國際有限公司

真強有限公司

富華股份有限公司

福鳴企業有限公司

瑞鏵股份有限公司

慶亞不鏽鋼工業有限公司

西餐烹調理論與實務

觀光叢書 29

著　　者／武志安
出 版 者／揚智文化事業股份有限公司
發 行 人／葉忠賢
責任編輯／賴筱彌
執行編輯／鄭美珠
登 記 證／局版北市業字第 1117 號
地　　址／新北市深坑區北深路三段 260 號 8 樓
電　　話／(02)8662-6820
傳　　真／(02)2664-7633
網　　址／http: //www.ycrc.com.tw
印　　刷／偉勵彩色印刷股份有限公司
法律顧問／北辰著作權事務所　蕭雄淋律師
初版三刷／2012 年 9 月
I S B N ／957-818-298-8
定　　價／新台幣 500 元

國家圖書館出版品預行編目資料

西餐烹調理論與實務 ／ 武志安著. -- 初版. --
台北市：揚智文化，2001 [民 90]
面； 公分 （觀光叢書：29）
參考書目：面
ISBN 957-818-298-8（精裝）

1. 烹飪

427 90009193